GUIDE PRATIQUE

POUR

L'ESSAI DES MATIÈRES INDUSTRIELLES

ERRATA

Pages	XII,	ligne 14,	*au lieu de* : qualificatif, *lisez* : qualitatif.
—	3,	ligne 10,	*lisez* : ramenés en centièmes.
—	3,	ligne 17,	formule exacte Mn^2O^7.
—	9,	ligne 3,	*au lieu de* : S, *lisez* : P.
—	11,	ligne 24,	*lisez* : suivent les 5 classes.
—	232,	ligne 7,	*lisez* : nº 243.
—	232,	ligne 17,	— nº 244.
—	235,	ligne 15,	— nº 245.
—	236,	ligne 20,	— nº 246.
—	238,	ligne 34,	— nº 247.

AVIS. — Le tableau H, *Essai des métaux industriels*, est placé à la suite de la table des matières.

Imprimerie et Librairie de E. LACROIX, rue des Saints-Pères, 54, à Paris.

BIBLIOTHEQUE DES PROFESSIONS INDUSTRIELLES ET AGRICOLES
Série B, N° 9.

GUIDE PRATIQUE

POUR

L'ESSAI DES MATIÈRES INDUSTRIELLES

D'UN EMPLOI COURANT

DANS LES USINES, LES CHEMINS DE FER, LES BATIMENTS,
LA MARINE, ETC., ETC.

A L'USAGE

des ingénieurs, manufacturiers, architectes, officiers de marine, etc.

PAR

Jules **GAUDRY**

Chef du laboratoire des essais aux chemins de fer de l'Est.

PARIS
LIBRAIRIE SCIENTIFIQUE, INDUSTRIELLE ET AGRICOLE
Eugène LACROIX, Imprimeur-Éditeur
Du Bulletin officiel de la Marine, et de plusieurs Sociétés savantes
54, rue des Saints-Pères, 54

A MONSIEUR JACQMIN,

Directeur de la Compagnie des chemins de fer de l'Est.

Permettez-moi de dédier le présent ouvrage au Directeur de la Compagnie à laquelle j'ai l'honneur d'appartenir depuis 26 ans. Qui pourait le prendre sous son patronage mieux que vous, monsieur, qui avez tant travaillé pour populariser la science de l'exploitation industrielle? En créant le laboratoire d'essais pratiques dont la direction m'a été confiée la Compagnie avait un triple but : préciser la vérité dans les questions techniques auxquelles donne lieu le courant du service, assurer par des épreuves réglementaires la bonne qualité des fournitures et ramener les fournisseurs redoutant les épreuves à s'écarter eux-mêmes des adjudications pour ne plus vous laisser en rapport qu'avec les fabriques qui se respectent, d'où vous avez été heureux de conclure, contrairement à des préjugés intéressés, que le commerce français est vraiment honnête quand on s'adresse directement aux maisons sérieuses.

Ce triple but aujourd'hui acquis, j'ai voulu, par le présent ouvrage, le vulgariser à mon tour et montrer aux intéressés comme il est facile d'établir un contrôle et des essais pratiques utiles à tous les points de vue. J'ai dû ainsi, monsieur le Directeur répondre à vos propres vœux. Puissé-je n'être pas resté au-dessous de ma tâche et avoir répondu, en cherchant à suivre vos exemples, au bienveillant intérêt que j'ai toujours trouvé auprès de vous.

Veuillez agréer, monsieur le Directeur l'expression de mes sentiments respectueux et dévoués,

J. GAUDRY,
Chef du laboratoire des essais aux chemins de fer de l'Est,

Dans la correction technique de cet ouvrage, je me suis aidé du concours de MM. Napoli et Barbey, mes deux chimistes auxquels je suis heureux de témoigner mes remerciments.

INTRODUCTION

Chacun fait l'étude spéciale des matériaux qui sont l'objet de son industrie, mais il y a des substances d'emploi général, tels que les combustibles, les huiles à graisser ou éclairer, l'eau, le fer, le cuivre, le bronze, la chaux, le sable, la pierre à bâtir, la toile, les cordages etc.

Il importerait souvent de les éprouver avant l'emploi, directement dans des conditions analogues à celles du travail, ce qui s'appelle *l'essai mécanique* et aussi dans leur nature intime, ce qui constitue *l'essai chimique*. Celui-ci est réputé si difficile et si dispendieux qu'il ne semble pas pratique dans le courant d'un service industriel et qu'on le demande, quand on y est forcé, aux laboratoires spéciaux qui sont encore si rares.

Sans doute on ne peut confier qu'aux chimistes de profession bien outillés, les analyses complètes et précises, surtout quand il s'agit de substances inconnues à déterminer. Mais en dehors de ces recherches scientifiques, il y a dans la pratique industrielle une multitude d'essais qu'il faudrait pouvoir faire soi-même à peu de frais et de suite, soit pour s'éclairer dans le choix des matériaux, soit pour assurer la qualité des livraisons.

On va voir que ces essais peuvent se faire avec facilité par quiconque a les notions élémentaires de la chimie.

Et si elles manquent au lecteur il lui suffira de lire comme introduction un de ces traités populaires de chimie qui abondent en toutes langues. Nous recommanderons entre autres, quoi qu'il soit un peu long, le *Cours de chimie* de M. Hétet (1); nous lui avons emprunté une partie des figures qu'on va retrouver dans le présent ouvrage auquel nous donnerons un caractère éminemment pratique.

2. Quant au laboratoire, qu'on ne se laisse pas effrayer par ce mot. Souvent on pourra faire les essais voulus sur son bureau ordinaire de travail, sans autre outillage qu'une demi douzaine de petits vases, tel que des verres de montre, des verres à liqueur ou des godets, plus quelques fioles de réactifs d'un prix modéré. Si on savait en outre travailler au chalumeau de minéralogiste, cet unique outil ajouté à ce qui précède, et soufflant une bougie ordinaire, permettrait de faire à peu près toute la chimie strictement

---

(1) Chez E. Lacroix éditeur, 2 forts volumes in-12 avec figures, prix 12 francs.

nécessaire à ceux auxquels s'adresse le présent ouvrage.

Un laboratoire proprement dit devrait exister dans tout établissement où on reçoit couramment des matières dont l'essai importe.

On commence à le comprendre et déjà un grand nombre d'usines en tous genres viennent de monter un laboratoire où, soit le chef lui-même, soit un de ses contre-maîtres, se rendent journellement compte des faits qui n'étaient jusqu'à lors réglés que par la routine et l'empirisme. De tous ceux qui s'y sont décidés on recueille cet aveu : « Je ne comprends pas « comment j'ai pu jusqu'ici me passer de mon « laboratoire. »

3. On va en voir ci-après deux types : quel qu'il soit, voici les principes généraux d'installation dont il faut se rapprocher autant que le permettent les conditions locales.

1° La ventilation est la première condition d'un laboratoire, la hotte du fourneau doit très-bien tirer ; des ouvertures facultatives doivent exister près du plafond pour l'évacuation des gaz légers au dehors, et près du sol, pour les gaz lourds.

2° Un laboratoire est toujours un voisinage incommode par son bruit, ses poussières, ses odeurs et le danger du feu, il faut donc le loger de manière à éviter les réclamations.

3° Un laboratoire doit avoir un beau jour de face. La table d'essai haute de 1 mètre pour travailler debout, se met devant la fenêtre, à 30 centimètres au-dessous de sa feuillure d'en bas. Il vaut mieux avoir fenêtre fixe avec vasistas ouvrant.

4° S'il faut un beau jour, le soleil est à éviter; l'orientation au nord doit donc être préférée; tout au moins devra-t-on avoir des stores aux fenêtres, car le soleil produit des effets de chaleur ou de modification de couleur d'une grande importance.

5° L'âme du laboratoire c'est l'eau dont il faut avoir, si non un réservoir avec un robinet au-dessus d'un évier, du moins une fontaine de la contenance d'un hectolitre par jour.

6° Quand on le pourra il ne faudra pas reculer devant une installation de conduits et de becs de gaz munis de tubes de caoutchouc. On ne saurait trop en avoir : le minimum est 3, non compris ceux de l'éclairage. Néanmoins il ne faut pas croire qu'un laboratoire n'est pas possible sans gaz : le fourneau à charbon de bois, ou à coke, la lampe à huile où à alcool peuvent suffire à tous les besoins.

7° Autant que possible il faut séparer les balances et instruments délicats de la salle où l'on traite par des acides et où on remise ceux-ci, à cause de l'oxidation des pièces polies, il faut de même séparer, s'il se peut, le broyage et le tamisage qui font de la poussière; enfin dans un grand laboratoire on séparera le quartier de la voie sèche avec ses fourneaux, et le quartier de la voie humide avec ses vases et bocaux de réactifs.

4. L'outillage et le mobilier du laboratoire ne doivent pas plus effrayer que celui-ci lui même. En général il ne faut pas se hâter à *priori* de le pourvoir des meubles et outils qui lui seront nécessaires; il faut attendre les besoins pour que chaque chose leur soit assorties, si non on risque de s'encombrer d'articles mal appropriés.

L'outillage consiste en des ustensiles de verre, de porcelaine et de terre cuite; pinces, spatules, limes, marteaux; mortier avec pilon et tamis. Il y a aussi les fourneaux, le bain-marie et le bain de sable qui peuvent être tout simplement un humble pot de fer battu mis sur le feu et contenant soit de l'eau, soit de l'huile, soit du sable de grès. Ajoutons quelques instruments classiques comme les thermomètres et aréomètres.

Quand on parcours un livre de chimie on s'épouvante de tous ces appareils aux formes étranges; si on y regarde de près on voit qu'ils se réduisent en principe à un petit nombre d'ustensiles classiques dont l'agencement seul différe et auxquels on pourrait bien souvent substituer les vases vulgaires qui se trouvent même chez un faïencier de village. Ce n'est que pour plus de commodité qu'on se les procure avec des formes spéciales chez les fournisseurs proprement dits. Ceux qui sont d'usage courant sont d'un prix modéré sauf lorsqu'ils sont l'objet de brevet d'invention.

Le mobilier du laboratoire consiste d'abord en un fourneau comme celui des cuisines de ménage, composé de l'âtre carrelé et d'une hotte plâtrée ayant un bon tirage. Ensuite ce ne sont plus que des tables, casiers, planches ou rayons contre les murailles pour poser les ustensiles, plus un armoire fermée pour remiser à l'abri de la poussière la verrerie, la poterie et les flacons de réactifs. Ceux en provision du moins ; car ceux de l'emploi courant doivent rester sous la main.

On voit donc que la constitution d'un laboratoire d'essais industriels est peu dispendieux et que son service si intéressant n'a rien qui doive effrayer.

En voici deux projets.

Si ce n'est dans les industries de premier ordre où les épreuves à faire sont continues et nombreuses, il suffira d'une petite pièce de 16 à 20 mètres carrés, bien éclairée par une grande croisée munie d'un vasistas et devant laquelle on mettra la table à expériences. Le fourneau à hotte sera en retour d'équerre s'il est possible recevant le jour de gauche à droite ; l'évier et

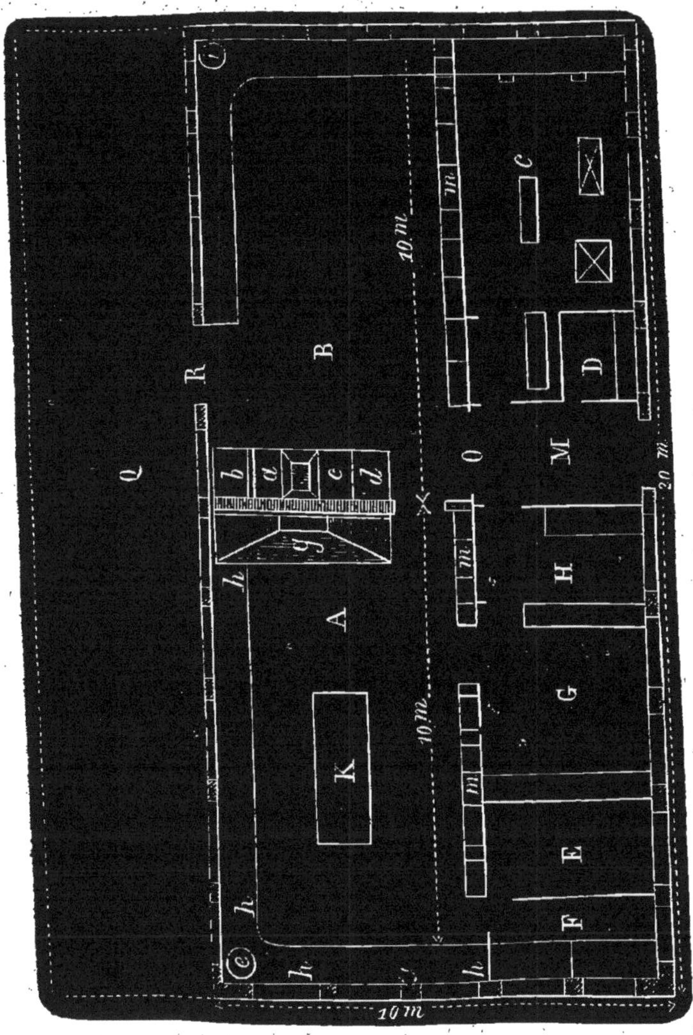

Fig. 1.

Plan d'un laboratoire pour essais.

son réservoir seront à la suite dans le coin ; les

autres panneaux de muraille seront livrés aux armoires et rayons pour la poterie et les réactifs.

La figure ci-contre donne le croquis en plan d'un laboratoire complet de première importance pour essais de toutes sortes, il comprend sur environ 200 mètres carrés couverts ; deux salles distinctes A et B quoique réunies par une porte, l'une A pour les essais par voie humide l'autre B pour les essais par voie sèche. Dans celle-ci sont (1) sur la même ligne : 1° un fourneau *a* dit de fusion ou réduction pour les essais de fer et d'acier ; 2° une étuve *b* ayant environ la capacité d'un mètre cube ; 3° un ou plusieurs fourneaux à mouffle *c* ; 4° un bain de sable à châssis vitrés *d*. Dans la salle de la voie humide et simplement adossée aux fourneaux qui précèdent, existe la table carrelée sous hotte *g*, c'est le fourneau proprement dit, muni de réchauds à charbon ou de tubes et appareils à gaz pour le chauffage. Devant toute la façade vitrée de l'une et l'autre salle sont des tables carrelées *h* découvertes, installées comme il a été dit, avec les fontaines à eau distillée *e* placées aux angles ; ajoutons une table-buffet *k* garnie de nombreux

(1) Toutes ces dispositions sont si élémentaires qu'il suffira de visiter un laboratoire existant pour les connaître sans qu'il soit besoin de les détailler ici.

tiroirs à compartiments; sur les panneaux sont les armoires et vitrines *m*.

Le laboratoire proprement dit se complète des dépendances suivantes.

1° Un petit atelier d'ajustage et d'essais mécaniques C, avec deux étaux montés, un tour et un établi;

2° Une chambre de broyage et tamisage D qui doit être fermée et aérée;

3° Une chambre noire E pour la photographie et la photométrie;

4° Une chambre de lavage F pour la poterie, avec évier et fontaine;

5° Une chambre G, très-bien éclairée et communiquant directement avec le laboratoire, pour les balances et les bureaux d'employés;

6° Un cabinet H pour le chef de service débouchant sur le vestibule d'entrée M, afin que les étrangers qu'il a à recevoir n'aient pas besoin de pénétrer dans les chambres d'essais.

Sur ces chambres et bureaux, de F à M, qui sont plafonnés, existe un grenier pour dégager le laboratoire; car il ne tarde jamais à être encombré d'échantillons qu'il faut ordinairement conserver.

Enfin il conviendra d'avoir une cour ou enclos de dégagement Q pour le bois, le charbon, etc., et pour les expériences qui se font en plein air sous un petit abri. Le laboratoire de voie sèche B y a sa porte de sortie R, de même qu'il convient d'y mettre la porte d'entrée générale O donnant sur le vestibule M, au lieu de la placer dans le laboratoire de voie humide où il faut éviter les courants d'air.

5. Le personnel d'un laboratoire ordinaire se réduit à l'opérateur lui-même plus un manœuvre pour les pilages, nettoyages, rangements, transports et courses; il lui suffit de savoir lire les étiquettes, et d'avoir une force moyenne ; mais il doit être intelligent, très-propre, posé, méthodique et d'une probité certaine ; il a sous la main des matières de prix et il lui est facile de fausser des essais à l'insu de l'opérateur. Il n'est qu'un homme de peine, mais d'une qualité supérieure : un brouillon, brutal, intempérant, indocile et poseur est impossible dans un laboratoire.

Dans un service important le laboratoire a un ou plusieurs aides soit pour les épreuves soit pour les écritures, plus un mécanicien pour gouverner le matériel mécanique que possède nécessairement un laboratoire industriel de premier ordre, savoir : le tour, la machine pneumatique, une petite forge, le broyeur et les appareils spéciaux d'essais pour les tissus, les métaux, les huiles, etc., ainsi que leur moteur.

Les opérateurs, chefs ou aides, ne sont pa

non plus les premiers venus : outre l'honnêteté, le dévouement et le savoir qui caractérisent une mission de confiance, il faut spécialement avoir un caractère calme, attentif, persévérant, méthodique et de l'adresse dans les mains. Il faut être chimiste bien consommé pour réussir d'emblée un essai qu'on n'a pas encore pratiqué et ce que le chimiste expérimenté sait le mieux, c'est que mille accidents peuvent le tromper ; d'où il suit d'abord qu'il ne faut jamais se décourager des insuccès et s'appliquer à en étudier patiemment les causes qui peuvent être ou un vice d'instruments ou l'oubli d'un détail de la manipulation.

Ensuite, il ne faut conclure avec autorité que lorsqu'on a contrôlé le résultat en opérant en double épreuve et par diverses méthodes s'il se peut ; la suffisance et la présomption sont les deux ennemis du chimiste qui peuvent lui créer toute sorte de déboires ultérieurs.

6. Rappelons enfin la recommandation faite en tout livre de chimie, de tenir le laboratoire, si petit soit-il, avec ordre, méthode et propreté exquise. Un chimiste, disait M. Rivot, notre grand maître, doit pouvoir être dans son laboratoire en habit et en cravate blanche et s'il met un tablier ce n'est qu'en prévision des accidents toujours possibles.

Bien que le présent ouvrage ne soit point un

traité de chimie, mais un simple formulaire de recettes déterminées, il est indispensable, pour permettre dans chaque cas des explications concises, de résumer les principes généraux de la composition et de la décomposition des corps, ce qui fera l'objet d'une première partie. Puis viendront dans une seconde partie les recettes ou méthodes d'essai des diverses substances d'un usage courant. Nous nous attacherons à leur donner un caractère très-pratique à peu de frais. Nous supposerons en général des analyses complètes avec dosage, mais il est très-facile d'extraire de nos recettes les méthodes d'essais qualificatifs et approximatifs, dont le praticien pourra bien souvent se contenter.

PREMIÈRE PARTIE

PRINCIPES GÉNÉRAUX DE L'ESSAI CHIMIQUE.

1° Composition et décomposition des corps.

7. Les substances que nous offrent la nature et l'industrie, quoique variées à l'infini ne se composent que d'un nombre restreint d'éléments, dits *corps simples* parce qu'ils n'ont pas encore pu être décomposés en plusieurs matières distinctes.

On connait actuellement 70 corps simples qu'on classe non sans quelque désaccord, en *métalloïdes* et *métaux* proprement dits. Plusieurs n'ont encore qu'un intérêt scientifique et sont très-rares. Voir au chapitre final le tableau A, des principaux corps simples avec les indices abréviatifs par lesquels on se dispense d'écrire leur nom en toutes lettres, ainsi que leur densité, leurs propriétés caractéristiques, et leur *équivalent* numérique.

Pour l'explication de l'équivalent il faut s'il est besoin, se reporter à n'importe quel traité de chimie, en nous bornant à dire que ces nombres appelés équivalents expriment en poids la quantité d'un corps entrant dans la combinaison indiquée par les formules chimiques. On va en voir ci-après des exemples.

8. Les corps simples forment une variété infinie de *corps composés* par *mélange* ou par *combinaison.*

Dans un mélange il n'y a que juxtaposition entre les molécules séparables plus ou moins facilement par les moyens mécaniques; la combinaison est au contraire une union intime des corps simples qui constitue un nouveau corps. La combinaison des métaux entre eux, comme le bronze s'appellent *alliages.*

Les mélanges se font en toute proportion. Les combinaisons ne se font qu'en proportions définies, généralement peu nombreuses et suivant des rapports très-simples.

Ainsi le manganèse et l'oxygène sont deux corps qui donnent lieu à un nombre relativement grand de combinaisons. Il y en a six; leurs indices et équivalents d'après le tableau A sont $Mn = 27{,}50$ et $O = 8$. Les six combinaisons s'appellent et se formulent comme suit :

MnO. — Protoxyde, première combinaison où les deux corps sont à équivalents égaux.

Mn^3O^4. — Combinaison particulière dite oxyde salin ou oxyde rouge de manganèse, où les éléments sont dans le rapport de 1 à 1 $^1/_3$, ce qui s'exprime plus simplement, comme il est fait dans la formule, en nombres entiers en comptant 4 équivalents d'oxygène pour 3 équivalents de manganèse.

Mn^2O^3. — Sesqui-oxyde de manganèse, où les éléments sont dans le rapport de 1 à 1 $^1/_2$, ce qui revient avec plus de simplicité au rapport 2 à 3.

MnO^2. — Bioxyde ou peroxyde, où il y a deux équivalents d'oxygène pour un équivalent de manganèse; ils sont donc dans le rapport de 1 à 2. C'est la combinaison fixe et commune qui contient le plus d'oxygène facile à dégager.

MnO^5. — Acide manganique, substance qui n'est elle-même rencontrée que dans les combinaisons et où il y a 1 équivalent de manganèse et 5 équivalents d'oxygène. Le rapport entre les éléments est donc 1 à 5.

$Mn^2.O^7$. — Acide permanganique, où les deux corps sont en proportion de 1 à 3 $^1/_2$ ce qui revient en nombres entiers à l'expression 2 à 7.

9. Évalués numériquement d'après les équivalents du

tableau en prenant le gramme pour unité, ces substances contiennent les deux éléments dans les proportions suivantes.

$Mn\ O = 27,50 + 8 = 35,50$ grammes en tout.
$Mn^3 O^4 = (27,50 \times 3) + (8 \times 4) = 114,50$ grammes.
$Mn^2 O^3 = (27,50 \times 2) + (8 \times 3) = 79$ —
$Mn\ O^2 = 27,50 + (8 \times 2) = 43,50$ —
$Mn\ O^3 = 27,50 + (8 \times 5) = 51,50$ —
$Mn^2 O^7 = (27,50 \times 2) + (8 \times 7) = 111$ —

Ces proportions ramenées centièmes du poids total reviennent aux valeurs suivantes :

	MANGANÈSE.	OXYGÈNE.
Protoxyde $Mn\ O$	77,46	22,54
Oxyde salin $Mn^3 O^4$.	74,00	26,00
Sesqui oxyde $Mn^2 O^3$.	69,62	30,62
Bioxyde $Mn\ O^2$.	63,20	36,80
Acide manganique $Mn\ O^5$. .	54,42	45,58
Acide permanganique $Mn\ O^7$.	49,55	50,45

10. Quoi que variés à l'infini, les corps composés peuvent se ramener à quelques familles caractérisées : d'abord les métalloïdes oxygène, chlore, soufre, carbone et iode forment des combinaisons très-connues dites oxydes, chlorures, sulfures, carbures, etc., à différents degrés définis, qu'on distingue par les préfixes : proto, sesqui, per. On dit protoxyde, sesqui oxyde, bi sulfure, perchlorure.

1° *Les oxydes* sont des combinaisons de corps simples avec l'oxygène. Tous les corps simples connus se combinent plus ou moins avec l'oxygène et peuvent constituer ensemble des oxydes; mais, ceux qui intéressent surtout la pratique sont principalement les oxydes métalliques. Les caractères des oxydes sont excessivement variés. Ils seront précisés, quand il y aura lieu, dans chaque cas particulier.

2° *Les chlorures.* — Combinaisons avec le chlore, se produisent principalement avec les métaux soit exposés à un courant de chlore gazeux, soit dissous dans l'acide chlorhydrique. Les chlorures solides sont fusibles et ils sont tous solubles dans l'eau, sauf les chlorures d'argent et de mercure qui résistent même aux acides.

Les chlorures sont précipités par le nitrate d'argent en blanc caséeux qui noircit vite à la lumière, c'est un caractère distinctif.

3° *Les sulfures* sont la combinaison d'un corps avec le soufre. Les sulfures de fer, de cuivre, d'étain, de plomb, d'antimoine, sont très-communs dans la nature. Les métaux chauffés au contact du souffre se sulfurent et les sulfures chauffés se décomposent en perdant tout en partie de leur soufre lequel se brûle.

Les sulfures alcalins sont seuls solubles dans l'eau, les autres sulfures sont solubles, comme eux, dans l'acide azotique avec production d'acide sulfurique. L'acide chlorhydrique produit peu d'effet sur les sulfures.

4° *Les carbures.* Combinaisons avec le carbone, sont généralement des corps neutres très-répandus dans la nature; les essences, alcools, éthers, résines, graisses, huiles sont des hydrocarbures, c'est-à-dire des composés d'hydrogène et de carbone. Il y a un carbure de fer voisin de la houille très-connu sous le nom de plombagine. Les carbures sont insolubles dans l'eau, ils sont combustibles et se décomposent à la chaleur.

5° A ces familles connues il faut ajouter les iodures, les brômures, les azotures, les cyanures, combinaisons avec l'iode, le brôme, l'azote et le cyanogène. Ils ne sont pas sans intérêt dans la pratique, mais nous les rencontrerons peu dans notre cadre et nous nous bornons à les relater en renvoyant aux traités.

11. Dans les applications pratiques on distingue deux grandes classes de corps composés : les acides et les bases qui s'unissent pour former la grande famille des sels.

1o Les acides solides, liquides ou gazeux ont généralement pour caractère une saveur caustique et corrosive, ils rougissent la teinture bleue de tournesol. Les principaux acides usuels sont constitués avec l'oxygène et un métalloïde. On les appelle oxacides ; exemple : acide azotique $Az\,O^5$, acide sulfurique $S\,O^3$. Il y a quelques acides métalliques : acide ferrique $F\,O^3$, acide manganique $Mn\,O^5$.

Il y a d'autres acides qui n'ont plus l'oxygène pour élément bien que leur terminaison *ique* puisse le faire croire d'après les règles de la *nomenclature chimique* : acide chlorhydrique $H.\,Cl$, sulfhydrique $S\,H$, sulfo-carbonique $C\,S^2$.

Ceux qui ont l'hydrogène pour élément comme les deux premiers s'appellent hydracides.

2o *Les bases* sont des corps qui unis à un acide forment des sels ainsi qu'il va être dit. Les principales bases ne sont autres que les métaux et leurs oxydes, mais il y a des bases de métalloïdes, exemple : l'ammoniaque $Az\,H^3$ qui est un composé d'azote et d'hydrogène. Les bases ont plus ou moins pour caractère de ramener au bleu la teinture de tournesol rougie par un acide. Les alcalis, savoir : l'ammoniaque, la potasse, la soude et les alcalins terreux, c'est-à-dire la chaux, la baryte, la strontiane, la magnésie sont les seules bases qui jouissent très-sensiblement de cette propriété; mais les métaux, fer, cuivre, plomb, étain, etc., ont une grande énergie pour neutraliser les acides dans la formation des sels.

3o *Les sels* sont des combinaisons d'une base et d'un acide où ces deux éléments tendent plus ou moins à se neutraliser. Quand l'acide domine on a un *sel acide.* Si la base l'emporte on a un *sel basique.* Si l'acide et la base se compensent en sorte qu'il n'y ait d'action ni sur le tournesol bleu ni sur le tournesol rougi, on a un *sel neutre.* La théorie des sels est l'une des plus intéressantes mais aussi l'une des plus compliquées de la chimie. Il faut renvoyer le lecteur aux traités.

12. Les sels suivants se rencontrent à chaque instant dans la pratique industrielle et dans la nature, savoir : les carbonates, les sulfates, les azotates et les phosphates.

1° *Les carbonates* composés d'une base et d'acide carbonique $C O^2$, se caractérisent tous par leur solubilité dans les acides avec *effervescence,* bouillonnement dû au dégagement de l'acide carbonique que chasse les autres acides. Pour la dissolution dans l'eau, les carbonates se divisent en deux classes, les carbonates alcalins de potasse, de soude et d'ammoniaque sont solubles dans l'eau; tous les autres y sont insolubles. La chaleur ne décompose pas les carbonates alcalins, elle décompose tous les autres en laissant dégagé l'acide carbonique. Les carbonates sont décomposés à chaud par le soufre et le charbon.

2° *Les azotates* ou nitrates, bases combinées avec l'acide azotique ou nitrique $Az\,O^5$ sont généralement décomposables à la chaleur, ils y déflagrent même au contact du charbon. Ils sont tous solubles dans l'eau; il n'y a d'exception que pour le sous-nitrate de bismuth et le nitrate de mercure; par conséquent les azotates n'ont pas de réactifs précipitants. Les azotates sont décomposés et transformés par l'acide sulfurique en sulfates, par l'acide phosphorique en phosphates, et quelques-uns par l'acide chlorhydrique en chlorures.

3° *Les sulfates,* combinaison des bases métalliques avec l'acide sulfurique $S O^3$ constituent la classe dite des *sulfates neutres.* Il y a aussi les *bi-sulfates* ou *sulfates acides* où il y a $2 S O^3$. Les sulfates et les bi-sulfates sont solubles dans l'eau excepté ceux qui suivent :

Baryte Antimoine Plomb Bismuth	tout-à-fait insolubles.	Chaux Strontiane Mercure Argent	très peu solubles

Les sulfates sont décomposés par la chaleur, surtout au contact du charbon et du soufre; exception pour les sulfates alcalins, plus les sulfates de plomb et de magnésie.

Les sulfates sont caractérisés par le précipité blanc pulvérulent et insoluble même dans les acides que produit tout sel de baryte dans leur solution.

4° *Les phosphates.* Combinaison avec l'acide phosphorique P h. O^5. Tous les phosphates sont insolubles dans l'eau, sauf ceux de potasse, de soude, d'ammoniaque et de magnésie, mais tous se dissolvent dans les acides. Ils sont précipités en blanc comme les sulfates par la baryte. Mais le précipité de phosphate de baryte est soluble dans les acides et se distingue ainsi du sulfate de baryte que rien ne dissout.

Un phosphate insoluble bouilli dans l'alcali se transforme en phosphate alcalin soluble dans l'eau.

Les phosphates se décomposent à la chaleur au contact du charbon ; le phosphore se dégage.

II. Principe général de l'analyse.

13. Étant donnée par la nature ou par l'industrie une substance, l'analyse chimique a pour but de la décomposer en ses éléments ou corps simples et d'isoler chacun de ceux-ci, soit seulement pour en déterminer l'espèce, auquel cas l'analyse est dite *qualitative*; soit pour mesurer en quelle proportion, chaque élément s'y trouve et alors l'analyse est dite *quantitative*

Il n'y a entre les deux méthodes d'autres différences que l'addition des procédés propres à recueillir et à mesurer les quantités cherchées. La détermination proprement dite de chaque corps simple, isolé reste la même en principe; en d'autres termes il n'y a entre l'analyse qualitative et quantitative qu'une question de pesées et de recueillage. Cependant il y a tel essai qualitatif qui ne conviendrait plus pour le dosage, à cause de la difficulté pour recueillir et déduire les quantités exactes.

Souvent dans la pratique il suffit de l'analyse qualitative, qui est facile et expéditive. Soit par exemple une eau où on veut reconnaître s'il y a des sels calcaires; on en prendra dans un verre, on y versera quelques gouttes d'une liqueur appelée oxalate d'ammoniaque. Suivant l'aspect plus ou moins laiteux que prendra l'eau, on reconnaîtra qu'il y a peu ou beaucoup de sel calcaire cherché. Si on voulait le doser il faudrait peser l'eau, filtrer, recueillir et peser le précipité blanc, ce qui est non difficile, mais long et minutieux. Soit de même un sable dont on veut déterminer la nature calcaire ou siliceuse : en ayant mis dans un verre, on l'arrosera d'acide chlorhydrique; par la vivacité de la dissolution avec effervescence on reconnaîtra qu'il est au moins en partie calcaire et la partie non dissoute donnera ce qui reste de silice ou quartz. Si on voulait doser il faudrait de même des pesées et des recueillages.

Dans ce qui va suivre ce sont de recettes d'analyse quantitative que nous donnerons; on en déduira aisément la méthode qualitative, dont bien souvent le praticien se contentera.

14. Le principe général de l'analyse chimique est de manifester successivement chaque corps à l'exclusion des autres par les réactifs que l'expérience a révélés. Si ce n'est pas toujours le corps lui-même en sa pureté, c'est lui du moins en des conditions connues, dans lesquelles on le retrouve par un calcul proportionnel très-simple. Ainsi, dans une analyse de fer, en obtient non le fer métallique proprement dit, mais un oxyde de fer. $Fe^2 O^3$ dans lequel, de la formule même on déduit, qu'il entre 54 70

de fer métallique ; soit donc $p = 4^{g}, 25$ le poids d'oxide de fer recueilli dans l'analyse : On en déduira le fer métallique P' qu'il contient par la proportion 100 : s :: 54 : p' d'où $p' = \frac{p \times 54}{100} = \frac{4,25 \times 54}{100} = 2^{g},295$. Si cette quantité de fer pur correspond à une prise d'essai de 10 gram, on voit que le fer se trouve dans celle-ci en proportion de $\frac{100 \times 2,295}{10} = 23$ pour cent.

15. Il y a deux méthodes ou voies d'analyses : la *voie humide* et la *voie sèche.* Tantôt une seule peut être employée, tantôt l'une vient complèter l'autre.

La voie humide suppose que la substance essayée est liquide comme l'eau, l'huile, l'alcool ; ou du moins que cette substance donnée est soluble comme le sucre dans un des dissolvants qui vont suivre, de manière à constituer aussi une liqueur. Dans celle-ci on verse une autre liqueur appropriée dite *réactif* dont un ou plusieurs éléments se combinent avec un ou plusieurs de ceux de la liqueur essayée, en donnant naissance à une nouvelle matière insoluble qui la trouble et donne lieu finalement à un dépôt qui *se précipite* au fond du vase d'où vient le nom général de *précipité* alors même que la matière formée est si légère et si ténué qu'elle reste en suspension dans la liqueur essayée en ne faisant que la colorer. La voie humide est donc celle des essais sur des liqueurs et par des réactifs en liqueurs. En général c'est la méthode préférée; elle est plus simple et expéditive

L'analyse par voie humide se résume donc à deux opérations : la dissolution, si le corps étudié n'est pas déjà liquide, et la précipitation.

La dissolution est soumise aux quatre lois qui suivent.

1° Les solides ne sont pas les seuls corps qui se dissolvent. Il y a des solutions de gaz, exemple : le gaz ammoniaque, le chlore, l'hydrogène sulfuré, l'acide carbonique qui se dissolvent dans l'eau et donnent ces liqueurs de laboratoire dont nous allons retrouver le fréquent usage. Des liquides se dissolvent les uns dans les autres, exemple : l'huile dans le sulfure de carbone, dans l'éther, etc.

2° Il importe de distinguer la solution simple et la solution chimique. Dans la première, il n'y a qu'un simple mélange du corps dissous avec le dissolvant et en évaporant celui-ci, on retrouve le corps lui-même. Ainsi se dissolvent dans l'eau, le sucre, le vulgaire sel de cuisine, le salpêtre. Dans la solution chimique il y a combinaison proprement dite et formation d'une nouvelle substance déterminée, exemple : la solution du fer ou du cuivre dans l'acide sulfurique d'où se forment les sulfates de fer ou de cuivre. En évaporant ce ne sont plus le fer et le cuivre qu'on retrouvera mais de nouvelles substances qui sont ces beaux sels cristallisés qu'on connaît dans le commerce sont les noms de sels de vitriol vert et bleu.

3° A circonstances égales de température de composition, etc., un corps se dissout toujours en même proportion dans un dissolvant donné. Ainsi 1 litre d'eau pure à 15° dissoudra toujours la même quantité de 15 grammes de chlorure de calcium. Mais l'énergie du dissolvant augmente avec la température et il en sera dissout davantage à chaud ; d'où cette conséquence que dans un laboratoire on fait généralement dissoudre à chaud les substances qu'on veut essayer par voie humide.

Il y a quelques exceptions ; ainsi le chlorure de sodium, vulgaire sel de cuisine se dissout en quantité sensiblement égale à chaud et à froid.

4° Quand une substance s'est dissoute en cette proportion réglementaire dans son dissolvant, on dit que celui-ci est *saturé* ou à son maximum de saturation ; ce qui reste du sel ne se dissout pas et si, par exemple, on a dissout dans un litre d'eau chaude 10 grammes d'un sel dont 5 grammes seulement sont dissous par l'eau froide, celle-ci en refroidissant se retrouvera avec du sel précipité qui ne se dissoudra qu'en chauffant de nouveau.

Il existe des tableaux graphiques indiquant la dissolution des principaux sels correspondants à la température.

17. Les dissolvants de la voie humide, vont constituer ci-après 5 classes. En principe général, le dissolvant d'un corps est celui qui lui ressemble le plus par sa composition et pour rendre le principe sensible on lui a appliqué la fameuse maxime *Similia similibus.* Ainsi l'eau, qui contient près de 89 pour cent d'oxigène est le dissolvant des sels riches eux-mêmes en oxygène comme les azotates et les chlorates.

Pour les combinaisons avec l'hydrogène le dissolvant n'est plus l'eau, mais l'éther, l'alcool, l'huile, etc., qui sont beaucoup plus riches en hydrogène. L'eau en effet a pour formule H O et l'éther a pour formule $C^4 H^5 O$. C'est-à-dire 4 fois plus d'hydrogène.

Le sulfure de carbone $C. S^2$ est le dissolvant par excellence des carbures d'hydrogène, du soufre, ainsi que du phosphore et de l'iode qui ont avec lui beaucoup de rapports.

Tous les métaux, sauf le fer sont dissous par le mercure et dans le traitement métallurgique où les métaux deviennent liquides, il n'est pas rare qu'ils se dissolvent les uns dans les autres.

18. Suivant les 5 classes de dissolvants usuels ou liqueurs dissolvantes.

1° L'eau froide ou bouillante.

2° Les hydrocarbures, dont les principaux sont l'alcool, l'éther, l'huile, les essences de terébenthine, benzine, etc., Ils sont inflammables, leurs vapeurs détonent et sont malfaisantes. On ne les emploie donc qu'à froid.

3° Le sulfure de carbone, dissolvant du souffre de l'iode, du phosphore, des goudrons et résines ; même observation pour l'emploi.

4° Les alcalis, qui sont l'ammoniaque, la potasse et la soude, soit à l'état pur dit *caustique*, soit à l'état de sel, tels que le carbonate d'ammoniaque ou de potasse, le phosphate de soude. On les emploie à chaud ou à froid.

5° Les acides, acétique, chlorhydrique, et azotique, ainsi que l'eau régale qui est un mélange de ces deux derniers.

Reprenons ces dissolvants avec quelques détails.

19. L'eau distillée, HO froide ou bouillante est le premier et le plus général des dissolvants. L'eau de pluie est à peu près de l'eau distillée quand on a eu soin de ne pas recueillir la première eau qui a lavé les toits, les réservoirs et conduites. Les eaux des sources, des rivières et des puits contenant des dissolutions de sels de chaux et autres, ne doivent guère être employées comme dissolvants en chimie. La chaleur augmentant l'activité d'un dissolvant, l'eau chaude dissout plus que l'eau froide et par conséquent telle substance non soluble à froid peut l'être dans l'eau bouillante.

On distille très-aisément l'eau à l'alambic. Mais on

Fig. 2.

l'achète à 10 ou 15 centimes le litre chez les fabricants de produits chimique et chez les pharmaciens.

On verra comment on peut l'essayer à l'hydrotimétrie : dès à présent on peut indiquer trois épreuves.

1° Quelques gouttes évaporées sur une lame métallique bien polie ne doivent laisser aucun résidu, sinon l'eau contient des matières organiques ou salines. Voir fig. ci-dessus.

2° Le papier de tournesol le plus sensible ne doit être aucunement altéré : Dans le cas contraire ; ce serait la preuve que l'eau est acide ou alcaline.

3° On doit pouvoir verser dans l'eau essayée sans produire aucun trouble : 1° l'oxalate d'ammoniaque, le nitrate d'argent, le sel de baryte ; le premier indique des sels de chaux, le 2e du chlore, le 3e de l'acide sulfurique.

Sont solubles dans l'eau : d'abord tous les sels alcalins (potasse, soude, ammoniaque).

Ensuite : 1° tous les azotates, sauf le sous-nitrate de bismuth, et le proto nitrate de mercure ; 2° presque tous les sulfates ; voir pour exceptions au n° 12 ; 3° la plupart des acétates ou des chlorates ; 4° les chlorures, moins ceux de plomb, bismuth, mercure et argent ; 5° la plupart des iodures.

Sont au contraire insolubles dans l'eau : 1° les carbonates, les phosphates, les oxalates et les sulfures, moins ceux, des alcalis et quelques exceptions ; savoir : le phosphate de magnésie, l'oxalate de peroxyde de fer, les sulfures de baryum et de strontium.

20. *L'alcool* a pour composition $C^4 H^6 O^2$ ce qui donne en centième 52, 68 de carbone, 12, 92 d'hydrogène et 34, 22 d'oxygène. A quoi s'ajoute une proportion d'eau variable avec le degré de concentration mesuré à *l'alcoolomètre*, pèse-liqueur spécial vulgaire dans le commerce et mis dans une éprouvette contenant la liqueur. (Voir ci-contre). L'eau-de-vie du commerce contient moitié d'eau. L'alcool ordinaire des laboratoires marque 36° Béaumé ou 30° centésimaux et contient 40 °/₀ d'eau ; l'alcool dit concentré marque 40°.

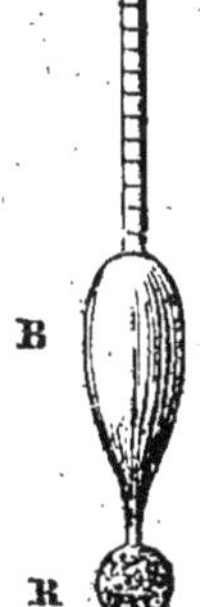

Fig. 3.

L'alcool est incolore, neutre, corrosif, combustible avec flamme bleue en produisant de l'acide carbonique et de l'eau.

C'est le dissolvant des résines et des essences, des brômures et des iodures et comme il rend au contraire certains sels métalliques insolubles, il facilite leur précipité, exemple : le sulfate de plomb dans les analyses de bronze.

21. Les essences sont des carbures d'hydrogène liquide, généralement huileux, odorants, volatiles ; inflammables ; tantôt plus légers, tantôt plus denses que l'eau ; peu sont solubles dans l'eau ; tous se dissolvent dans l'alcool, l'éther et les huiles grasses. Elles sont des dissolvants du soufre et du phosphore, qu'elles laissent libres en se volatilisant. Les essences se combinent avec le chlore, l'iode, le brôme, l'oxygène, le soufre, les alcalis et les acides, en donnant naissance à des produits nouveaux très-actifs et souvent redoutables par leur détonation ou leurs émanations. Ce sont donc des substances qu'il ne faut manipuler qu'avec réserve et prudence.

Les essences intéressantes ici sont la térébenthine et la benzine, à quoi on pourrait ajouter l'essence minérale ou pétrole qu'on verra aux combustibles.

La térébenthine qui se tire de la résine des arbres dits résineux comme le pin et le sapin est un carbure d'hydrogène qui a pour formule $C^{20}. H^{16} = 88,23 + 11,77 = 100$ c'est-à-dire contenant pour cent 88,23 parties de carbone et 11,77 parties d'hydrogène. C'est un liquide un peu huileux, caustique, incolore, d'odeur sui generis ; inflammable, ayant pour densité D. = 0,86 ; il bout à 150°, donne des vapeurs dont la densité est 4,76 fois celle de l'air. La térébenthine quoique dissolvant des graisses et du soufre est peu employée.

La benzine, qui se tire du goudron de houille, a pour formule $C^{12} H^{6} = 92,30 + 7,70. = 100$. C'est un liquide limpide, incolore, odorant, sucré, un peu plus léger que la térébenthine, sa densité est D = 0,85 et la densité de sa vapeur est D = 2,38, mais il est beaucoup plus volatile, il bout à 86°, et gèle à 0° selon Pelouze. La benzine est soluble dans l'éther, l'alcool, les graisses, et dans certains acides. C'est un dissolvant des mêmes substances qui précédent. Parmi les combinaisons, nous citerons la nitrobenzine dite mirbane, parfum à odeur d'amande amère dû à l'acide cyanidrique, dont on parfume les savons, les huiles, les graisses, etc.

22. *L'éther sulfurique* a pour formule $C^4 H^5 O$ et pour composition en centièmes 62,32 de carbone, 13,30 d'hydrogène et 21,37 d'oxygène. C'est un liquide incolore, caustique, odorant, volatile, inflammable et détonant, densité D = 0,72, ébullition à 72° ; il n'est soluble que dans beaucoup d'eau, mais plus soluble dans l'alcool ; se décompose à l'air et tourne au vinaigre, se décompose aussi et détone avec le chlore.

C'est le dissolvant des graisses, des résines, du goudron, du caoutchouc, ainsi que du soufre, du phosphore, de l'iode et du brôme.

23. *Le sulfure de carbone*, $C S^2$ a pour composition en centièmes 84, de carbone et 22 de soufre. C'est un liquide incolore, huileux, puant, volatile, combustible, densité D = 1,88, bout à 48, et donne des vapeurs très-lourdes qui s'enflamment et détonent à l'air et sont très-malfaisantes.

C'est le dissolvant des mêmes substances que l'éther dont il est si voisin par sa nature, et notamment du soufre, mais il est généralement plus énergique.

24. *Les alcalis*, qui sont au laboratoire d'un si grand emploi comme dissolvants, et comme neutralisant des acides, sont des bases excessivement énergiques avec lesquelles une multitude de corps ont une affinité très-prononcée, et qui ont pour caractère de ramener très-sensiblement au bleu le tournesol rougi par un acide. Ils ont aussi comme caractère distinctif de verdir le sirop de violette et de rougir la teinture de curcuma.

L'ammoniaque, la potasse et la soude sont les alcalis par excellence du laboratoire.

L'ammoniaque proprement dit est un gaz, dont la formule $H^3 Az = 85 + 18 = 100$ indique que ce n'est pas un corps simple, mais une combinaison de 3 équivalents d'hydrogène et 1 d'azote ce qui fait quelque fois appeler ce corps azoture d'hydrogène, conformément aux règles de la nomenclature chimique.

Ce gaz est incolore, odorant, corrosif, larmoyant, moitié plus léger que l'air et très-soluble dans l'eau. Le liquide appelé ammoniaque au laboratoire n'est autre qu'une dissolution de gaz ammoniaque dans l'eau. Le plus concentré marquant 22° à l'aréomètre beaumé, contient 20 % d'ammoniaque qui est très-volatile et que la chaleur chasse aisément en ne laissant plus que l'eau inerte.

L'ammoniaque est un dissolvant des sels et oxydes du zinc, du cuivre, du nickel, du cobalt et du magnésium. Nous verrons qu'il est au contraire le précipitant des autres métaux avec des couleurs caractéristiques.

L'ammoniaque du commerce peut être altéré par un grand nombre de substances étrangères qui trompent dans l'analyse; il faut employer l'ammoniaque pure d'où toutes ces substances sont éliminées.

25. La *potasse* et la *soude* (oxyde de potassium et de sodium), sont des solides blancs, cristallins, inodores, très-solubles dans l'eau dont ils sont très-avides, par conséquent déliquescents dans l'air humide; ils sont fusibles et colorent la flamme savoir : la potasse en violet et la soude en jaune, ce qui est caractéristique.

La potasse et la soude anhydres portent aussi le nom de *potasse caustique, soude caustique* et sont excessivement corrosifs du tissu animal. On distingue encore dans le commerce deux sortes de potasse ou soude d'un prix bien différent, d'abord celles qui sont anhydres, c'est-à-dire desséchées et sans eau et celles qui sont hydratées. Ensuite celles préparées *à la chaux* et celles radicalement purifiées *à l'alcool* qui coûtent le quadruple.

La soude et la potasse s'emploient presque indifféremment l'une pour l'autre, bien que la potasse soit souvent plus énergique; la soude est ordinairement moins dispendieuse. On les verra très-employées comme réactifs précipitants. Nous en parlons ici comme dissolvant de plusieurs substances.

On achète la soude et la potasse en solides conservés dans des flacons bien bouchés. Pour l'usage on en fait dissoudre dans l'eau distillée la proportion de 10 %. Les dissolutions de soude et de potasse s'appellent quelquefois des lessives. Ainsi quand on se sert de ce mot si fréquent : traiter par une lessive alcaline au 10 %, cela signifie tout simplement, traiter par une dissolution à 10 % de soude ou de potasse dans l'eau. On trouve dans le commerce un *pèse-lessive*, aréomètre spécial employé comme il est dit ci-dessus au n° 20.

Les alcalis sont aussi employés, non-seulement purs et caustiques comme il précède, mais à l'état de *sels alcalins* qui s'achètent en cristaux conservés dans des fioles, et dont on fait de même des dissolutions dans l'eau distillée froide autant que possible à 10 %, et si cela ne se peut à 5 % afin d'avoir des réactifs uniformes de concentration.

Les principaux sels alcalins sont les suivants :

Les carbonates alcalins d'ammoniaque, $2(Az\,H^3, H\,O)$ $3CO^2 + 3HO$; les carbonates de potasse KO, CO^2 et de soude NaO, CO^2, combinaisons de ces bases avec l'acide carbonique.

Les phosphates alcalins, particulièrement le phosphate de soude $Ph\,O^5 + 2\,Na\,O$, combinaison de protoxyde de sodium avec l'acide phosphorique.

Les sulfates alcalins, principalement le sulfate de soude $Na\,O, S\,O^3$, combinaison du protoxyde de sodium avec l'acide sulfurique.

Les chlorures et sulfures alcalins, combinaisons des dits métaux avec le chlore ou le soufre.

Il y a bien d'autres combinaisons alcalines usitées couramment au laboratoire, mais elles appartiennent à la classe des réactifs précipitants et ne sont plus les dissolvants qui nous occupent ici.

27. Les dissolvants acides ordinaires sont :

1° L'acide acétique qui est le vinaigre, acide le plus faible et réservé pour quelque cas particuliers ;

2° L'acide chlorhydrique dit aussi hydrochlorique, muriatique, esprit de sel. Sa formule est H, Cl. et sa composition en centièmes est 2,79 d'hyd. et 97,25 de chlore. C'est le dissolvant ordinaire du laboratoire employé soit à froid, soit à chaud. Il y a dans le commerce l'acide chlorhydrique commun et l'acide pur de toute matière étrangère.

L'acide chlorhydrique pur proprement dit est un gaz soluble et instable. Ce qui est vendu et usité sous ce nom au laboratoire, est une solution de ce gaz dans l'eau distillée, analogue à ce que nous avons déjà dit de l'ammoniaque. Le plus concentré fume, a pour densité D = 1,21, il bout à 110° et il est par conséquent facile à chasser par la chaleur ; il contient 42,7° d'eau et 58,7° de gaz dissous. L'acide ordinaire contient 66 % d'eau et marque 22° au *pèse-acide* Beaumé, aréomètre spécial employé comme au n° 20 ci-dessus.

L'acide chlorydrique est un liquide incolore, tout au plus un peu jauni en vieillissant, inodore, caustique et corrosif violent, attaquant, au moins à l'état concentré et bouillant, presque toutes les substances analysées qu'il convertit en chlorure, souvent avec des couleurs caractéristiques.

3° L'acide nitrique ou azotique dont la formule est Az O^5, et dont la composition est en centièmes 26,15 d'azote et 75,85 d'oxygène, est le dissolvant le plus énergique après l'eau régale qui va suivre. Il attaque, au moins en l'état concentré et bouillant, tous les corps, sauf de rares exceptions et il les convertit en azotates qui sont caractérisés au moins par leur solubilité dans l'eau.

L'acide concentré dit monohydraté ou fumant, marque 51° au pèse-acide. Il est jaune, fumant, volatile; ayant pour densité 1,25; il bout à 86°, gèle à — 50°, est très-avide d'eau et facilement volatilisable à la chaleur.

L'acide ordinaire à 36° Beaumé, contient 40 % d'eau; il ne bout plus qu'à 123°, et est par conséquent plus difficile à chasser que l'acide chlorhydrique. Sa densité est D = 1,42. C'est un liquide incolore, inodore, stable, terrible corrosif, oxydant énergique et attaquant vivement presque tous les métaux au moins quand il est bouillant. En général, il se dégage des vapeurs rousses ou rutilantes d'acides hypo-azotique gazeux très-délétères.

On n'attaque à l'acide nitrique que les substances rebelles à l'acide chlorhydrique, car il est plus coûteux, il est plus difficile à chasser, ainsi qu'à déceller, tous les azotates étant solubles et n'ayant pas de précipitant connu.

Il y a dans le commerce trois sortes d'acide azotique : 1° l'ordinaire qui contient souvent de l'acide sulfurique et du chlore, décelées le premier par le chlorure de baryum, le second par le nitrate d'argent qui forment précipité (voir n° 19); 2° l'acide azotique pur de toutes substances étrangères; 3° l'acide nitrique fumant, très-concentré et caractérisé par la couleur jaune qu'il prend rapidement.

L'acide azotique est un réactif dont il faut se méfier, non-seulement à cause de son action corrosive, mais parce qu'il forme des azotates dont plusieurs sont explosifs, exemple : le salpêtre, la nitro glycérine, la formidable dynamite.

4° *L'eau régale* est un mélange de deux parties d'acide chlorhydrique et une partie d'acide azotique. C'est le plus énergique des dissolvants. C'est celui de l'or, du platine et de différents minerais d'une attaque très-difficile. Les corps qui résistent à l'eau régale sont décidément insolubles.

On n'achète pas l'eau régale, on la compose soi-même en mêlant dans les proportions ci-dessus les deux acides purs de matières étrangères.

28. Les réactifs qui précèdent, et tous en général, se gardent pour l'usage quotidien en flacons alignés, en ordre méthodique sur des étagères ou tablettes à la portée de

l'opérateur, qui doit pouvoir s'en servir immédiatement au premier besoin. Le retard peut faire manquer l'opération. Les flacons de service courant doivent être bien en mains, ceux de la contenance de 200 grammes conviennent; ils ont un bouchon de cristal ajusté à l'émeri; veillez à ce que celui-ci puisse toujours s'enlever et qu'il ne se soude pas au flacon, comme il arrive aisément avec les liqueurs sirupeuses et avec les alcalis.

Il faut donc les essuyer avec soin quand on s'en sert, les desceller par des petits coups avec grande précaution. En tous cas il faut soustraire les réactifs à la poussière, les tenir loin du feu et du soleil, même de variations trop sensibles de température.

Les réactifs en provision se conservent en flacons ou bocaux bien bouchés et sont enfermés sous-clef dans une armoire, car ce sont des substances généralement dangereuses et souvent d'un certain prix.

Il y a des réactifs dont il faut éviter le voisinage, et il y en a qu'il faut enfermer tout à fait à part avec des précautions spéciales : ce sont les acides dont les émanations altèrent le poli des métaux, les métaux alcalins (sodium et potassium) qui peuvent s'enflammer spontanément s'ils ne sont pas dans l'huile de naphte (carbure d'hydrogène sans oxygène.

Le phosphore s'enflamme de même s'il n'est pas conservé dans l'eau et en flacon à bouchon hermétique. D'autres substances redoutent l'humidité. C'est le cas des sels dits déliquescents et de l'acide sulfurique concentré. Enfin il y a les substances volatiles, comme l'éther, le sulfure de carbone, l'ammoniaque, le chlore, l'hydrogène sulfuré, le brôme qui répandent des vapeurs, les unes infectes, les autres malsaines ; d'autres enfin inflammables et détonantes à proximité du feu ou de la lumière.

30. *Précipités.* — On a vu que dans une solution, on manifestait une substance cherchée par l'addition d'une autre liqueur qui la précipite en dépôt insoluble. Ces

précipités sont caractéristiques ; c'est-à-dire qu'on conclut à la présence du corps cherché si en versant le réactif dans la solution, il y a un précipité d'une certaine nature déterminée; si aucun précipité n'apparaît, on en conclut que le corps cherché qu'on supposait n'existe pas dans la substance analysée.

Cela paraît bien simple, mais dans la pratique il y a beaucoup de précipités qui se ressemblent et de circonstances accidentelles qui empêchent le précipité de se produire, bien que le corps qu'il devrait manifester soit présent.

D'abord le réactif peut être faussé par sa vieillesse, par une erreur de préparation ou parce qu'on l'emploie mal; c'est-à-dire soit en négligeant les précautions voulues, soit en trop petite quantité pour produire effet, ou en trop grande, ce qui est fréquent chez les novices et plus grave encore, car il y a des précipités qui se dissolvent dans l'excès du réactif lui-même. Ici il est difficile de donner des règles générales, mais nous nous efforcerons de fournir dans chaque cas les instructions nécessaires, qu'on devra suivre ponctuellement sans se révolter contre ce qu'elles paraissent avoir de minutieux. Nous recommanderons en outre de toujours, surtout au début, faire l'analyse en double épreuve, afin d'avoir un contrôle respectif et de recommencer à chaque fois que le résultat paraîtra ne pas être entièrement logique.

La chimie est l'une de ces sciences où il faut se garder de la présomption, où il ne faut pas s'humilier de s'être trompé, où il ne faut conclure qu'avec certitude et contrôle. Plus on a pratiqué, plus on sait combien ces principes sont vrais, comme il est facile de manquer une analyse, d'être induit en erreur, et combien sont loin d'atteindre leur but ces manipulateurs novices qui tranchent sans douter de rien.

31. On verra à la seconde partie quels phénomènes doit produire le réactif dans chaque cas particulier pour

déceler le corps présumé et quelles précautions sont à prendre : disons seulement ici, en général que les précipités se caractérisent par leur couleur, leur forme, leur solubilité dans un liquide donné.

1° La couleur, il y en a qui sont caractéristiques, exemple : la coloration bleu du prussiate de potasse dans un sel de peroxyde de fer, ou la coloration brune du même réactif dans une dissolution de cuivre. Mais outre que la couleur est toute autre si on n'a qu'une seule substance dans la solution analysée, il y a beaucoup de précipités de la même couleur quoique se rapportant à des corps bien différents. Ainsi il y a une multitude de précipités blancs, depuis celui de la chaux jusqu'à la plupart des sels de plomb et de mercure. Tous les précipités du zinc et du magnésium sont également blancs comme ceux du calcium et des sels ammoniacaux.

2° La forme du précipité s'ajoute à la couleur comme caractère distinctif ; on distingue les précipités poudreux, gélatineux, floconneux, caséeux, laiteux, opalins, nuageux.

3° La solubilité du précipité dans certains liquides achève de le distinguer entre ceux qui se ressemblent. Ces liquides sont : le réactif précipitant lui-même versé en excès ; l'eau distillée ; les liqueurs alcalines ; les hydrocarbures, éther, alcool, huile ; les acides acétique, chlorhydrique, azotique.

32. Les précipités se caractérisent encore par les circonstances de leur formation savoir :

1° L'addition d'un *réactif-adjudant*, exemple : dans l'analyse du bronze, l'addition de l'alcool pour aider à la précipitation du plomb en sulfate, ou celle d'un sel ammoniacal pour retenir en dissolution des substances autres que celles qu'on veut précipiter isolément.

2° La température : tel précipité se forme à froid, tel autre qui lui ressemble n'apparaît qu'en chauffant, ou bien il disparaît. Il y a des précipités qui en chauffant se modifient, comme l'hydrate de cuivre qui est bleu et floconneux et se change en oxyde noir pulvérulent.

3° *L'agitation* : Certains précipités n'apparaissent que lorsqu'on les a agités plus ou moins longtemps et fouettés avec une baguette, exemple : le précipité de magnésie par le phosphate de soude dans les analyses d'eau.

4° *L'effervescence*, sorte de bouillonnement avec dégagement de bulles de gaz caractérise encore certaines réactions, exemple : la dissolution des carbonates dans les acides.

5° *L'émulsion*, ou formation de mousse à la façon de l'eau de savon battu.

33. De tout ce qui précède, il résulte qu'il faut beaucoup d'attention et de dextérité en versant un réactif dans une solution, surtout à cause de la solubilité du précipité qui peut avoir lieu dans un excès de réactif. Tenant de la main gauche le verre à pied ou tout autre vase qui contient la solution, en l'élevant devant le jour à la hauteur des yeux, mais à distance prudente, on tient de la main droite le flacon de réactif (petit flacon à main), et on verse d'abord une seule goutte, puis deux, puis trois et ainsi de suite en observant attentivement l'effet.

Puisqu'on peut être appelé à verser un excès de réactif pouvant aller au double de la liqueur essayée, il faut n'en mettre de celle-ci environ que le tiers du verre.

Et comme d'autre part les réactifs sont souvent coûteux, il ne faut prendre que des petits vases et des petites quantités. On fait ordinairement les précipités dans de petits verres à pied, des tubes, godets, capsules ou verres de montre.

Le verre à pied ci-contre est très-usité ; le dépôt se rassemble au fond, même en très-petite quantité. Pour précipiter en grand, on emploie les bocaux, terrines et autres vastes vases qu'on verra plus loin.

Fig. 4.

En général, on fait chaque essai de réactif sur une

prise différente surtout en analyse qualitative. Cependant il y a des cas où la même prise, la même solution est traitée tour à tour par les réactifs appropriés pour déceler chaque corps simple qui s'y trouve, suivant une marche déterminée. On en verra des exemples dans l'analyse de l'eau et du bronze. Dans chaque cas il sera spécifié comment il faut opérer.

34. Dans l'emploi des réactifs en général, il faut également beaucoup de prudence au point de vue de la sécurité. Le chimiste expérimenté lui-même se défie toujours de l'inconnu et nul ne prend plus de précautions que lui contre les acides qui brûlent, les matières qui décrépitent et se projettent, les gaz délétères, les combinés inflammables ou détonant. En général, attention :

Aux acides corrosifs;

A l'acide sulfurique qui, dans l'eau, produit une extrême chaleur et fait casser les vases ;

A l'acide azotique, qui donne des azotates explosifs et des vapeurs vénéneuses;

A l'arsenic, à l'antimoine, au mercure, poisons redoutables;

Au chlore, qui donne des mélanges détonants dans certaines combinaisons et qui produit des exhalaisons redoutées;

A l'iode, qui est un poison et détone dans l'ammoniaque;

Au phosphore, inflammable et vénéneux.

Il nous resterait à énumérer les *réactifs précipitants*, mais il sera mieux de les indiquer à mesure que nous en trouverons l'usage dans les recettes d'analyses de la seconde partie. Les réactifs sont généralement des sels solides qu'on achète en flacon lorsqu'on n'est pas assez fort chimiste pour les préparer soi-même. Pour s'en servir dans les analyses, on les dissout suivant les cas, comme il sera dit, dans l'eau, dans l'ammoniaque ou dans les acides.

Pour la conservation et l'agencement, voir ce qui a été dit au n° 29.

Essais par liqueurs titrées.

35. Comme complément de ce qui précède, il nous reste à parler d'une méthode d'analyse souvent pratiquée dans des cas spéciaux et à laquelle nous aurons recours.

L'essai par *liqueurs titrées* est un procédé d'analyse par voie humide qui ne s'applique qu'à des expériences répétées : Ainsi des essais de minerais, de potasse, d'eau, etc., dans des établissements métallurgiques, dans les docks, etc. Lorsqu'on n'a qu'une ou deux épreuves à faire en passant, ce n'est pas l'occasion de faire des liqueurs titrées, dont la plupart ne se conservent pas, et la méthode ordinaire quoique plus longue est plus logique.

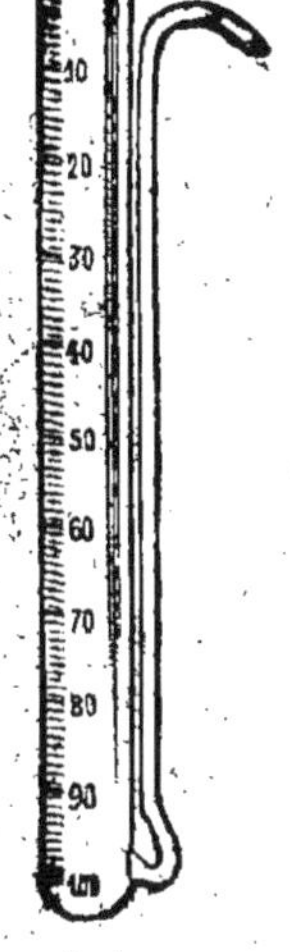

Fig. 5.

L'essai par liqueurs titrées est une méthode expéditive et très-simple d'analyse quantitative qui, sans recueillage, sans filtrage et sans pesées, permet de doser directement une substance cherchée dans une solution.

Ayant mis la liqueur essayée dans une capsule ou tout autre vase, on y verse avec la burette graduée ci-contre une liqueur dont la quantité versée correspond à celle de ladite substance que contient la dissolution essayée, ce qui suppose évidemment que la liqueur de la burette a été préparée selon un *titre* ou une dose déterminée. De l'autre main, on remue continuellement avec une baguette de verre. Voir la figure ci-après.

L'introduction de cette liqueur titrée dans la dissolution essayée y produit à un moment venu des colorations, décolorations, apparitions de mousse, ou tout autre phénomène Le nombre de degrés versés, lu sur l'échelle de la burette graduée au moment où se produit le phénomène, indique la proportion de la substance cherchée à laquelle il correspond. Soit par exemple, de l'eau dont on veut connaître la proportion de sels de chaux dissous : dans une quantité déterminée de cette eau, on versera goutte à goutte avec la burette graduée une liqueur d'alcool

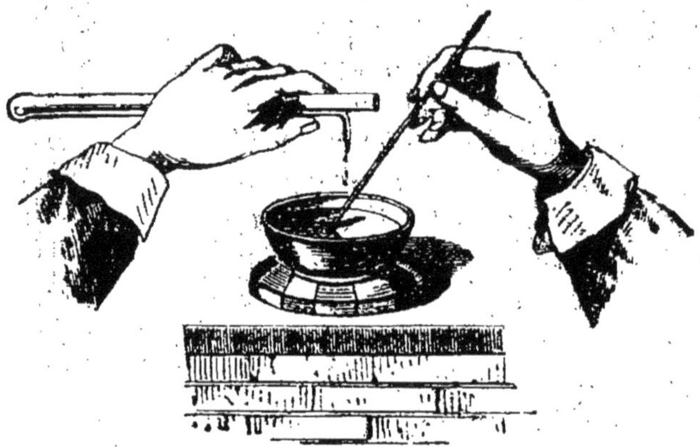

Fig. 6.

contenant en dissolution une dose fixe de savon; telle est la liqueur titrée applicable à l'espèce; à un certain moment, on verra se former dans l'eau essayée de la mousse persistante. C'est ce qu'on appelle l'hydrotimétrie (voir nº 91 et suivants). Par des moyens analogues, on dose

Fig. 7.

les alcalis, les métaux dans les minerais, etc. Nous indiquerons au cours de cet ouvrage des méthodes de ce genre.

La figure 6 ci-contre indique le mode de procéder soit avec la burette graduée, soit avec une autre forme de burette dite anglaise et qui devient très-usuelle : d'une main on agite continuellement le liquide essayé dans la capsule avec une baguette de verre; de l'autre main, on verse la liqueur titrée goutte à goutte; quand on se sert de la burette dite anglaise, on pose le doigt sur la lumière pour régler l'écoulement des gouttes comme il est indiqué sur la figure 7.

Essai par voie sèche.

36. Nous avons indiqué au nº 13 une seconde méthode d'analyse remplaçant ou aidant la voie humide qui précède. On y a recours pour les substances insolubles qu'on ne peut amener à l'état de liqueurs pour les précipiter, ou bien quand la voie humide ne se prête pas à des résultats certains ou faciles.

Cette méthode ne donne plus de précipités et elle exige l'emploi du feu, soit celui d'un fourneau, soit celui d'un bec de flamme soufflé au besoin par le chalumeau. On chauffe la matière essayée tantôt à l'air, tantôt en vase clos.

Les phénomènes produits sont des compositions et des décompositions, des modifications de structure souvent accompagnées de coloration et d'odeur caractéristiques. Ainsi la flamme est colorée en violet par la potasse, en jaune par le soude, en blanc vif par le magnésium et le zinc, en vert par le cuivre, en rouge par la chaux et la strontiane, en bleu par le soufre et l'hydrogène. L'arsenic donne une flamme livide avec odeur d'ail.

37. L'outillage de la voie sèche consiste en fourneaux et en becs de lampe à gaz ou à alcool, qui seront indiqués à

mesure que les besoins se présenteront. (Voir déjà ce qui en a été dit aux n°s 2 et 4.)

Pour exposer au feu la substance essayée, on la place dans des creusets ou capsules fermés ou non et de formes assorties aux circonstances. Les creusets de platine sont d'un prix élevé et, bien que ce soit le moins fusible et le

Fig. 8.

moins altérable des métaux, ils sont attaqués par certaines substances. Les creusets ou capsules de porcelaine et de terre réfractaire ne peuvent cependant pas toujours remplacer les creusets de platine. Dans chaque cas on spécifiera comment on doit pratiquer.

Suivent les appareils principaux d'emploi général.

La figure 8 représente en élévation un *fourneau à moufle.*

Fig. 9.

Dans ce four où l'on peut placer soit une capsule, soit un creuset, etc., le porter même à la chaleur blanche, grâce à un bon tirage, en l'isolant du combustible qui entoure extérieurement la moufle représentée en perspective au pied de l'instrument où sont indiqués aussi la pince et le plateau à trous et à poignée pour manutentionner facilement les capsules.

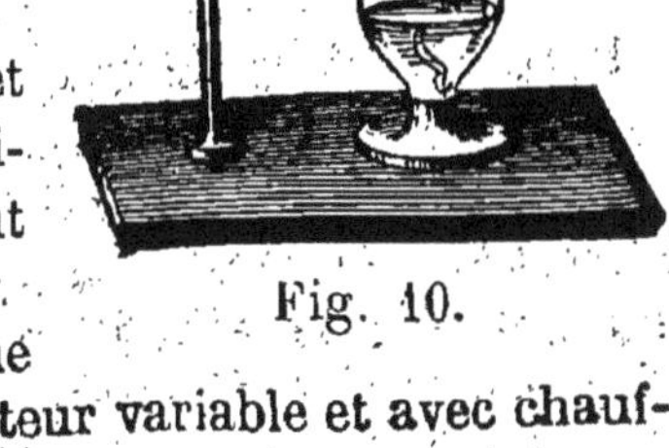

Fig. 10.

La figure 9 montre un creuset chauffé dans un fourneau ordinaire au charbon de bois, dont peu importe la forme.

La figure 10 représente une capsule sur un support à hauteur variable et avec chauffage par lampe à alcool.

Enfin la figure 11 est un bec à gaz dit de Bunsen, qu'on peut placer sous la capsule ci-dessus au lieu de la lampe à alcool. On le met en communication avec un robinet à gaz d'éclairage ordinaire par un tube de caoutchouc vulcanisé qui permet de le déplacer à volonté. Une petite douille tournante au pied de la tige et masquant à volonté une ouverture, permet d'introduire ou non, un courant d'air qui active la flamme au préjudice de son pouvoir éclairant.

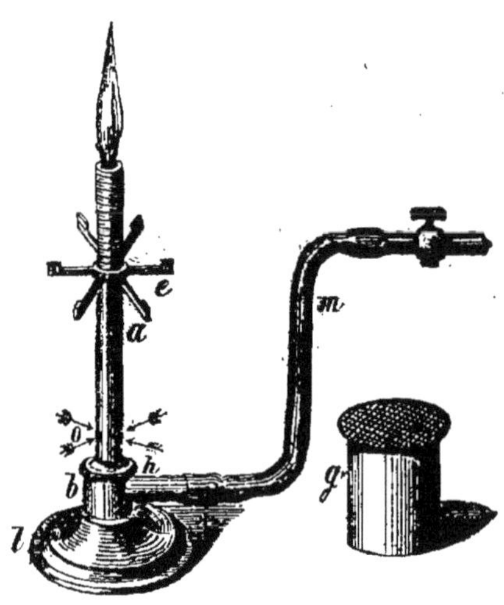

Fig. 11.

Sur ce principe on fait pour tous besoins des appareils dits de Wisneg, qui dispensent même du fourneau, et dont la merveilleuse collection est connue chez tous les appareilleurs de gaz. Leur prix est assez élevé, mais le simple bec de Bunsen est un outil de 3 fr. dont on ne saurait se priver s'il y a possibilité de lui donner du gaz.

La voie sèche a aussi ses réactifs : ce sont d'abord les *fondants* ou *flux*, qui facilitent la fusion à la manière de la castine dans la métallurgie.

Les fondants de laboratoire sont principalement les trois qui suivent :

1° La carbonate de soude $Na\ O.\ C\ O^2$, en poudre desséchée, très-pure et exempte surtout d'acide sulfurique.

2° Le borate de soude $Na\ O.\ 2\ B\ \ O^3)$ (10 H O) vulgairement appelé *borax*, (sel blanc cristallisé), est un réactif qui donne une coloration caractéristique d'un grand nombres d'oxydes métalliques. En exposant au feu d'un bec de flamme, soufflé ou non par le chalumeau, un mélange de l'oxyde métallique analysé et de borax, on obtient une *perle* dont les propriétés sont caractéristiques.

3° Le sel de phosphore, nom abréviatif donné au phosphate double de soude et d'ammoniaque dont la formule est $(Az\ H.)\ N\ O.\ HO,\ P\ O^5$. Ce sel particulièrement nécessaire pour les essais au chalumeau, est souvent rendu impur par du chlorure venant de sa fabrication, au moyen du chlorhydrate d'ammoniaque; il est efflorescent, en cristaux, et il est difficile de bien s'en servir.

III. Des manipulations chimiques.

38. Les opérations de l'essai chimique ordinaire se réduisent en résumé à un petit nombre dont suit l'énumération.

Prise d'essai. Il faut recueillir l'échantillon à analyser de manière à avoir la vraie qualité moyenne, en quantité égale à quatre fois au moins la prise d'essai, afin de recommencer l'opération s'il est nécessaire. Cette quantité sera indiquée dans chaque cas. En général on analyse sur des petites quantités pour économiser les réactifs, et ne pas être obligé d'employer de trop grands appareils.

La prise d'essai d'un liquide se fait suivant les circonstances, ou bien en le remuant pour bien mêler, ou bien au contraire en ayant grand soin d'éviter un trouble anormal. Ainsi il est évident qu'il ne faut pas faire dans une rivière une prise d'eau à essayer, en commençant par la remuer et la troubler, car on n'aurait plus ainsi la vraie moyenne cherchée. La prise d'essai des solides tels que chaux, sable, minerai, combustible, se fait dans l'usage par le procédé dit *d'élimination de Lagrappe.* Ayant recueilli un échantillon suffisant comme il précède, on le pile; on étale le tout sur une tablette, on mêle avec soin, puis on divise en quatre parts par le croisement de deux traits; on élimine deux parts opposées qu'on rejette, sans oublier de balayer exactement leur fine poussière. Le reste est de nouveau mêlé, étalé, divisé et soumis à l'élimination de deux des quatre parts. On recommence ainsi jusqu'à ce qu'il ne reste plus que la quantité voulue pour l'essai.

La prise d'essai des autres matières tel que : chanvre, toile, métaux, se fait avec des précautions analogues suivant les cas, toujours en vue d'avoir la vraie qualité moyenne.

Lorsqu'il s'agit d'épreuves qui doivent être faites en double de divers côtés, par exemple par le destinataire et l'expéditeur, on divise généralement la prise d'essai faite comme il précède, en trois parts identiques qu'on met en flacons ou en paquets : on prend l'une pour soi-même, on remet la seconde à l'expéditeur qui fait, s'il veut, l'épreuve de son côté; la troisième part est scellée, mise en dépôt et ouverte seulement plus tard en cas de contestation pour un essai contradictoire.

C'est alors surtout qu'il faut soigner la préparation de la prise, afin d'avoir des échantillons semblables, et qu'il faut les faire avec une stricte identité. On aurait de singuliers mécomptes, par exemple, si on mettait dans un paquet la fine poussière qui manque à l'autre, si on mêlait mal le liquide d'un vase, limpide ici, troublé là; si on mettait une substance humide qui arrivera desséchée plus à un laboratoire qu'à l'autre, etc.

39. *Pulvérisation.* Presque toujours pour traiter une substance au laboratoire, il faut la diviser. Si elle est solide on doit non-seulement la pulvériser au mortier ordinaire, voir figure ci-contre, puis tamiser, mais parfois la porphyriser, c'est-à-dire la réduire en poudre impalpable au petit mortier d'agate ou de porcelaine émaillée

Pour les broyages en grand on a un lourd rouleau sur table de fonte bien rabotée Pour les matières très-dures comme la fonte, le silex, l'acier on trouve chez les marchands d'appareils de chimie le *broyeur d'Abich*, cylindre ou douille en acier fondu avec piston sous lequel on écrase en frappant à grands coups sur la tête du piston.

Fig. 12. Fig. 13.

Pour le courant ordinaire on a des mortiers en fonte, bronze, porcelaine, grès ou cristal, comme ceux dont se servent les pharmaciens.

Il ne faut piler à la fois que par petite quantité en remuant souvent. On va ainsi vite et bien. On couvre le mortier avec un chapeau à trou, ou avec un linge pour éviter les projections et la poussière. Non-seulement celle-ci peut dégager des substances qu'il ne faudrait pas soustraire à l'analyse, mais elle peut être nuisible à l'opérateur et à la propreté toujours si nécessaire du laboratoire.

Pareilles précautions doivent être prises pour tamiser. Recommandons à cet effet les tamis couverts, dits à tambour dont se servent les artificiers.

40. *La calcination*. Mot impropre qui signifie convertir en chaux, a été adopté par l'usage pour exprimer tout traitement par le feu, d'une substance à essayer. C'est un terme générique qui, suivant le but proposé, comprend le grillage, la réduction, l'incinération, l'étonnement, la désagrégation.

41. *Le grillage* est une calcination qui a pour but spécial ou bien de faire dégager des substances volatiles tel que le soufre, l'arsenic, l'antimoine, le zinc, l'hydrogène, l'ammoniaque, le chlore, etc., ou bien d'incorporer à la substance essayée l'oxygène de l'air. Ainsi griller le fer c'est

l'oxyder (1). On grille aussi des oxydes pour leur ajouter de l'oxygène, les *sur-oxyder*, les *per-oxyder*, c'est-à-dire porter au *maximum d'oxidation*, ainsi qu'on en verra des exemples.

On grille sur la lampe ou sur le fourneau, la substance essayée mise après pulvérisation dans un creuset ou une capsule découverte pour recevoir librement l'action de l'air. On a vu les appareils au n° 37, ajoutez ici la figure ci-contre supposée contenant une matière en train de se volatiliser.

Fig. 14.

42. *La réduction* est l'opération contraire à la précédente; son vrai nom serait *désoxydation*, c'est-à-dire élimination de l'oxygène, lequel grâce à la chaleur, quitte le corps traité pour s'unir à un autre avec lequel il a plus d'affinité. Ainsi réduire de l'oxyde de fer, c'est le débarrasser de son oxygène. pour avoir du fer pur. L'opération du haut-fourneau est une réduction par le charbon·

On réduit sur la lampe ou le fourneau dans une capsule ou creuset où la substance essayée est triturée avec le corps réducteur suivant les cas.

43. *L'incinération* est un grillage ou calcination spécialement appliquée aux combustibles pour éliminer les substances volatiles, tel que carbone, oyygène, hydrogène, et en obtenir le résidu incombustible qui est la cendre. On incinère dans des capsules plates, larges et peu profondes, recevant bien l'action de l'air, sans courant susceptible d'entraîner la cendre et à feu rouge cerise seulement; à la chaleur blanche la cendre peut se vitrifier à la surface et empêcher l'incinération du dessous. On

(1) On oxyde aussi par voie humide et à froid, par exemple à l'aide de l'acide azotique.

incinère généralement dans la moufle de fourneau voir n° 37. Pour les grands services on construit des fournaux fixes. Au laboratoire du chemin de fer de l'Est, nous avons eu un fourneau à 4 moufles (voir *Bulletin de la Société d'encouragement, année* 1857), à l'aide duquel nous conduisions de front vingt-quatre incinérations. Nous en avons fait ensuite un autre nous-mêmes avec deux boîtes rectangulaires superposées, sorte de moufle plate à deux étages, ouverte des deux bouts et chauffée entre les 4 murs de briques réfractaires mises en large. Ce fourneau partout rectangulaire avait pour dessus une boîte de tôle remplie de sable. C'était notre bain de sable du laboratoire tenu toujours en activité sans frais. Sous le fourneau était une autre forte plaque de tôle qui le portait; des tringles en façon de tirants verticaux armaient tout le système en réunissant la tôle du bas et le bain de sable. C'est l'outil le plus simple et le meilleur que nous ayons jamais eu. Ce fourneau qui ne nous avait coûté que la moufle rectangulaire, commandée chez le potier, plus les ferrures découpées dans notre atelier et une cinquantaine de briques prises au magasin, avait pour dimensions, 60 centimètres de long, 60 de large et 70 de haut.

44. *Étonner* une substance solide et dure, tel que le quartz c'est, l'ayant mis dans un creuset ou capsule couvert, l'exposer subitement à un feu très-vif où elle se fendille, devient fragile et susceptible d'être pulvérisée. On étonne aussi après avoir chauffé, en refroidissant brusquement soit à l'air, soit dans l'eau. La trempe de l'acier est un étonnement bien ménagé. En étonnant une substance il faut prendre garde à la projection des grains qui peuvent atteindre les yeux

45. La *désagrégation* est une combinaison chimique qui se fait le plus souvent au feu et dans laquelle la substance donnée, mise en contact avec un réactif approprié change de nature et de propriété. On désagrège surtout pour rendre soluble et ordinairement dans ce but on mêle dans

un creuset la substance donnée avec quatre fois son poids de carbonate de soude en poudre triturés ensemble et intimement mélangés. On désagrège aussi dans des cas spéciaux par l'hydrate de baryte, l'oxyde de plomb, l'acide fluorhydrique, etc.

46. La *fusion* est la liquéfaction d'une substance solide. On distingue la *fusion aqueuse* et la *fusion ignée*. La première qui se produit à faible chaleur, nous offre des exemples dans la liquéfaction de la glace, du suif, du carbonate de soude, qui donnent d'abord un liquide comme de l'eau avant de durcir et de subir ensuite la fusion ignée. Pareillement le soufre à 100° au plus donne un liquide jaune, puis il durcit et jaunit de nouveau, mais plus de la même manière.

La fusion ignée est celle qui se produit à très-haute température et dont le plomb, le cuivre, le fer et autres métaux nous offrent l'exemple.

La *fusibilité* des corps est un de leurs principaux caractères. Il y en a qui sont absolument infusibles, comme l'alumine et la silice; d'autres se décomposent avant le degré où ils pourraient fondre, d'autres se volatilisent avec ou sans flamme; d'autres enfin naturellement infusibles deviennent au contraire fusibles par le grillage ou la réduction qui précèdent, ou bien par la désagrégation ou la coupellation.

47. *La coupellation* ou scorification est une fusion particulière appliquée à l'or et à l'argent, dans laquelle ces deux métaux traités avec du plomb, s'isolent de leur alliage et restent à l'état de scorie vitreuse, dans le creuset dit coupelle, qui est de nature poreuse, laissant filtrer le plomb liquide et les matières dissoutes qu'il entraîne avec lui. Nous n'indiquons cette intéressante opération que pour mémoire; elle ne nous servira pas dans les épreuves qui vont suivre.

48. *Ébullition, évaporation, concentration.* Ces trois mots ont à peine besoin d'être définis. Le point d'ébullition

accusé par un thermomètre est souvent un caratère des corps.

Évaporer c'est éliminer l'eau par la chaleur. Évaporer à concentration ou *concentrer*, c'est faire bouillir jusqu'au point où le sel dissous dans un liquide commence à reparaître en résidu solide.

Évaporer à sec ou à siccité, c'est pousser l'ébullition jusqu'à ce que tout le liquide ait disparu et qu'il ne reste plus que le résidu solide. Mais il faut s'arrêter là ; pousser plus loin deviendrait un grillage capable de modifier la substance.

On fait bouillir, évaporer et concentrer, ainsi qu'il sera dit pour chaque cas, dans des tubes, dans des capsules de verre, porcelaine ou platine, soit à feu nu sur un fourneau ou sur un bec de lampe comme dans la figure 15 ci-contre et figure 10 page 29 ; ou bien soit au bain marie d'eau ou d'huile, à une température déterminée, soit au bain de sable.

Fig. 15.

Le chauffage au bain-marie est un procédé vulgaire de ménage, dans lequel le vase à chauffer au lieu d'être directement sur le feu, est mis dans un vase d'eau qui est lui-même exposé à la flamme. L'eau ordinaire à la pression atmosphérique, bout à 100°, le bain-marie est donc le moyen que le chimiste emploie pour chauffer à 100° au plus. En ajoutant du sel à l'eau on élève son point d'ébullition à une température supérieure qu'un thermomètre laisse constater. En mêlant au contraire à l'eau de l'alcool on la fait bouillir au-dessous de 100°. Quand on veut éprouver à une température de 200 à 300 degrés, on remplace l'eau par l'huile, dont le degré d'ébullition est très-élevé et au lieu d'un bain-marie à l'eau on a un *bain d'huile*.

Chez les fournisseurs d'instruments de chimie, on trouve des bains-marie à l'eau et à l'huile, très-commodément disposés avec thermomètre et couvercle à trous variés pour poser les vases, tubes et capsules. Mais il suffit très-bien d'un vase quelconque sur un fourneau, quel qu'il soit et contenant la capsule au moyen d'une plaque de fer blanc trouée ou d'un triangle de fil de fer.

Fig. 16.

Le bain de sable proprement dit d'un grand laboratoire, est une caisse de tôle sous chassis vitré, chauffée sur un fourneau et contenant sur 5 centimètres d'épaisseur, du sable fin ou mieux du petit gravier siliceux lavé à l'acide chlorhydrique. C'est un instrument précieux, qui sert non-seulement pour traiter à chaud en lieu clos les substances malfaisantes, c'est-à-dire comme *hotte à acide et à chlore*; mais qu'on emploie aussi comme étuve à sécher. Les bains de sable qu'on établit ainsi sont dispendieux à chauffer et n'ont de raison d'être que si on s'en sert continuellement. Un simple plat creux en tôle contenant du sable et chauffé sur un fourneau quelconque, comme en la figure ci-dessus, est un bain de sable tout primitif dont on se contentera très-bien.

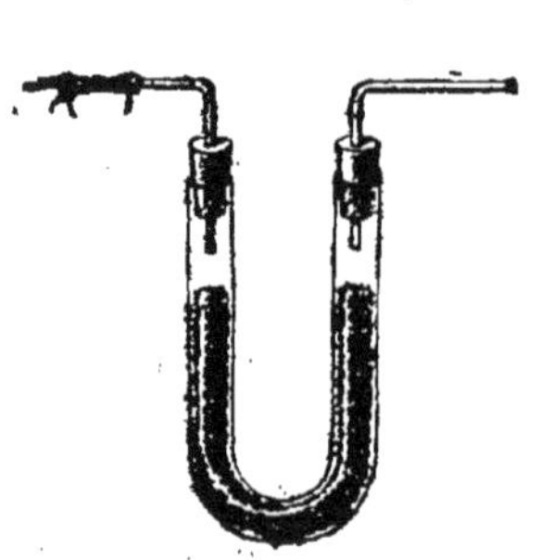

Fig. 17.

48 *bis*. *Dessiccation.* Dessécher une substance, est suivant son acception vulgaire, éliminer l'eau ou tout autre liquide qu'elle contient. Pour les solides

ce n'est autre que l'évaporation à sec dont il vient d'être parlé et poussée aussi loin qu'il se peut faire sans dénaturer. Pour dessécher complétement ce qui se fait au bain-marie, au bain de sable ou à l'étuve, il convient de pulvériser et remuer à la baguette de verre.

Pour dessécher un gaz on le fait passer dans un tube en *u*, comme figure 17, où se trouve une substance très-avide d'eau. Ordinairement du chlorure de calcium sec ou de la pierre ponce imbibée d'acide sulfurique, l'un ou l'autre en menus morceaux sans poussière.

49 *La dissolution* a fait au nº 16 et suivants, l'objet de développements suffisants. On dissout généralement à froid dans des verres à pied, comme figure 4, page 23.

On fait la dissolution à chaud soit dans des capsules, comme on vient de le voir, soit dans des fioles ou ballons (fig. 19), soit dans des tubes de verre, comme ci-contre, ou bien à feu nu graduellement en évitant les soubresauts, et mieux au bain de sable ou au bain-marie, comme on vient de le voir.

Fig. 18.

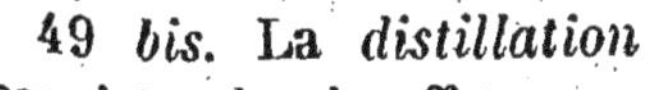

49 *bis.* La *distillation* consiste à chauffer une substance dont les vapeurs fournies vont se condenser en un réfrigérant immergé dans l'eau froide qu'on renouvelle sans cesse. Le condenseur à surface des machines à vapeur, l'alambic des liquoristes et des pharmaciens sont appareils à distillation. La figure 20 ci-après représente l'appareil vulgaire et tout primitif du laboratoire; la matière à distiller est introduite par la tubulure G dans la cornue qui est, suivant les cas, en verre, en grès ou en métal, laquelle cornue est sur un fourneau. Les produits distillés vont se condenser dans la boule B, simple ballon immergé

dans une terrine ou baquet. Dans la cornue restent comme résidus les substances fixes non volatiles.

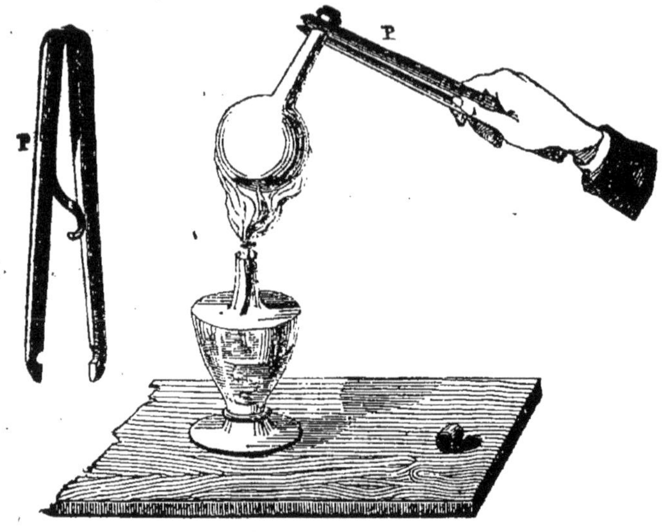

Fig. 19.

50. *La cristallisation* est un des caractères des corps. C'est la propriété qu'ils possèdent de prendre des formes géométriques déterminées, en ne laissant s'agréger que les éléments constitutifs du corps, qui est ainsi dans toute

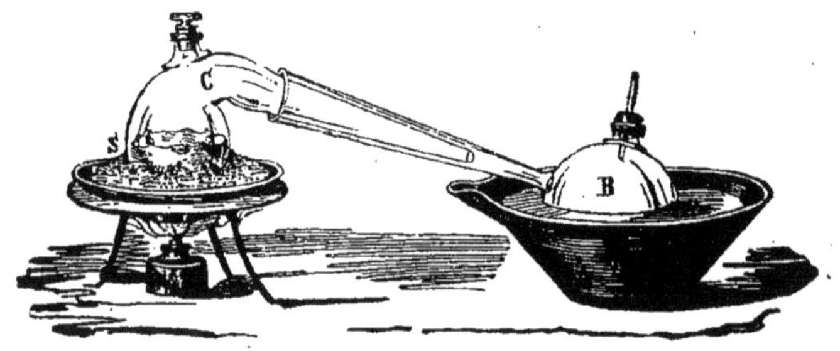

Fig. 20.

sa pureté. On cristallise par voie ignée, exemple le soufre;

ou par voie humide, en faisant évaporer à concentration le liquide où est dissous le corps cristallisable. Il suffit, après avoir retiré le vase du feu, de laisser reposer parfaitement et longtemps. Quand la cristallisation est suffisamment faite, on écoule le liquide restant, dit *eau-mère* ; on fait sécher au bain de sable ou à l'étuve, mais un peu seulement et avec précaution, car, en desséchant trop, *l'eau de cristallisation* qui reste généralement dans les cristaux s'évaporerait, et ceux-ci perdraient au moins leur beauté.

La cristallisation paraît une opération très-simple, mais elle ne réussit qu'entre les mains d'un opérateur exercé, qui s'en sert non-seulement pour avoir des formes caractéristiques, mais pour obtenir dans son laboratoire des réactifs très-purs et très-certains. La cristallographie est une des sciences les plus belles et les plus vastes, pour laquelle il faut renvoyer aux ouvrages spéciaux.

51. *Neutraliser, acidifier, alcaliner* sont trois opérations contraires qui reviennent à chaque instant dans l'analyse chimique avant de précipiter pour que le réactif opère. 1° On acidifie une liqueur alcaline ou neutre en y versant un acide indiqué dans chaque cas ; faute d'indication particulière, ce sera toujours l'acide chlorhydrique. Une petite bande de papier bleu de tournesol trempée dans la liqueur rougira dès qu'il y aura acidité. Saisissez le moment et ne versez pas plus d'acide qu'il n'en faut ; parfois au papier on substituera la liqueur de tournesol elle-même.

2° On rend alcaline une liqueur acide ou neutre en y versant un alcali ou une base soluble, suivant les cas. Faute d'indication particulière, ce sera toujours l'ammoniaque. Le papier ou la liqueur de tournesol rougis par un acide seront alors ramenés au bleu primitif. Comme précédemment, saisissez juste le moment au-delà duquel il n'y a plus lieu de verser l'alcali.

3° Une liqueur est neutre ou neutralisée quand il n'y a

plus d'action ni sur le bleu de tournesol ni sur le tournesol rougi. On neutralise en versant ou bien de l'alcali si la liqueur est acide, ou bien de l'acide si la liqueur est alcaline C'est ici surtout qu'il faut verser l'acide ou l'alcali très-lentement, goutte à goutte, peu à peu, en essayant à chaque fois au papier. Un atôme en trop suffit pour faire pencher l'opération vers l'acidité ou l'alcalinité. Quand on approche ainsi de la limite, on ne prend plus le liquide neutralisant qu'au bout de la baguette de verre à peine trempée, et de l'autre main on présente dans la liqueur simultanément les deux bandes de papier, l'une bleue, l'autre rouge, afin de saisir le moment.

On indiquera dans chaque cas particulier comment et pourquoi il faut rendre acide, alcaline ou neutre une liqueur, car, d'une manière générale, cela ne se peut pas toujours sans déterminer indûment des précipités. Ainsi, par exemple, soit donné une eau acide : en la neutralisant par l'ammoniaque, on en précipiterait aussi l'alumine, la magnésie et le fer qu'elle peut contenir.

51 *bis. Précipitation.*—C'est l'opération fondamentale de

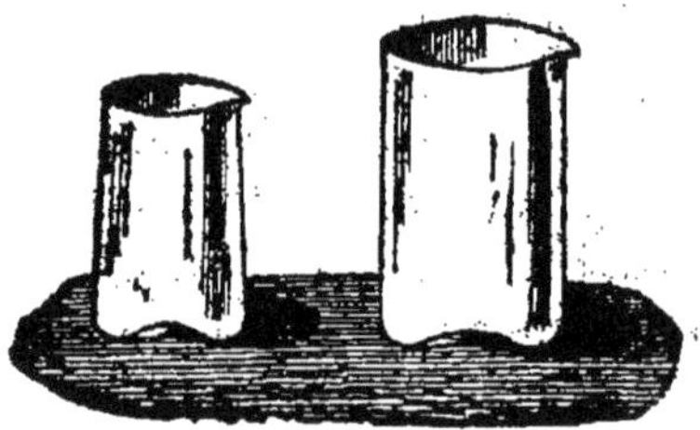

Fig. 21.

la chimie par voie humide. Son principe est développé au n° 30. Dans chaque cas de la 2e partie, il sera indiqué avec quel réactif et avec quelles précautions on précipite dans une liqueur une substance qu'on y cherche. Il n'y a pour précipiter pas d'autre instrument que le flacon qui contient le réactif et dont on verse le contenu doucement, surtout quand on est averti que le précipité est soluble dans le réactif lui-même. Il faut verser juste assez pour précipiter toute la substance que contient la liqueur essayée, mais pas plus. On s'assure que tout est ainsi précipité en laissant reposer et clarifier la liqueur, puis en y versant une simple goutte de réactif qui ne doit plus troubler, c'est-à-dire plus précipiter.

Tout vase convient pour précipiter. On emploie souvent les gobelets de verre ci-contre qui se font en toutes dimensions, même de la contenance de plusieurs litres, ou bien des éprouvettes. Mais à moins d'avoir à précipiter une grande quantité de liqueurs, le simple verre à pied du n° 49 convient d'autant mieux que le précipité, quelque faible qu'il soit, se rassemble et se manifeste bien dans son fond conique.

52. *Filtrage.* On filtre un liquide dans deux cas : au

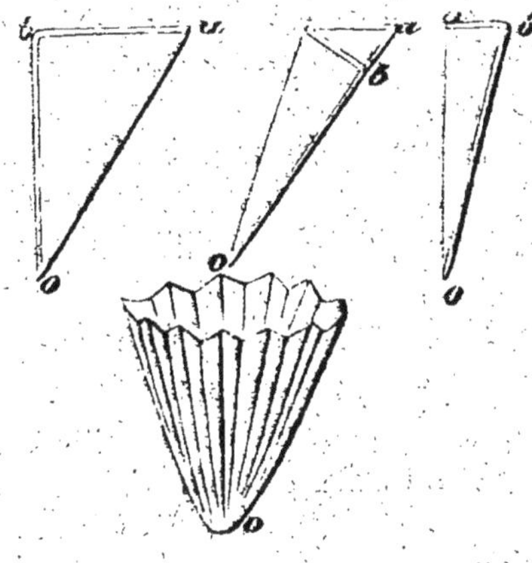

Fig. 22.

début d'un essai, lorsqu'il est trouble et qu'il faut le clarifier en éliminant les matières en suspension qui gênent l'analyse, et puis à la suite d'un précipité pour recueillir celui-ci.

Pour filtrer on a deux outils : un vase récepteur quelconque et un entonnoir muni d'un filtre en papier, non collé, dit *Berzelius*, plissé sans solution de continuité, et qu'on apprendra facilement à faire auprès de tout praticien de laboratoire ou de pharmacie, ou bien simplement contourné en cône et posé sans plissage dans l'entonnoir.

On voit fig. 23 un simple filtre en cône, et fig. 22 un filtre plissé achevé et la manière de le plier, indiquée par les lettres de renvoi.

On voit enfin dans la figure ci-après, une des méthodes usitées pour disposer le filtrage et verser la liqueur dans le filtre le long d'une baguette.

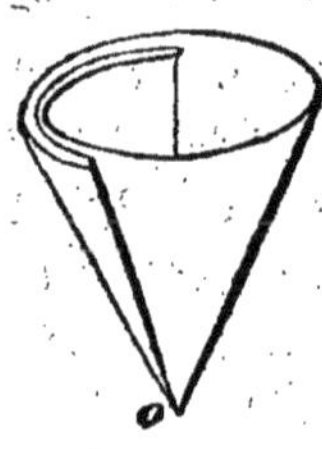

Fig. 23.

Suivent quelques recommandations pour filtrer.

1° Bien ajuster le filtre jusqu'au fond de l'entonnoir et faire le filtre en papier assez fort pour garder les plis saillants.

2° Faire les filtres aussi petits qu'il est raisonnable pour que le papier absorbe le moins possible de matière à filtrer.

3° Avant de verser la liqueur à filtrer, il convient de mouiller le filtre avec un peu d'eau distillée, surtout si la liqueur versée est acide ou bouillante ; elle prévient la crevure du filtre.

4° Verser doucement le long d'une baguette de verre en prenant bien garde de ne pas laisser déborder hors du filtre, et de ne rien perdre de la liqueur versée. Si le filtre crève où s'il ne rend pas parfaitement clair, recommencez aussitôt avec un autre filtre qui doit toujours être prêt; s'il est nécessaire à cause de la tenuité de certains précipités, mettez papier double.

5° Il y a des cas où il faut filtrer de suite et vite, en ajoutant la précaution de couvrir l'entonnoir ainsi que les vases avec des plaques de verre. Mais quand il se pourra, laissez déposer le précipité ; *décantez*, soit séparément, soit sur le filtre le liquide clair, et ensuite on versera le restant dans le filtre en faisant tomber jusqu'à la dernière parcelle par des rinçages du vase, répétés autant de fois qu'il faudra avec de l'eau distillée.

6° Il y a des filtrages très-difficiles: les uns à cause de la nature gélatineuse du précipité, ou parce qu'ils sont imperméables à la façon de l'argile, laissent difficilement

Fig. 24.

passer l'eau; il faut alors éviter les trop petits filtres, sinon le filtrage est d'une lenteur désespérante; d'autre part il y a des précipités si légers et si ténus, comme l'oxalate de chaux, dans les analyses d'eau et de calcaire, qu'ils passent à travers le papier et qu'il est très-difficile d'avoir des filtrages limpides. Dans l'un et l'autre cas il faut laisser d'abord déposer le précipité au fond de son vase, ce qui demande parfois au moins une journée pendant laquelle il faut couvrir le vase. Versez d'abord sur le filtre le liquide clair et plus tard seulement le liquide trouble et épais jusqu'à la dernière parcelle. Cela ne suffit pas toujours: l'eau non limpide doit repasser sur le filtre ou bien même crevant le filtre et le lavant bien dans la liqueur elle-même, on le remplace par un double filtre.

53. *Lavage des filtres.* Soit pour purger le résidu restant sur le filtre, soit pour en écouler tout ce qui doit se re-

Fig. 25.

trouver dans le liquide filtré, il faut toujours largement laver le filtre, à l'eau froide ou chaude, ou avec tout autre liquide, ainsi qu'il sera dit par la suite pour chaque cas; à défaut d'indication le liquide laveur sera l'eau distillée froide.

Il y a rarement inconvénient à trop laver surtout à l'eau distillée, puisqu'on peut ensuite concentrer le liquide reçu sous le filtre en le présentant au bain-marie ou au bain de sable.

On peut laver n'importe avec quel vase, mais on lance généralement l'eau distillée en fin filet, à l'aide d'une carafe à laver vulgairement dite pissette qu'on trouve au besoin toute préparée chez les fournisseurs d'instruments de chimie, et avec laquelle on lance l'eau en fin filet en le dirigeant sur tout le pourtour du filtre pour ramener au fond le résidu qu'il retient. Il y a la carafe ordinaire à eau froide et la carafe à eau chaude, dont le goulot est entouré de liége long, ou ficelle, pour qu'on puisse la tenir à la main. Nous empruntons au cours de chimie de M. Hétet une figure qui montre très-bien le système et l'emploi de la caraffe à laver les filtres.

54. *Séchage et incinération des filtres.* Sans retirer le filtre de l'entonnoir on les pose ensemble sur une soucoupe ou une assiette de porcelaine, et on met au séchage sur un feu doux, dans l'étuve, au bain de sable ou même quelquefois au bain-marie.

On verra dans certains cas qu'il faut non-seulement sécher le filtre mais l'incinérer, le calciner dans une capsule ou un creuset. Voir n° 34.

55. *Pesée.* Dans l'analyse quantitative où il faut doser les éléments du corps essayé, on a dû commencer d'abord par faire exactement la pesée de celui-ci avec une balance délicate. On a dû ensuite prendre garde durant toute l'opération de ne rien perdre de la substance, enfin on pèse chaque résidu recueilli sur les filtres, avec les précautions qui seront indiquées dans chaque cas.

La pesée donne la substance cherchée dans l'analyse, soit directement quand on l'obtient elle-même, soit par un calcul proportionnel, quand on n'a pu obtenir cette substance qu'à l'état de combinaison définie avec d'autres corps, ainsi qu'il arrive le plus souvent. Nous aurons soin d'ajouter des exemples numériques à la fin de chaque méthode d'analyse.

Il sera également indiqué comment on résume sous forme de rapport ou de procès-verbal, les données de l'analyse, qui font connaître la composition d'une substance essayée.

La balance du laboratoire est son instrument le plus dispendieux, elle doit être sensible au milligramme et abritée sous une cage de verre ouvrant à chassis. Une balance parfaite capable de peser au moins 250 grammes vaut en moyenne 250 fr. Une balance suffisante à peser 20 grammes coûte 100 fr.

IV. Marche de l'analyse.

56. Maintenant que les idées doivent être fixées sur la composition et la décomposition des corps, sur les phénomènes qui se manifestent dans une combinaison, sur la conduite des principales opérations de la chimie analytique, il faut indiquer la marche méthodique à suivre pour arriver successivement du connu à l'inconnu.

Etant donnée une substance, on peut demander si tel corps supposé s'y trouve ou non. L'épreuve est alors généralement simple : il suffit de savoir quel est le réactif propre à déceler le corps cherché, en prenant les précautions indiquées : le phénomène caractéristique se produit ou ne se produit pas. Dans le premier cas on conclura à la présence du corps supposé. Dans le second cas on reconnaîtra qu'il est absent, contrairement à la supposition première. Soit donnée par exemple une eau qu'on croit ferrugineuse : nous en prenons dans un verre à pied, nous y versons quelques gouttes du réactif spécial au fer qui est le prussiate de potasse. S'il y a réellement du fer, la liqueur sera de suite colorée en bleu de Prusse, si rien ne se produit nous conclucrons à l'absence du fer.

57. L'analyse devient bien autrement difficile et scientifique si on nous présente une substance dont les éléments composants sont inconnus et doivent être déterminés en nature et quantité. C'est alors qu'il faut suivre une marche méthodique et c'est ce que nous ferons pour les substances à l'étude desquelles le présent ouvrage est spécialement consacré.

Voici les principes généraux de cette méthode, dont il importe de se bien pénétrer.

Il y a des substances dont la composition est très-complexe, cependant il est remarquable que la nature procède ordinairement avec grande simplicité, et que les substances se composent d'un petit nombre d'éléments principaux et dominants. S'il s'en trouvait d'autres en plus ou moins grand nombre ils sont en très-faible proportion.

A la vérité celle-ci peut suffire pour donner lieu dans l'industrie à des phénomènes importants et que ne peut pas omettre l'analyse. Ainsi par exemple, bien qu'un morceau de houille soit en très-majeure partie composé de carbone, d'hydrogène et de matières terreuses donnant la cendre, il y a souvent des parcelles de fer et de soufre qui sont loin d'être négligeables dans l'emploi industriel. Autre exemple : bien qu'un morceau de fer soit composé de ce métal pour les 95 centièmes, il renferme souvent du soufre, du carbone, de la silice, du phosphore, du tungsten, du manganèse, etc., qui ont une grande influence sur ses propriétés mécaniques quoique à l'état de millièmes.

L'analyse n'omettra pas de rechercher directement, si ces corps simples sont présents dans la substance étudiée. Mais ce cas rentre plutôt dans le premier en-tête de ce chapitre. Ce que nous voulons expliquer ici c'est comment on détermine les matières principales, celles-ci étant supposées inconnues. Il faut distinguer deux cas : la substance étudiée est un sel; c'est-à-dire un composé d'acide et de base, comme le carbonate de chaux, le phosphate de soude, le sulfate de fer, l'hydrate de cuivre, l'acétate de plomb, etc. Ou bien la substance n'est pas un sel composé d'acide et de base, mais une combinaison de deux corps simples, tels que le fer et le soufre, qui donnent un sulfure de fer, ou bien un composé d'iode et de potasse qui donne uniodure de potassium, etc.

1° Analyse d'un sel.

58. On sait qu'un sel est un composé d'un acide et d'une base, et qu'outre les sels simples qui sont des composés binaires, (par exemple le sulfate de fer[1], il y a des sels doubles ou triples, comme par exemple le sulfate double de fer et de cuivre, qui se compose d'acide sulfurique, de fer et de cuivre.

Dans un sel il faut chercher séparément la base ou les bases et l'acide. Les uns et les autres sont nombreux, surtout les bases; mais on les a groupés pour la facilité de l'étude en quelques familles; et pour distinguer celles-ci on les caractérise par l'effet que produisent sur elles certains réactifs déterminés et bien connus.

Ainsi le praticien ayant remarqué que l'acide sulfhydrique précipite dans les solutions certains métaux et ne précipite pas les autres; on a composé des premiers une famille et des seconds une autre famille. Il ne reste plus qu'à déterminer quel est l'individu de cette famille qui est présent dans la substance étudiée.

Dans une analyse il y a donc toujours deux recherches bien distinctes, celle de la famille et celle de l'individu.

59. Les bases sont distinguées en 5 groupes ou familles et on les caractérise au moyen de 3 réactifs qui sont :

1° Les carbonates alcalins. . . . . . . { potasse $K\ O.\ C\ O^2$ ou soude $Na\ O.\ C\ O^2$.

2° Le sulfhydrate d'ammoniaque $(Az\ H^3).\ HS$.

3° L'acide sulfhydrique ou hydrogène sulfuré $H\ S$.

A ceux-ci il faut ajouter un réactif adjudant, qui est un sulfure alcalin quelconque, le sulfure de sodium ou de potassium et même comme il se pratique, le sulfhydrate d'ammoniaque déjà indiqué, dans le but de déterminer la solubilité d'un précipité, ce qui sera caractéristique dans les 4e et 5e groupes des bases.

60. Les acides sont distingués de même en trois groupes ou familles, et sont caractérisés au moyen de deux réactifs savoir :

1° L'acétate de baryte $B_a O, C^4 O^3 + H O$.

2° L'azotate (ou nitrate) d'argent $A_g O. A_z O^5$.

Les réactifs de *familles* qui précèdent, soit pour les bases, soit pour les acides ne sont pas exclusifs; on peut et on doit même dans certains cas leur substituer d'autres réactifs produisant le même effet; mais ceci nous conduirait trop loin, et il nous suffit d'avoir vu comment au moyen de cinq réactifs, on peut grouper d'abord toutes les bases et tous les acides, de manière à nous faciliter ensuite la recherche de l'individu dans un petit nombre de ceux-ci. Voir aux tableaux B et C, à la fin du volume, la composition des groupes de famille.

Analyse des substances qui ne sont pas des sels.

61. Une substance donnée où l'essai par l'acétate de baryte et l'azotate d'argent ne manifeste pas d'acide ainsi qu'il vient d'être dit, n'est pas un sel, c'est une combinaison de deux ou plusieurs corps simples, de la classe des métaux ou de celle des métalloïdes, et qu'on recherche par les propriétés spéciales à chacun d'eux. Pour les métaux propres à constituer des bases, on a vu la méthode. Ainsi soit donné un oxyde de fer, un sulfure de cuivre un bromure de sodium un iodure de potassium : on trouvera le fer, le cuivre, le potassium, par la méthode ci-dessus. Restera l'oxygène, le soufre, le brôme, l'iode, en un mot les métalloïdes à déterminer.

Mais ils ne sont pas nombreux et ils ont des caractères distinctifs bien connus. Seulement leur recherche rentre dans l'analyse générale dont il faudrait posséder toute la science, et pour laquelle il faut renvoyer aux traités de chimie générale, en nous bornant à indiquer les procédés spéciaux aux cas qui concernent cet ouvrage.

62. Deux méthodes d'analyse ont été indiquées : la voie humide et la voie sèche. Nous adopterons principalement la première, au secours de laquelle ne viendra la seconde que lorsqu'il sera nécessaire par les moyens les plus simples.

Ainsi étant donnée une substance à analyser, tout reviendra d'abord à la dissoudre pour en faire une liqueur, dans laquelle on précipitera ensuite chaque substance par son réactif propre, en ayant soin de suivre l'ordre et les précautions indiquées. A vrai dire toutes les analyses se ressemblent et en détaillant une, celle de l'eau par exemple, comme il va suivre, nous aurons fait presque toute la chimie qui nous intéresse.

Même quand on doit analyser *quantitativement* il faut toujours faire un essai qualitatif à titre de méthode accélérée, pour ne pas perdre son temps et ses réactifs à chercher des substances supposées, qui ne sont qu'en proportion insignifiante, si même elles existent. On reprendra ensuite le dosage pour les substances qui dominent ou qui intéressent. Les autres seront simplement mentionnées en accolade sous la qualification commune de *trace*. La substance essayée sera divisée ou bien en autant de prises qu'il y a de substances déterminées, ou bien dans la même prise on cherchera successivement toutes les substances supposées en éliminant celles qui empêchent le corps qu'on poursuit de se montrer.

On ne saurait trop insister sur la nécessité de suivre l'ordre méthodique indiqué dans l'emploi des réactifs; car il ne faut manifester à la fois qu'un seul corps et bien souvent le même réactif en précipite plusieurs de ceux qui sont en présence dans une analyse, et il faut pour n'en déceler qu'un, ou bien éliminer d'abord les autres ou bien les empêcher de paraître en les maintenant en dissolution.

Pour être assuré que les réactions produites sont bien celles de la substance cherchée, il existe un procédé pratique qu'on ne saurait trop recommander surtout au début. C'est de faire une liqueur comparative contenant la substance cherchée. Ainsi soit une eau où le nitrate d'argent a décelé du chlore : dans un verre d'eau distillée on versera une à deux gouttes d'acide chlorhydrique, ou bien l'on fera dissoudre un peu de sel de ménage, et traitant cette liqueur comme on a traité l'eau analysée par le nitrate d'argent, on verra par la comparaison des résultats, si dans celle-ci on a exactement decélé le chlore comme il existe dans la liqueur comparative.

Dans ce qui suit on aura soin chaque fois qu'il sera nécessaire d'indiquer une liqueur comparative facile à faire de suite à très-peu de frais.

DEUXIÈME PARTIE

ESSAI DES PRINCIPALES SUBSTANCES D'EMPLOI COURANT DANS L'INDUSTRIE.

---

§ I. **Essai de l'eau.**

63. L'eau pure, eau distillée, ne se compose que de ses deux éléments constitutifs et elle a pour formule $HO = 11 + 89 = 100$. C'est une combinaison neutre qui se décompose au contact de la plupart des métaux, avec ou sans le concours des acides, tantôt à froid, tantôt à chaud seulement, suivant le tableau final C.

L'eau de pluie ou de neige contient en plus un peu d'oxygène, d'azote et d'acide carbonique libres empruntés à l'air ainsi que de l'ammoniaque qui peut aller jusqu'à 6 milligr. par litre. Après avoir été recueillie sur le sol ou à la descente des toits, l'eau de pluie et de neige peut aussi contenir des azotates, des chlorures, des sulfates, des matières organiques et même de l'iode; mais en général elle est à peu près pure pour la pratique quand elle a été recueillie avec soin et elle peut souvent servir au laboratoire comme eau distillée.

Les eaux de puits, sources et rivières, ont au contraire emprunté au sol des matières gazeuses ou salines ; celles-ci forment un dépôt, dit *tartre*, dans les appareils évaporatoires, qui retardent son point d'ébullition et peuvent avoir une action prononcée dans les emplois domestiques ou industriels.

L'eau de mer est très-variable, sa température sous l'équateur, a été trouvée 27° à la surface et 2° seulement à 3,000 mètres de profondeur.

64. La quantité de tartre ou résidus salins, laissée à

l'évaporation par l'eau de mer, les lacs, fontaines et ruisseaux à saveur dite salée ou saumâtre est énorme : elle est d'environ 36 grammes par litre dans la mer, consistant pour les trois quarts en chlorure de sodium ; puis viennent des sels de chaux et de magnésie, plus des traces de la plupart des métaux, des substances organiques et de l'iode.

Nous laissons de côté les *eaux minérales* et celles des mines qui ont une composition toute locale.

Les eaux douces de rivières, sources, puits, lacs et étangs, contiennent d'abord des sels de chaux et de magnésie qui dominent ; puis de l'alumine, de la silice, du chlore, de la soude, de la potasse, de l'acide sulfurique ; quelquefois de l'iode, du brôme, du soufre, du fer et autres métaux ; puis, à l'état libre, de l'ammoniaque, des acides carbonique et sulfhydrique, de l'oxygène et de l'air. Enfin il y a les matières en suspension accidentelle qui s'ajoutent au tartre dans l'évaporation, mais qu'on élimine par le filtrage.

En général une eau est réputée bonne quand elle ne contient pas plus de 0g 20 à 0g 40 de sels dissous par litre, soit de 200 à 300 grammes par mètre cube, et qu'on peut y savonner sans qu'il se forme des grumeaux, avec une quantité de savon ne dépassant pas 2 à 4 grammes par litre.

65. Suit d'après diverss expérimentateurs, le résidu ou tartre de diverses eaux par litre. Ces nombres n'ont, bien entendu rien d'absolu ; ils varient d'après la localité et la saison, mais sont à peu près des moyennes.

	Tartre par litre.
Seine à Ivry (amont)	0g 240
— à Chaillot (aval)	0g 331
Rhône à Lyon	0g 184
Saône	0g 141
Loire à Meung	0g 134
Garonne à Toulouse	0g 136
Tamise à Greenwich	0g 397

	Tartre par litre.
Puits à Londres.	0g 803
Puits artésien de Grenelle.	0g 150
Aqueduc d'Arcueil.	0g 520
Canal de l'Ourcq	0g 590
Puits de Paris-Chaillot.	2. 430
Fontaine incrustante de St-Alire.	4, 640
Eau de mer en moyenne	36, 000
Mer Morte	46, 000

66. Le tableau suivant résume la proportion des substances qu'on trouve dissoutes dans diverses eaux douces, évaluées en milligrammes par litre, avec indication des eaux qui ont fourni ces données.

DÉSIGNATION des sels.	RIVIÈRES.	RENDEMENT EN MILLIGRAMMES PAR LITRE (1).
Carbonate de chaux.	Doubs. . .	191,0
— de magnésie . .	Loire. . . .	60,0
— de soude.	—	14,6
— de manganèse .	Garonne. .	3,0
Sulfate de chaux.	Rhône. . .	46,6
— de magnésie.	— . . .	6,3
— de soude	Rhin. . . .	13,5
— de potasse	Garonne. .	7,6
Azotate de potasse.	Doubs . . .	4,1
— de soude	Seine. . . .	9,4
— de magnésie. . . .	Seine. . . .	5,2
Chlorure de magnésium . .	Doubs . . .	0,5
— de sodium.	Seine. . . .	12,5
Silicate de potasse.	Loire. . . .	4,4
Silice	Rhin. . . .	48,8
Alumine	Loire . . .	7,1
Oxyde de fer	Rhin. . . .	5,8

(1) Les mêmes nombres expriment le poids en grammes par mètre cube.

67. L'analyse complète de l'eau, telle qu'on la fait par exemple pour les eaux médicinales, est l'une des plus laborieuses. Pour les services industriels que nous avons en vue, nous ne nous occuperons de rechercher dans l'eau que les substances principales qui donnent du tartre dans la chaudière et les conduits; qui intéressent les travaux de construction, l'alimentation ordinaire, la cuisson, le blanchissage, la teinture et autres opérations d'usine.

Les eaux contiennent des matières fixes et des substances gazeuses. Deux classes d'opérations sont donc à faire dans l'analyse.

Pour déceler les matières fixes il y a 3 méthodes : l'analyse directe, l'épreuve par liqueur titrée de savon, dite *hydrotimétrie* et l'analyse du dépôt, tartre ou résidu pierreux restant après l'évaporation.

Celle-ci est catégorique et elle s'emploie pour les analyses précises. Mais elle demande l'évaporation préalable d'une grande quantité d'eau pour avoir une prise d'essai suffisante, quand la chaudière, les conduits ou le réservoir ne fournissent pas naturellement ces dépôts.

L'analyse quantitative soit de ce dépôt, soit de l'eau elle-même n'est qu'une opération élémentaire, mais longue et délicate. L'analyse qualitative est facile. L'épreuve hydrotimétrique est celle qu'on pratique couramment. Mais elle est quelquefois douteuse, car elle ne donne guère que les sels de chaux et de magnésie, qui dominent il est vrai, et elle est tout à fait à écarter pour les eaux saumâtres ou salées; il faut donc lui ajouter l'analyse qualitative sommaire et mieux encore l'évaporation au bain marie de 500 grammes d'eau dans une capsule de verre.

1°. Analyse directe de l'eau qualitative et quantitative.

68. La prise d'essai, un litre, a dû être recueillie

comme il est dit au nº 38, autant que possible en pleine eau et non près du bord plus ou moins sali; notez l'étiage, la saison, les circonstances de la prise. Pour justifier ces précautions, nous citerons l'exemple d'une petite rivière dont les résultats d'analyses ont varié du simple au sextuple, parce que les prises avaient été faites à l'insu de l'opérateur; les unes en temps de débordement à la suite des grandes pluies, les autres en basses eaux infectées par des écoulements d'usine.

L'essai des eaux étant l'analyse fondamentale à laquelle ressemblent la plupart des analyses de la voie humide, non-seulement on va la détailler en supposant qu'il s'y trouve un grand nombre de substances, mais il a été dressé un tableau résumé, sorte d'aide-mémoire, pour cette raison reporté à l'appendice final E. Nous allons ici en reprendre les données.

Comme opération préliminaire : 1º filtrez l'eau à grand filtre si elle n'est pas très-limpide, car ce sont seulement les matières dissoutes qu'il s'agit de manifester, et non les matières en suspension accidentelle et variable. 2º Vérifier au tournesol si l'eau n'est pas acide, car cela étant, plusieurs des réactifs qui vont suivre n'opéreraient pas, à moins que l'eau ne soit préalablement neutralisée (52) ce qui ne se peut pas toujours. En général les eaux sont alcalines, bien qu'elles contiennent des acides carbonique, sulfurique, azotique. Mais la chaux, l'alumine, la soude et autres bases dominent et compensent l'acide. Les eaux acides sont des exceptions locales.

Ces préliminaires achevés, distribuez l'eau également dans des verres à pied où chaque substance va être manifestée par son réactif propre; mais une même eau servira quelquefois à plusieurs recherches successives. Ainsi la magnésie, l'alumine et la silice seront successivement manifestées dans la même prise d'eau. Mais le fer, le manganèse, l'iode, le chlore, l'acide sulfurique, seront cherchés seuls dans la prise d'eau qui leur est affecté.

Pour l'analyse qualitative il suffit d'opérer sur 30 à 40 grammes. Quand il faut doser, afin d'avoir des pesées appréciables sans trop de frais, on opère sur 50 à 100 grammes d'eau par épreuve. Admettons 100 gram. dans ce qui suit. Ce qui demandera pour toute l'analyse quantitative au plus 2 litres d'eau, y compris les essais recommencés. Nous pouvons maintenant poursuivre ainsi qu'il suit l'analyse.

69. La chaux domine dans l'eau à l'état de carbonate et de sulfate; secondairement à l'état d'azotate, de phosphate et de chlorure de calcium. Le premier qui est naturellement insoluble, et qui n'est dissous dans l'eau que par l'action de l'acide carbonique libre qu'elle contient, donne un résidu boueux. Le sulfate de chaux donne des dépôts cristallisés très-durs et il rend l'eau impropre au savonnage et à la cuisson dès qu'il dépasse 15 centig. par litre (1). On décélera ci-après les acides qui, unis à la chaux, constituent ses sels; nous avons ici à manifester la chaux en bloc.

Deux réactifs sont indiqués au tableau. 1° La décoction jaune de bois de Campêche qui devient d'autant plus violette que les sels de chaux abondent; 2° l'oxalate d'ammoniaque qui produit un précipité d'oxalate de chaux pulvérulent, opaque, léger, parfois lent à paraître et à se déposer; insoluble dans l'acide acétique ou vinaigre, soluble au contraire dans les autres acides; s'il y a peu de chaux l'eau prendra une teinte opaline; si elle abonde, l'eau blanchira comme du lait.

Eau de comparaison. Un peu de marbre ou de la craie pulvérisés, dissous dans quelques gouttes d'acide chlorhy-

(1) Des puits de la plaine Saint-Denis ont donné jusqu'à 2 grammes de sulfate de chaux par litre. Au-dessous de la couche de gypse, sous 100 mètres environ, on entre dans le calcaire où l'eau est moins mauvaise.

drique neutralisé ensuite par l'ammoniaque et étendu d'eau distillée.

Ne pas rejeter l'eau où la chaux vient d'être précipitée, la laisser claircir, s'assurer par une nouvelle goutte du réactif que toute la chaux est bien éliminée, filtrez avec les précautions indiquées au n° 52 en repassant au moins deux fois sur le filtre, car l'eau bien limpide va servir ci-après.

Pour doser, précipitez par l'oxalate d'ammoniaque, en s'assurant par une goutte du réactif dans l'eau clarifiée, que toute la chaux a bien été précipitée. Reste à recueillir le précipité en conservant d'autre part l'eau du filtrage sans en rien perdre pour les essais subséquents.

Le filtrage d'oxalate de chaux est difficile et doit être fait avec les précautions indiquées au n° 52. Lavez le filtre à l'eau distillée bouillante. Puis séchez le filtre. On pourrait terminer ici et peser l'oxalate de chaux recueilli en grattant le filtre, sachant qu'il contient 44 % de chaux. Mais c'est un composé mal défini, et parfois douteux; il convient de le convertir en sulfate de chaux, en continuant comme suit :

1° Calcinez le filtre et son contenu au rouge vif dans une capsule de platine; dissolvez ce résidu dans un peu d'acide chlorhydrique et étendez d'eau distillée.

2° Dans cette liqueur versez de l'acide sulfurique qui chassera les acides oxalique et chlorhydrique, et s'unissant à la chaux à leur place, formera une solution de sulfate de chaux.

3° Evaporez à siccité et continuez à chauffer jusqu'à calcination; laissez refroidir la poudre blanche obtenue qui est du sulfate de chaux anhydre, c'est-à-dire du plâtre cuit; dont les propriétés sont d'être peu soluble dans l'eau, faisant prise avec elle avec dégagement de chaleur, fusible au rouge vif et se solidifiant ensuite en une masse cristalline.

La formule du sulfate de chaux est $CaO, SO^3 = 28 +$

40 = 68 ou bien 42 + 58 = 100. Soit donc $p = 0^g\ 036$ le sulfate de chaux recueilli. La chaux pure qu'il contient sera donnée par la proportion 100 : 0,036 : : 42 : p' d'où $p' = \frac{0,036 \times 42}{100} = 0^g,0151$. Telle est la quantité de chaux à l'état de différents sels que contiennent les 100 grammes d'eau, soit $0^g,151$ par litre.

70. La magnésie se trouve dans presque toutes les eaux à l'état de chlorure, sulfate ou carbonate. Elle est précipitée par le phosphate de soude, avec addition d'ammoniaque et aussi préalablement de chlorhydrate d'ammoniaque jusqu'à ce qu'il n'y ait plus aucun trouble, pour maintenir en dissolution les sels autres que la magnésie; il convient même d'employer la prise d'eau d'où a été déjà précipitée la chaux comme il précède.

Le nouveau précipité obtenu est un phosphate d'ammonico-magnésie blanc, translucide et cristallin, léger, lent à paraître et à se rassembler; il faut même agiter longtemps à la baguette de verre ou chauffer. Ce précipité est soluble dans les acides, même le vinaigre. Outre ces caractères il y a celui des rayures que produit l'agitateur sur les parois du verre. Il faut donc consacrer le même verre une fois pour toutes à cette manipulation. Les rayures disparaissent d'ailleurs au lavage par l'acide chlorhydrique.

Eau de comparaison : sulfate de magnésie dissoute dans l'eau distillée.

Pour doser la magnésie : précipitez comme il vient d'être dit, recueillez le précipité par filtrage ordinaire (52 et suiv.), lavez en refaisant passer sur le filtre l'eau du filtrage lui-même. Le résidu recueilli, de phosphate ammoniaco-magnésie est de formule compliquée et mal définie, et il convient de le convertir pour la pesée en pyro-phosphate de magnésie. A cet effet calcinez (70) le résidu recueilli; l'eau et l'ammoniaque se dégagent et il restera la poudre blanche de phosphate de magnésie cherchée, dont la formule est $2 Mg O + Ph O^5 = 40 + 72 = 112$ ou bien $36,65 + 63,35 = 100$. Soit en nombre rond 37 % de magnésie. Supposons donc que le poids de résidu recueilli soit $p = 0^g 07$, il contient un poids p' de magnésie pure donnée par la proportion $100 : p :: 37 : p'$, d'où $p' = \frac{p \times 37}{100} = \frac{0,07 \times 37}{100} = 0^g,026$. Telle est la quantité de magnésie contenue dans les 100 grammes d'eau essayée, soit $0^g,260$ par litre.

71. L'alumine dissoute en petite quantité dans les eaux à l'état de sulfate, est précipitée par le carbonate de soude en hydrate d'alumine blanc gélatineux, lent à paraître et à se rassembler, et soluble dans les acides. Comme le carbonate de soude précipite aussi la chaux et la magnésie, on prendra la même eau d'où ces deux bases sont déjà éliminées comme il précède. Beaucoup d'autres substances peuvent être de même précipitées par le carbonate de soude; outre sa forme caractéristique, le précipité gélatineux d'alumine se distingue par son insolubilité dans le chlorhydrate d'ammoniaque; ressemblant beaucoup au précipité de silice qui va suivre, il en diffère parce que ce dernier est insoluble dans les acides et surtout dans l'acide chlorhydrique.

L'alumine au contraire est soluble dans tous les acides quand elle n'a pas été calcinée; mais après avoir été calcinée comme il va suivre et quand elle provient de poterie cuite, elle n'est plus soluble que dans les acides énergiques concentrés et bouillants.

Pour être certain que le précipité obtenu est bien de l'alumine, on le soumet à l'épreuve de voie sèche que voici : on filtre et on recueille le résidu laissé sur le filtre, on le sèche et on calcine (90); déjà en cet état il devient une poudre blanche insoluble et infusible qui est de l'argile. Cette poudre mise dans le petit trou d'un charbon, imbibée d'une goutte d'azotate de cobalt et chauffée au chalumeau se colore en bleu si elle est vraiment de l'alumine.

Eau de comparaison : sulfatè d'alumine dissout dans l'eau distillée.

Pour doser l'alumine, ayant précipité comme il précède, laissez rassembler et recueillez sur filtre en versant d'abord le liquide clair. Lavez le filtre (52) avec l'eau du filtrage lui-même, séchez *sans calciner* et on aura directement l'alumine, qu'on pèsera.

Soit $p = 0^{g},003$, le résultat de cette pesée. Telle serait la dose d'alumine des 100 grammes d'eau essayée, soit $0^{g},030$ par litre, si le résidu recueilli était de pure alumine comme tout à l'heure nous avions pure chaux et pure magnésie. Mais le carbonate de soude a précipité aussi la silice dissoute dans l'eau. L'opération suivante va la doser et sa pesée p' retranchée de la pesée p ci-dessus donnera en réalité le poids de l'alumine.

72. La silice est ordinairement en très-petite quantité dans les eaux, mais non insignifiante, parce qu'elle donne des tartres très-durs à l'évaporation. Elle est précipitée par le carbonate de soude en même temps que l'alumine; mais celle-ci est soluble dans l'acide chlorydrique, tandis que celui-ci est lui même un énergique précipitant de la silice. En ajoutant cet acide au précipité précédent, l'alumine se redissoudra et la gelée d'acide scilicique restera seule en s'accentuant. Recueillez-la en filtrant, lavez à la pissette d'eau distillée, séchez jusqu'à calcination dans une capsule de porcelaine; on obtiendra une poudre blanche de silice infusible et insoluble, rayant le verre, grumeleuse et sèche au toucher, très-différente de l'alumine qui n'est autre que de l'argile infusible aussi, mais qui est onctueuse au toucher.

Voici un autre procédé direct sur une prise spéciale de l'eau essayée, et qu'on pourra mener de front avec la recherche de chaux, magnésie et alumine. Ayant versé l'eau dans une capsule de porcelaine, ajoutez un peu d'acide chlorhydrique et chauffez au bain de sable jusqu'à siccité, puis calcinez. Reversez sur le résidu de l'acide chlorhydrique que vous avez d'autre part concentré en le faisant bouillir pendant quelques minutes. Laissez digérer une heure et ajoutez de l'eau distillée pour étendre. Toutes autres matières que la silice resteront dissoutes, le résidu insoluble est la silice, qu'on peut recueillir sur le filtre ; lavez et calcinez pour la blanchir.

Pour doser la silice il n'y a qu'à peser le résidu ci-dessus recueilli, lavé et calciné. Soit $p = 0^{g},0016$. Ce sera la silice correspondant aux 100 grammes d'eau essayée, soit $0^{g}016$ par litre.

73. La potasse, est à l'état de sulfate, d'azotate ou de silicate en très-minime quantité. Opérant sur une prise d'eau spéciale, ajoutez lui un peu d'acide chlorhydrique et versez en excès le réactif précipitant qui est la solution de bichlorure de platine, réactif d'un assez haut prix et qu'il ne faut pas prodiguer. Ajoutez quelques gouttes d'alcool ; il se produira un précipité de chloro-platinate de potassium. $Pl, Cl^2, Kcl.$ cristallin et jaune qu'il ne faut pas confondre avec la simple coloration du réactif lui-même.

Eau de comparaison : sel de potasse quelconque dissous dans l'eau distillée.

Pour doser la potasse il y aurait à ajouter : 1° le recueillage sur petit filtre taré ; 2° le lavage à l'eau alcoolisée jusqu'à décoloration du liquide filtrant ; 3° la dessiccation à 100 degrés, pas plus ; 4° enfin la pesée du chloroplatinate qui contient 22 % environ de potasse. Mais tout cela si simple en principe et très-minutieux est non sans difficulté à pratiquer. La potasse est en si petite quantité dans l'eau qu'on n'en fait guère le dosage, et qu'on la relate seulement comme *trace* au rapport résumant l'analyse.

74. La soude dans les eaux, principalement à l'état de

chlorure de sodium qui n'est autre que le sel marin, abonde dans l'eau de mer et les sources ou rivières voisines des salines; mais il se trouve en très-minime quantité dans beaucoup d'autres eaux. Il n'y a pas de réactif précipitant de la soude; on l'obtient directement en évaporant au bain-marie dans une capsule 100 grammes de l'eau donnée. Le résidu contient le chlorure de sodium; mais aussi les autres sels, s'il est en proportion sensible le résidu sera de saveur salée, il colorera la flamme du bec de lampe en jaune.

Si on veut obtenir le chlorure de sodium seul, on dissoudra le résidu dans un peu d'eau distillée, puis on décantera, laissant au fond du verre les sels non dissous qui sont ceux dont on a voulu séparer le chlorure de sodium. On évaporera de nouveau et cette fois on aura seulement la soude. Ceci s'applique au cas où on aurait traité une prise d'eau spéciale. En opérant sur une eau d'où ont été déjà éliminées la chaux, la magnésie et l'alumine, on a directement le sel de soude.

Pour doser le chlorure de sodium il n'y a qu'à peser le résidu. Soit cette pesée $p = 0^{g},009$. Ce sera la proportion du sel de soude correspondant aux 100 grammes d'eau essayée, soit $0^{g},09$ par litre.

On peut en déduire le sodium pur. La formule du chlorure de sodium est Na; $Cl = 39,5 + 60,5 = 100$; on a donc la proportion $100 : 0,09 :: 39,5 : x$, d'où le sodium $x \frac{0,09 \times 39,5}{100} = 0^{g},036$ par litre.

75. Carbonates. Dans ce qui précède on a vu que la chaux, la magnésie et l'alumine sont à l'état de sels, c'est-à-dire combinées avec des acides qu'il importe de connaître. Ce sont les carbonates, les sulfates, les azotates et les phosphates.

Les carbonates sont des combinaisons d'une base avec l'acide carbonique CO^{2}. On verra à l'article des gaz (86) comment on manifeste l'acide carbonique libre; il s'agit ici de celui qui est en combinaison. Parmi les carbonates celui de la chaux est généralement le seul qu'il y ait intérêt pratique à déceler; les autres carbonates sont en très-minime quantité dans l'eau. Dans un liquide très-chargé d'acide carbonique libre ou combiné, quelques gouttes d'acide chlorhydrique qu'on y verse produisent une vive effervescence due au dégagement de l'acide carbonique qui est chassé et on manifeste ainsi les carbonates. Mais c'est rarement le cas de l'eau, où la dose de carbonate de chaux, même relativement considérable, ne compte jamais que pour quelques millièmes. Les moyens de manifester les petites doses d'acide carbonique, sont compliqués et délicats. Mais on peut par un procédé simple manifester directement le carbonate de chaux lui-même : il est naturellement insoluble et n'est maintenu en dissolution dans l'eau que par la présence de l'acide carbonique libre. En chassant celui-ci par l'ébullition, le carbonate de chaux troublera l'eau et se déposera en boue jaunâtre. Faites donc bouillir pendant quinze à vingt minutes la prise d'eau dans un petit ballon ou une fiole sur le bec de lampe, la boue de carbonate de chaux se formera; laissez déposer; décantez le liquide clair, pour avoir la boue. Si on veut s'assurer que c'est bien du carbonate de chaux versez une goutte d'acide chlorhydrique, l'effervescence caractéristique se manifestera.

Pour doser les carbonates, ajoutez à ce qui précède la pesée du résidu recueilli et lavé à l'eau distillée, puis séchez à douce chaleur *sans calciner*. Soit cette pesée $p =$ 0g012, c'est la somme des carbonates contenus dans les 100 grammes d'eau essayée, soit 0g12 par litre.

Le carbonate de chaux contient 56 % de chaux pure. Celle qui est dans la pesée p sera donnée par la proportion $100 : 0{,}12 :: 56 : x$;

$$\text{d'où } a\ x = \frac{0{,}12 \times 56}{100} = 0^{g}{,}067 \text{ par litre.}$$

Telle est dans la pesée totale ci-dessus de chaux $a =$

0g,151, la quantité qui s'en trouve dans l'eau par litre à l'état de carbonate et par conséquent il reste 0g,151 — 0g,067=0g,084 de chaux à l'état de sels autres que le carbonate.

Observons que ce calcul n'est qu'approximatif : d'abord l'ébullition ne précipite pas exactement tout le carbonate dissous dans l'eau, ensuite on a supposé que tout le carbonate précipité appartenait à la chaux, et il peut y en avoir d'autres qui sont insolubles aussi de leur nature et retenus seulement en dissolution dans l'eau par l'acide libre. Il est vrai qu'ils ne sont qu'en faible proportion et que c'est toujours le carbonate de chaux qui domine. Le calcul a eu pour but de montrer par un exemple, comment dans une analyse quantitative on peut arriver à peu près à tout doser au moins par déduction.

76. Les sulfates parfois en très-forte proportion dans les eaux de sources, puits et rivières, sont ceux de chaux, de magnésie et d'alumine. On ne précipite pas directement les sulfates, mais leur acide sulfurique.

Son précipitant par excellence est le chlorure de baryum ou tout autre sel de baryte. Celle-ci très-avide d'acide sulfurique s'en empare dans l'eau et ils donnent ensemble un précipité de sulfate de baryte, blanc, pulvérulent, lourd et insoluble dans tous les acides. Opérez sur une prise d'eau spéciale qu'on commencera par acidifier avec l'acide chlorhydrique, pour empêcher tout autre précipité que celui du sulfate de baryte.

Eau de comparaison : eau distillée où l'on verse une goutte seulement d'acide sulfurique.

Pour doser l'acide sulfurique des sulfates en présence dans l'eau, ajoutez à ce qui précède le recueillage sur filtre, le lavage ordinaire et le séchage du filtre, suivi de la pesée. Soit celle-ci $p = 0^{g},012$. On a vu que c'est un précipité de sulfate de baryte. Il a pour formule $BaO, SO^3 = 66 + 34 = 100$. C'est-à-dire qu'il contient 34 % d'acide sulfurique. D'après cela la dose que contient la pesée p, sera donnée par la proportion 100 : 0,012 :: 34 : x

$$\text{d'où } x = \frac{0{,}012 \times 34}{100} = 0^{g}{,}00408.$$

Telle est la proportion d'acide sulfurique dans 100 gr. d'eau essayée, soit par litre 0,0408. Comme ci-dessus on peut en déduire le dosage du sulfate de chaux lui-même.

En effet le sulfate de chaux a pour formule $CaO, SO^3 = 42, + 58, = 100$. C'est-à-dire qu'on a 100 de sulfate de chaux avec 58 d'acide sulfurique. D'où pour les $0^{g},0408$ ci-dessus, de l'eau essayée par litre, on aura le sulfate de chaux correspondant par la proportion 58 : 0,0408 :: 100 : x

$$\text{d'où } x = \frac{0{,}0408 \times 100}{58} = 0{,}069 \text{ par litre.}$$

Telle est la quantité de sulfate de chaux appartenant à l'eau essayée. Soit demandée maintenant la dose de chaux pure ainsi absorbée à l'état de sulfate dans la pesée totale de chaux $a = 0{,}131$ dont il reste plus que $0^{g},0840$ après déduction du carbonate de chaux.

Le sulfate contenant 42 % de chaux pure, ce qu'en donne les $0^{g},066$ appartenant à l'eau essayée se déduira de la proportion 100 : 0,069 :: 42 : x

$$\text{d'où chaux pure } x = \frac{0{,}066 \times 42}{100} = 0^{g}028.$$

Telle est la chaux à l'état de sulfate dans l'eau essayée et il reste 0,0840 — 0,028 = $0^{g},0560$ de chaux pure à l'état de sel autre que carbonate et, sulfate.

Ici encore on remarquera que ce calcul n'est qu'approximatif et donné seulement comme exemple, puisque l'acide sulfurique dosé peut être combiné non-seulement à la chaux, mais aussi à la magnésie et à l'alumine.

76 *bis*. Les azotates ou nitrates sont généralement dans

l'eau en très-minime quantité qu'on néglige. On peut néanmoins manifester sinon les azotates directement, du moins leur acide azotique, par l'une des deux méthodes que voici :

1° Versez une *seule goutte* de la liqueur azotique dans une dissolution sulfurique de sulfate de fer, qui sera colorée en rose. Si on verse trop ou trop vite, le précipité se redissout aussitôt dans l'excès du réactif et la liqueur reste incolore.

2° Versez une ou deux gouttes de solution sulfurique d'indigo, qui sera décolorée s'il y a de l'acide azotique dans l'eau.

Liqueur comparative : Eau distillée où on a versé une goutte de nitrate d'argent.

On peut doser jusqu'à un certain point les azotates, à la fin de l'analyse, par différence. Ainsi, soit dans une eau 0g,151 de chaux recueillie et soit 0g,133 la part de la dite chaux absorbée à l'état de carbonate, sulfate, etc. Dans les calculs précédents on pourra attribuer les 0g,018 qui restent à l'acide azotique, dont on a constaté la présence. Ce n'est qu'une hypothèse et un à-peu près, mais on s'en contente.

Nous ne relatons que pour mémoire le laborieux procédé qui consiste à doser la baryte que l'acide nitrique dissout et qu'on précipite ensuite.

77. *Chlore et chlorures.* Le chlore est dans les eaux ordinaires moins à l'état de chlore libre qu'à ceux de chlorure de calcium, de magnésie et de sodium.

Le réactif du chlore et des chlorures en général est le *nitrate d'argent* qui donne un précipité blanc de chlorure d'argent par l'union du chlore et de l'argent, pendant que la base à laquelle le chlore était uni se combine avec l'acide nitrique du réactif et forme un nitrate qui reste dissous.

Le précipité est blanc cailleboté, il devient bientôt à la lumière d'abord violet, puis noir. Outre ce caractère, il est éminemment dissout par l'ammoniaque, mais trè-peu par l'acide chlorhydrique et pas du tout par l'acide nitrique. Enfin il est fusible au rouge en un liquide jaune qui prend un aspect de corne au refroidissement. En cela le chlorure d'argent se distingue des autres sels d'argent que pourrait précipiter le réactif (carbonate, sulfate et phosphate), avec lesquels on pourrait le confondre.

Il faut donc d'abord acidifier par l'acide nitrique l'eau à essayer, puis verser le nitrate d'argent goutte à goutte. On attend ensuite une demi heure en exposant le précipité autant que possible à la lumière pour le voir brunir et s'accuser ainsi.

Eau de comparaison : quelques grains de sel de cuisine dissout dans l'eau distillée.

Pour doser le chlore et les chlorures, ajoutez à ce qui précède le recueillage ordinaire sur filtre, le lavage à l'eau distillée chaude, et le séchage du filtre sans l'ôter de l'entonnoir, à douce chaleur sans calciner. Pesez directement, soit $p = 0^{g},03$ le poids du chlorure d'argent recueilli, le chlore y entre en proportion de 24,7 pour cent on aura la proportion 100 : 0,03 :: 24,7 : x,

$$\text{d'où } x = \frac{24,7 \times 0,03}{100} = 0,0074.$$

Telle est la quantité de chlore existant dans les 100 gr. d'eau essayée, soit $0^{g},074$ par litre.

S'il y a dans cette même eau du sodium, c'est avec lui que le chlore sera principalement combiné pour former du chlorure de sodium ou sel marin. Sa formule est Na, Cl = 39,5 + 60,5 = 100. La quantité de ce sel formé par les $0^{g},074$, trouvés comme il précède, sera donné par la proportion 60,5 : 0,074 :: 100 : x,

$$\text{d'où } x = \frac{0,074 \times 100}{60.5} = 0^{g},12 \text{ par litre.}$$

Lorsqu'on arrive ainsi à plus de chlorure de sodium

que la pesée directe du n° 74 n'en a donné, on reconnaît ainsi que le chlore existe en outre à l'état de chlorure de magnésium ou de calcium et on les détermine par des calculs analogues trop compliqués pour être usuels.

78. Fer et cuivre. L'eau sensiblement ferrugineuse qui laisse dans les boissons et conduits des dépôts ocreux, est un cas particulier où le fer se précipite tout d'abord comme au cas des solutions de minerais de fer qu'on verra plus tard. Mais il y a du fer à peu près partout en proportion infinitésimale et il n'est pas très-rare que l'eau en contienne, alors même qu'elle est parfaitement incolore. Il ne s'agit pas ici de le recueillir, mais simplement de le déceler par un réactif très-sensible qui est le prussiate jaune de potasse. Une seule goutte bleuira l'eau ferrugineuse sinon de suite au moins au bout de une à deux minutes. Commencez par verser dans l'eau une goutte d'acide nitrique. On peut essayer aussi l'eau ferrugineuse par le sulfo-cyanure de potassium qui la colorera en rouge sang.

Eau de comparaison. Vitriol vert (sulfate de fer) dissous dans l'eau distillée, addition d'une goutte d'acide nitrique, remuez.

Le cuivre ne se rencontre dans l'eau que très-rarement, si ce n'est dans le voisinage des mines d'où on l'extrait, et des usines où on le traite, ainsi que dans les bassins des ports où séjournent les navires à doublage de cuivre. S'il y a lieu de le déceler, on emploiera comme ci-dessus, ou le prussiate de potasse jaune qui colorera l'eau en marron, ou l'ammoniaque qui donnera une coloration bleu céleste.

Observation. Quand il y a cuivre et fer, la coloration est intermédiaire entre celle qui leur est propre, elle est verdâtre.

Eau de comparaison. Sulfate de cuivre (vitriol bleu) dissous dans l'eau distillée.

Le manganèse, assez fréquent dans l'eau, mais à l'état de trace donne par le sulfhydrate d'ammoniaque un précipité de sulfure de manganèse couleur rose-chair qui brunit à la lumière, est soluble dans les acides même dilués, mais insoluble dans les alcalis.

Eau de comparaison. Chlorure de manganèse dissous dans l'eau distillée.

Le dosage des métaux qui se trouvent en quantité suffisante dans l'eau, rentre dans le cas non plus de l'eau proprement dite, mais des analyses de métaux. (Voir au § VI ci-après.)

79. L'iode n'est qu'à l'état d'infiniment petit dans la plupart des eaux, si ce n'est dans l'eau de mer qui en donne des *traces* et dans certaines eaux minérales. L'iode est décelé par la coloration violette que produit en versant dans l'eau essayée un peu de liqueur incolore d'amidon pur.

Eau de comparaison : parcelle d'iode métallique dissoute dans l'alcool, ensuite très-étendue d'eau distillée. L'iode se recherche moins dans l'eau même que dans les dépôts formés en l'évaporant.

Le soufre qui caractérise les eaux dites sulfureuses, n'y est pas à l'état libre, mais à l'état d'acide sulfhydrique qui est un gaz dissous. Voir ci-après n° 86.

80. Les matières organiques. C'est-à-dire provenant de la nature organisée, telle que les plantes et les animaux, tendent à corrompre l'eau. Les matières organiques se composent d'azote, d'hydrogène, de carbone, d'oxygène, d'acide sulfhydrique et d'ammoniaque. Le carbone est ordinairement en proportion de moitié. On a trouvé jusqu'à 5 milligrammes d'ammoniaque par litre d'eau de seine à Asnières.

Si les matières organiques ne sont qu'en suspension on s'en débarrassera par le filtrage; mais il est rare qu'il ne s'en soit pas dissout une partie au moins, qu'on décèle facilement par l'un des trois procédés suivants :

1° Evaporation de quelques gouttes de l'eau à essayer dans une cuiller ou sur une plaque d'argent ou de platine mince et bien polie : fig. 26. Il se forme le résidu blanc ordinaire de toute évaporation. En continuant à calciner, le résidu noircit d'autant plus qu'il y aura de la matière organique. S'il reste blanc il n'est autre que le tartre ordinaire provenant des sels dissous.

Fig. 26.

Eau de comparaison. Eau sucrée.

2° *Essai au chlorure d'or.* Dans l'eau à essayer en une capsule ou un tube de verre, versez une goutte de chlorure d'or, et faites bouillir. Si au lieu de la couleur jaune d'or la liqueur se trouble et passe au violet, la matière organique est décelée, l'or a été en sa présence précipité à l'état métallique dont les particules très-tenues restent en suspension.

3° *Essai à la liqueur Caméléon* de permanganate de potasse : l'eau à essayer étant prise en un verre à pied, une simple goutte de la liqueur Caméléon, au lieu de colorer l'eau en joli rose carmin, se décolorera, ou au moins jaunira, par l'effet de la matière organique, mais l'effet ne se produit pas toujours immédiatement.

81. Un double exemple va résumer ce qui précède et montrer comment on enregistre sous forme de rapport les résultats de l'analyse soit qualitative soit quantitative.

Soit d'abord la première, le procès-verbal des substances manifestées se résumera par exemple comme il suit :

a — sels de chaux, abondent.
b — Sels de magnésie, sensibles.
c — Alumine, trace.
d — Silice, trace.
e — Potasse, nul.
f — Soude (à l'évaporation), trace.
g — Carbonate (à l'ébullition), fort précipité.
h — Acide sulfurique, abondant.
i — Acide azotique, trace.
j — Acide phosphorique, nul.
k — Chlorure, trouble.
l — Oxyde de fer, trace.
m — Cuivre, nul.
n — Manganèse, nul.
o — Iode, nul.
p — Soufre, nul.
q — Matières organiques, trace.

On concluera que l'eau est abondamment chargée de sels de chaux plus un peu de magnésie et que ces bases sont parties à l'état de carbonate, mais surtout à l'état de sulfate ; qu'il y a de plus des traces d'alumine, de silice, de soude, de chlore, d'acide azotique, d'oxyde de fer et de matières organiques. Mais que les autres substances supposées ne s'y trouvent pas.

Reprenant alors s'il y a lieu le dosage ou analyse quantitative des principales matières, on résumera en dressant comme il suit le rapport :

			Par litre.
Sel de chaux.	Carbonate.	0,067	0,151
	Sulfate	0,028	
	Autres, par différence	0,056	

		Par litre.
Sels de magnésies		0,260
Alumine	0,440	0,030
Silice	0,016	
Azotate		Nul.
Chlorures. de sodium	0,090	0,120
Chlorures. Autres, par différence	0,030	
Métaux divers		Trace.
Matière organique		Nul.
Matières fixes par litre d'eau		0g,660

C'est donc une eau assez chargée de sels, principalement magnésiens, puis sensiblement calcaires et sulfatée et ne contenant plus ensuite qu'une très-faible proportion d'alumine, de silice, de sodium, de chlore et de métaux.

2° Essai de l'eau par évaporation directe et analyse du résidu.

82. C'est l'opération catégorique et quelquefois la seule donnant un résultat vrai, car il y a des matières qui échappent aux moyens d'analyse qui précèdent et plus encore à la méthode hydrotimétrique qui va suivre. Il convient donc toujours au moins à titre de contrôle, d'évaporer à sec une certaine quantité d'eau, au moins 100 gr. et même 500 grammes dont on dose le tartre ou résidu. S'il faut l'analyser il est nécessaire d'évaporer une grande quantité d'eau pour avoir du tartre en suffisance; mais on en trouve ordinairement tout formé dans les conduits, réservoirs ou chaudières.

83. L'évaporation en petit se fait dans une capsule de verre, non à feu nu à cause des projections, mais au bain-marie. L'épreuve se fait au moins en double afin que les

rendements se contrôlent l'un l'autre. Ayant nettoyé, poli et séché les capsules avec un grand soin, on les installe sur la plaque à trous du bain-marie et y verser jusqu'à épuisement le contenu du vase où on a mesuré les 100 ou 500 grammes d'eau. L'évaporation demande 5 heures, elle se fait jusqu'à siccité complète, et on pèse de suite la capsule étant encore chaude. On la met sur l'un des plateaux de la balance et sur l'autre on fait sa tare avec de la grenaille équilibrante. On vide et on nettoie ensuite la capsule à l'acide s'il est nécessaire, on la sèche de nouveau ; en la remettant sur son plateau de balance, les poids qu'on y ajoute pour rétablir l'équilibre, donnent la quantité du dépôt pierreux correspondant à l'eau essayée, soit $p' = 0^{g},008$ le poids de résidu donné par l'évaporation de $q = 100$ grammes d'eau. Cette proportion P sera par litre

$$P = \frac{p' \times 1000}{q} = \frac{0,008 \times 1000}{100} = 0,^{g}08$$

soit 80 grammes par mètre cube d'eau.

Mais avant de laver la capsule, il convient de se rendre au moins un compte sommaire de sa nature, ce qui est très-facile.

1° La saveur salée décèlera la présence du chlorure de sodium ou sel marin. La saveur amère décèlera la magnésie; l'alumine happe à la langue comme l'argile desséchée. La chaux et la silice n'ont pas de saveur.

2° La couleur et l'aspect ne sont pas des caractères précis : la chaux, la magnésie, l'alumine, la silice sont blanches pulvérulentes; mais un atome de fer ou de matière organique brunit ou noircit.

3° La présence des carbonates est décelée par l'effervescence que produit une goutte d'acide chlorhydrique.

4° La solubilité dans l'eau est encore un caractère qu'il ne faut pas négliger, le sel marin et la magnésie se dissolvent et se séparent ainsi de la chaux qui ne se dissout que dans l'acide et de la silice qui ne se dissout pas même dans celui-ci.

Après avoir lavé ainsi la capsule, au lieu de jeter la liqueur de lavage on la recueille dans un verre et on peut l'analyser comme toute eau donnée suivant la méthode ordinaire.

84. L'évaporation en grand se fait autrement. Pour avoir un résidu suffisant, 10 grammes, il faut évaporer au moins 10 litres d'eau très-chargée de sels et 40 litres d'une bonne eau comme celle qu'on boit dans les villes.

Cette évaporation en grand, où il est inutile de doser puisqu'il ne s'agit que de produire un résidu, se fait dans une bassine de cuivre ou au moins dans une capsule de porcelaine suffisante, chauffée à grand feu sur un fourneau ou au bain de sable, sans autre précaution que d'empêcher les matières étrangères de tomber dans la bassine. Quand il ne reste plus que très-peu d'eau dans celle-ci on rassemble bien au fond tout le résidu déposé sur le pourtour en lavant à l'eau *distillée*, s'il est besoin et on achève l'évaporation à sec dans une capsule plus petite, mais sans calciner pour ne pas dénaturer le résidu. Le bain-marie convient alors.

85. L'analyse d'un tartre ou résidu pierreux fourni soit par évaporation, soit naturellement, dans les chaudières, conduits ou réservoirs ne diffère en rien de l'analyse des pierres en général, comme il va suivre au § 2. En deux mots on traite la prise d'essai d'abord à l'eau distillée, ensuite à l'acide chlorhydrique pour y dissoudre les substances qui y sont solubles et les distinguer ainsi, puis on les précipite dans leur liqueur par le réactif qui leur est propre, et on rentre ainsi dans le cas d'une analyse d'eau où les substances en dissolution ne sont pas beaucoup plus concentrées.

3° Analyse des gaz de l'eau.

86. On a vu qu'outre les matières fixes donnant du

tartre ou résidu pierreux à l'évaporation, les eaux pouvaient contenir des gaz à l'état libre qui sont l'air, l'ammoniaque, l'acide carbonique et l'acide sulfhydrique. Il est rare qu'une même eau contienne tous ces gaz; les deux derniers s'excluent réciproquement.

La détermination rigoureuse des gaz de l'eau telle qu'elle se fait pour les eaux minérales, se pratique à la source même par des appareils délicats et compliqués. Nous ne nous occupons ici que des recherches qui peuvent intéresser la pratique industrielle à l'aide de moyens aussi simples que possible.

D'abord on peut doser tous ces gaz ensemble et en bloc; ils se dégagent à l'ébullition. On peut donc chauffer dans un ballon débouché pendant 15 minutes, un poids d'eau pesé avec soin dans le ballon lui-même, voir la figure du nº 49 *bis*. On bouche ensuite pour ne pas laisser rentrer l'air, et on pèse de nouveau après refroidissement, la différence avec la première pesée est le dosage des gaz dégagés. Il faut seulement prendre garde en chauffant de ne pas vaporiser sensiblement l'eau elle-même; car on compterait comme gaz étrangers à l'eau ce qui n'est que l'eau elle-même sous forme de vapeur. Bien entendu une pareille méthode ne donne que des approximations. Celles qui suivent pour distinguer le gaz sont plus rigoureuses.

87. L'aircontenu dans l'eau se dégage à l'ébullition et l'on peut la recueillir et la doser sous un tube gradué, installé sur la cuve à mercure. (Voir figure 27). L'eau à essayer remplit exactement jusqu'au ras du bouchon du ballon du verre de capacité connue. On le chauffe doucement par une lampe à alcool ou autre. Les bulles d'air se dégagent et par un conduit qui traverse le bouchon, elles vont déboucher sous le tube-éprouvette, en refoulant le mercure dont on l'a rempli avant de le poser sur le petit tasseau dans le bain de mercure de la cuvette. Le tube ainsi que la cuvette peuvent être de petite dimension et demander ainsi peu de mercure. Quant à la disposition de l'appareil, on la variera à son gré selon la

circonstance. Le tube coudé en verre se trouve chez tous les fournisseurs d'appareils de chimie. On peut courber soi-même facilement à la lampe, un tube droit ; enfin le conduit peut être en plusieurs morceaux raccordés par des caoutchoucs ; peu importe la forme, pourvu qu'elle fasse communiquer hermétiquement le haut du ballon avec le dessous de l'éprouvette.

Quant au mercure si on ne veut, ou ne peut s'en procurer on le remplacera par de l'huile, du pétrole et même

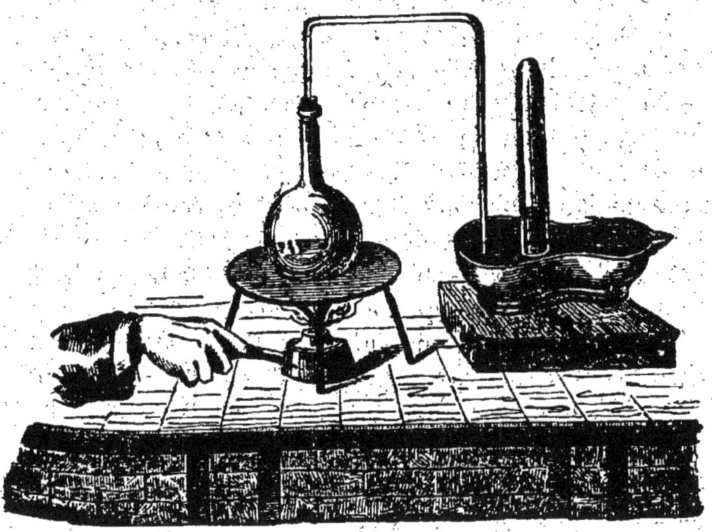

Fig. 27.

tout simplement de l'eau, sauf à risquer une petite erreur sur le dosage cherché. Aussitôt que dans le haut de l'éprouvette la chambre d'air qui s'est formée ne varie plus, l'opération est achevée, il ne reste plus qu'à apprécier le volume d'air qui est ainsi venu de l'eau essayée. Soit $V = 3$ centilitres le volume d'air recueilli et soit exactement $P = 1^{l},05$ le contenu du ballon *a*. On aura pour 1 litre la quantité v, par la proportion $P : 1 :: V : v = 1,05 : 1 :: 3 : v$, d'où l'air $v = \frac{1 \times 3}{1,05} = 2,86$ centilitres par litre d'eau, et comme le litre d'air, à circonstance moyenne pèse $p' = 1^g,293$. On aura par litre d'eau un poids d'air $= \frac{v}{1,293} = \frac{2,86}{1,293} = 0^g,023$ par litre d'eau.

88. L'ammoniaque n'est dans l'eau que très-exceptionnellement et d'ailleurs en si petite quantité qu'on ne peut guère la doser, et qu'on ne peut même la déceler que par des méthodes indirectes, trop délicates pour être d'une pratique courante. Lorsque l'ammoniaque est en quantité sensible elle se traduit par son odeur *sui generis* dès qu'on fait chauffer l'eau. En outre on présente au-dessus la baguette de verre mouillée d'acide chlorhydrique, il y aura production de cette fumée âcre et blanche qui est également caractéristique. Pour rendre le dégagement de l'ammoniaque plus sensible on peut concentrer le liquide très-lentement à très-douce chaleur. Mais l'ammoniaque est si volatile qu'on court bien risque de le faire en même temps dégager peu à peu à son insu.

Le dosage de l'ammoniaque de l'eau est rare, car la quantité n'en est guère appréciable, et c'est une opération difficile pour séparer l'ammoniaque des autres substances manifestées. Relatons donc seulement pour mémoire qu'on précipite l'ammoniaque par le bichlorure de platine ou par l'acide tartrique et que de ce précipité dont la formule se trouve dans tout livre de chimie, on déduit l'ammoniaque d'après les équivalents.

89. Acide carbonique. Il ne s'agit plus ici de l'acide carbonique combiné avec les bases et formant les carbonates dont il a été parlé au n° 74, mais de l'acide libre qui caractérise les eaux gazeuses et les vins mousseux. Sa piquante saveur, l'effervescence et la force explosive, sont des caractères bien connus que l'agitation excite. Mais l'acide carbonique en très-petite quantité dans l'eau ne se trahit par aucun de ces caractères.

Parmi les nombreux moyens qui peuvent alors le déceler, le plus simple est de verser dans le liquide essayé de l'eau de chaux. On les agite ensemble dans un flacon bouché à l'abri de l'air, l'acide carbonique s'unissant à la chaux forme un précipité de carbonate de chaux blanc pulvérulent. Pour doser on le recueille par le filtrage ordinaire. On le sèche à douce chaleur sans calciner. On pèse et on déduit l'acide carbonique qu'il contient.

La formule du carbonate de chaux est $CaO + CO^2 = 56 + 44 = 100$, soit donc $0^g,0023$ la pesée de carbonate de chaux recueilli. L'acide carbonique y est donné par la proportion $100 : 0,0023 :: 44 : x$, d'où acide carbonique $x = \frac{0,0023 \times 44}{100} = 0^g0010$, soit $0^g,01$ par litre d'eau.

90. L'acide sulfhydrique ou hydrogène sulfuré, est le principe des eaux sulfureuses. Le soufre proprement dit à l'état libre est insoluble dans l'eau ; il ne peut s'y trouver qu'à cet état de précipité jaune et pulvérulent qui trouble à l'air l'eau bien connue des bains de Barèges, et on le recueille en filtrant. Mais l'acide sulfhydrique HS est un gaz soluble dans l'eau ; il s'y trouve soit par la décomposition des sulfates du sol, et alors l'eau sulfureuse est froide comme à Enghien ; ou bien l'eau se charge d'acide sulfhydrique à de grandes profondeurs dans le voisinage des feux souterrains ; elle est alors chaude.

L'acide sulfhydrique n'a pas besoin d'être en grande quantité pour se trahir par son odeur et sa saveur d'œufs pourris, et par la propriété de noircir le plomb et l'argent. On fera donc légèrement chauffer l'eau soupçonnée d'être sulfureuse et on lui présentera soit une lame polie d'argent ou de plomb, soit un papier imbibé d'une de leurs solutions salines, tel que l'acétate de plomb.

La solution saline elle-même donne dans l'eau sulfureuse un précipité noir mais parfois très-lent à paraître. On recommande aussi comme réactif très-sensible du soufre, le nitro-prussiate de soude qui, versé goutte à goutte dans la liqueur sulfureuse y produit une belle coloration pourpre.

La *sulfhydrométrie* de Dupasquier est le moyen usuel de déceler et doser l'acide sulfhydrique dans l'eau. Son principe est la décomposition de l'acide sulfhydrique par l'iode qui s'unit à l'hydrogène avec lequel il a une très-grande affinité, et le soufre est mis en liberté suivant la formule HS + I = HI + S.

Quand la réaction est achevée, il suffit du plus léger excès d'iode libre pour être accusé par la coloration bleue qu'il communique à l'amidon. Mais pour que la réaction soit complète, le liquide essayé ne doit pas contenir plus de 0,04 d'acide sulfhydrique; s'il en est autrement, il faut l'étendre avec de l'eau distillée bouillie en quantité suffisante.

D'autre part, quand il n'y a que de très-faibles traces de soufre, la réaction est masquée par l'acide carbonique que contient toujours l'eau. C'est pourquoi nous avons dit que la recherche de l'un de ces gaz excluait généralement l'autre.

La liqueur titrée se fait en dissolvant 7g,465 d'iode (métallique en paillettes), dans un peu d'iodure de potassium. On ajoute ensuite de l'eau distillée pour compléter un litre de liqueur (1) conservée en flacon bleu comme toute liqueur d'iode.

On en remplit une burette ordinaire graduée en centilitres, comme au n° 35. Chaque centilitre versé dans un litre d'eau à essayer correspond à 0g001 d'acide sulfhydrique par litre d'eau.

L'opération est fort simple : l'eau à essayer coupée s'il est nécessaire d'eau distillée bouillie, étant mesurée en proportion d'un litre dans un assez gros ballon ou dans une capsule, voir n° 33; ajoutez un peu d'empois d'amidon. Versez la liqueur de la burette graduée goutte à

(1) Si on ne veut avoir que 250 grammes de liqueur, on ne dissoudra que 1g,865 d'iode; 1 gramme d'iode en nombre rond fournira 134 grammes de liqueur.

goutte en agitant sans cesse. Viendra le moment où la dernière goutte versée produira la coloration bleue permanente.

Il n'y a plus qu'à lire sur l'échelle de la burette la quantité de liqueur versée. Soit = 6,3 centilitres : on aura la proportion d'acide sulfhydrique $A = 6 \times 0{,}001 = 6{,}3 \times 0{,}001 = 0^{g}0063$ par litre d'eau.

4° **Hydrotimétrie.**

91. Par ce procédé simple et expéditif on détermine, non pas toutes les substances dissoutes dans l'eau, mais du moins les sels de chaux et de magnésie qui s'y rencontrent le plus, ainsi que l'acide carbonique. Mais l'hydrotimétrie ne donne ni les chlorures, ni la potasse ou soude et les métaux qui peuvent abonder dans certaines eaux, comme celles qui sortent des mines et qui environnent les exploitations de sels.

Une sommaire analyse qualitative de l'eau par les procédés indiqués au n° 68 et suivants, devra donc procéder pour s'assurer qu'on peut recourir utilement à l'hydrotimétrie. Celle-ci après avoir donné les sels en bloc peut, par des épreuves complémentaires faire la part de chacun.

92. Le principe de l'opération est fondé sur la propriété que possède le savon de rendre mousseuse l'*eau pure*, de ne produire de mousse dans les eaux chargées de sels calcaires ou magnésiens, qu'après que ces sels ont été décomposés ou neutralisés par une proportion équivalente de savon ; celui-ci restant en excès. La quantité de savon ainsi neutralisé est proportionnelle aux sels contenus dans l'eau, et par conséquent ce qu'on en verse pour faire mousser l'eau essayée donne la mesure des sels qu'elle contient.

D'après cela il suffit de prendre une quantité déterminée de l'eau à essayer, 40 centimètres cubes, remplissant à moitié un flacon gradué ; d'y verser goutte à goutte une liqueur dite hydrotimétrique qui est une dissolution titrée de savon dans l'alcool, et de saisir le moment où se produit, en agitant, la mousse bien connue de l'eau de savon caractérisée par sa persistance et par la tendance des bulles à s'iriser.

93. L'expérience demande les deux outils ci-contre, un flacon gradué à cet usage et, pour verser la liqueur goutte à goutte, une burette spécialement graduée qui s'appelle *hydrotimétre*, mesureur d'eau, d'où est venu le mot hydrotimétrie. Entrons dans quelques explications sur ces deux outils et sur la liqueur hydrotimétrique.

Le flacon de 80 à 100 grammes de capacité, est bouché à l'émeri et se vend tout préparé. Il est gradué à partir du fond, pour 10, 20, 30 et 40 grammes. On l'emploie ordinairement avec l'eau à essayer jusqu'à ce niveau de 40 grammes. Nous disons ordinairement, car on verra qu'il faut prendre une moindre quantité d'eau quand elle est très-chargée de sel.

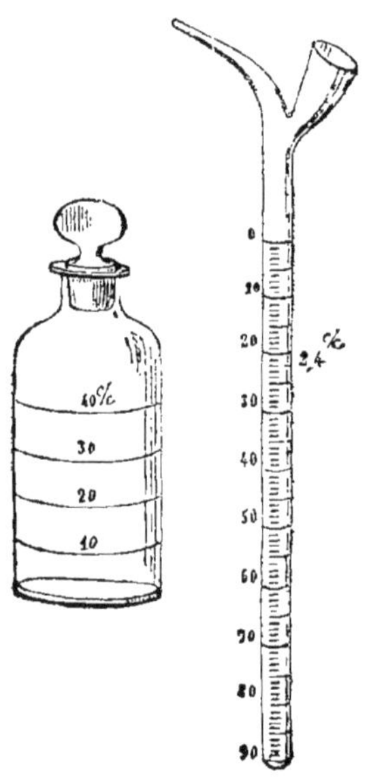

Fig. 27.

L'hydrotimétre est une burette spéciale dite du système anglais, dont la graduation est faite de telle manière qu'une capacité de 24 centimètres cubes prise à partir d'un *trait circulaire* tracé au sommet, se trouve divisée en 23 parties égales. Chaque division représente un degré. Mais l'échelle ne commence à proprement parler qu'à la ligne qui suit le trait circulaire précité. Là se trouve le *0*, c'est-à-dire le début de la graduation, puis viennent le 1er degré et les autres jusqu'au 22e correspondant à la capacité des 2, 4 centimètres cubes. Au-dessous du 22e degré, on continue indéfiniment avec des divisions égales aux premières, absolument comme on gradue par exemple le thermomètre en physique.

On emplit la burette non jusqu'au *o*, mais au niveau exact du trait circulaire qui est au-dessus. En effet les degrés correspondent au savon neutralisé par les sels de l'eau essayée ; mais il faut un petit excès de savon restant libre pour rendre l'eau mousseuse. Or c'est cette petite quantité voulue qui occupe le tube entre le trait circulaire et le haut de l'échelle.

Dans 40 centimètres d'eau pure, c'est-à-dire exempte de sel, ou ne contenant que des sels neutralisés, cette petite quantité de savon doit produire un matelas de mousse persistante, épaisse de 5 millimètres.

Plus d'épaisseur indique qu'on a versé trop de liqueur et dépassé le degré hydrotimétrique de l'eau essayée ; si au contraire le matelas de mousse ne persiste pas environ 10 minutes, il faut verser en plus une ou deux gouttes de liqueur ; le degré hydrotimétrique de l'eau n'est pas atteint.

Il faut éviter de confondre la vraie mousse savonneuse qui persiste et s'irise avec les bulles d'air qui se produisent en tout liquide agité.

94. La liqueur hydrotimétrique est une dissolution de savon dans l'alcool, une alcoolature de savon, dont voici la recette ; mais elle s'achète toute préparée.

100 grammes de savon blanc sec dit de Marseille,
1600 grammes d'alcool à 90° centésimaux.

Faire bouillir ensemble à feu doux jusqu'à dissolution du savon, puis filtrer.

1000 grammes d'eau distillée ajoutée dans le liquide après filtration.
2700 grammes de liqueur hydrotimétrique sont ainsi formés.

Elle se conserve en flacon à bouchon-émeri ; elle est

incolore et huileuse; elle est naturellement alcaline, ramène au bleu la teinture rouge de tournesol. Les acides chlorhydrique, nitrique et sulfurique ainsi que les carbonates alcalins, y produisent un précipité blanc; il en est de même du prussiate jaune de potasse dont le précipité est caillebotté. La soude, la potasse et l'ammoniaque ainsi que l'acide sulfhydrique sont sans effet.

Composée comme il vient d'être dit, la liqueur hydrotimétrique doit marquer à l'échelle de la burette *o*. Quand elle est versée dans 40 centimètres d'eau distillée, c'est-à-dire sensiblement pure et exempte de sels, il doit suffire pour la rendre mousseuse, de la petite quantité de liqueur existant entre le *o* et le trait du sommet.

D'autre part, 2 centimètres plus 4 dixièmes de la même liqueur doivent marquer à l'échelle 22 degrés dans 40 centimètres cubes d'une eau artificiellement saline qu'on appelle *eau normale* ou *eau de titrage*, et encore *eau d'épreuve*. C'est alors qu'on dit de la liqueur qu'elle est *à son titre*, qu'elle *est titrée* (1).

Cette eau normale est de l'eau distillée bien pure dans laquelle on fait dissoudre 0g,25 de chlorure de calcium (en sel bien blanc) pour un litre d'eau, soit $^{1}/_{4000}$ du poids de cette eau, (soit pour 100 grammes d'eau 2, 5 centigrammes).

Étant bien assuré de l'eau normale, si la liqueur hydrotimétrique marque moins de 22 degrés, c'est qu'elle est trop concentrée, il faut lui ajouter de l'eau distillée par très-petites quantités. Si elle marque au contraire plus de 22 degrés, c'est qu'elle est trop faible et c'est de la dissolution de savon qu'il faut ajouter avec la même précaution jusqu'à ce que de part et d'autre on soit arrivé au titre.

(1) L'eau de Seine à Paris et en saison moyenne (ni haute ni basse eau) marque 22 à 23 degrés. C'est encore un moyen de vérification de la liqueur. Chaque opérateur peut avoir autour de lui comme base analogue une eau déjà connue.

95. La liqueur étant bien titrée, chaque degré hydrotimétrique correspond à 0g106 de savon neutralisé par les sels de 1 litre d'eau et à 0g,0114 de sels par litre d'eau. Ceci s'applique il est vrai à l'eau où le sel dissous est le chlorure de calcium. Les eaux ordinaires contiennent plutôt des carbonates et sulfates de chaux et de magnésie. Mais l'équivalent de ces sels par rapport au savon neutralisé ne diffère pas beaucoup, ainsi qu'on le verra au tableau du nº 103. Il est donc vrai que si l'hydrotimétrie ne donne pas un résultat mathématique, c'est du moins une approximation très-suffisante pour la pratique que de compter en nombre rond par degré hydrotimétrique et par litre d'eau.

1 décigramme (0,10) de savon neutralisé,

1 centigramme (0,01) de sels dissous.

Soit donc à essayer une eau dont nous avons pris dans le flacon les 40 centimètres voulus. En versant goutte à goutte la liqueur, et en secouant de temps à temps le flacon, il se produira d'abord un léger trouble opalin. Puis enfin au 25e degré de la burette par exemple, la mousse savonneuse apparaît et persiste à l'épaisseur d'environ 5 millimètres, pendant à peu près 10 minutes, l'expérience est finie. Cette eau,

1° Marque 25 degrés hydrotimétriques;

2° Elle neutralise 25 × 0,1 2g,5 de savon;

3° Elle accuse 25 + 0,01 0g,25 de sels dissous par litre, et de nature à former tartre à l'évaporation.

96. L'opération n'est pas toujours aussi simple : quand l'eau est très-chargée de sels on ne peut pas faire l'essai direct sur 40 centimètres pris dans le flacon gradué comme il précède, parce qu'il se forme entre les sels de l'eau et le savon un composé insoluble qui se réunit en grumeaux ou caillots, et l'expérience devient aussi incertaine que difficile.

Quand après une certaine quantité de liqueur hydrotimétrique versée dans l'eau à essayer, on s'aperçoit qu'au lieu de prendre simplement une apparence opaline, il se forme des caillots ou grumeaux, il faut cesser l'opération, rejeter le contenu du flacon, le bien rincer, ne plus y introduire que 20 centimètres de l'eau à essayer, et compléter les 40 centimètres avec de l'eau distillée; on agitera pour bien mélanger les deux eaux. Les sels seront alors dissous dans une quantité double d'eau. C'est ce qu'on appelle couper à moitié, ce qu'il faut généralement faire même quand il n'y a pas de grumeaux, dès qu'on dépasse sensiblement 30 degrés hydrotimétriques.

L'eau donnée étant ainsi coupée, on prendra comme à l'ordinaire son degré hydrotimétrique. Mais la totalité des sels correspondant à ce degré n'appartient qu'à l'eau donnée; on doublera. Ainsi soit une eau à essayer où on est en somme forcé de couper avec moitié d'eau distillée. Ce mélange accuse 26 degrés hydrotimétriques, le degré réel correspondant aux sels sera $26 \times 2 = 52$ degrés que nous aurions trouvé s'il nous avait été possible de faire l'épreuve directe sur 40 centim. de l'eau donnée.

Il y a même des eaux qu'il faut couper avec trois quarts d'eau distillée, et on multiplie par 4 le degré observé. On multipliera par 8 si on ne prend qu'une demi division d'eau à essayer en ajoutant le reste d'eau distillée, c'est-à-dire sept volumes.

C'est ici qu'il faut beaucoup de méthode et de soin; car la moindre erreur se multiplie par 2, par 4 et par 8. L'opération ne présente même pas de certitude, quand elle ne se fait pas franchement en coupant avec moitié d'eau, et qu'elle accuse sensiblement plus de 35 degrés; elle ne doit inspirer qu'une médiocre confiance et il faut recourir à l'analyse directe par les méthodes ordinaires.

97. Jusqu'ici nous ne nous sommes occupés que de la détermination des sels en bloc.

Soit maintenant demandé de faire la part des différentes substances, savoir : les sels de chaux et de magnésie, plus l'acide carbonique libre. On fera successivement cinq épreuves hydrotimétriques distinctes. Après avoir traité chaque fois au préalable l'eau donnée pour éliminer telle ou telle substance supposée. Procédez comme il suit : l'hydrotimétrie de l'eau donnée pour déterminer les *sels en bloc*, commencera toujours et sert de point de départ. Soit donc comme il précède $a = 25°$ le degré de cette eau. Pour avoir les *sels de chaux b* en général, prenez 50 gr. de l'eau donnée en un verre à pied. Versez-y environ 2 gr. d'oxalate d'ammoniaque, agitez et laissez déposer 30 minutes (1), puis filtrez. La chaux se précipitera à l'état d'oxalate de chaux blanc pulvérulent, soluble dans les acides. Ce précipité restant sur le filtre est inutile, et il faut, bien entendu, ne pas laver; car il ne faut rien ajouter à l'eau du filtrage qui est précisément l'eau dépouillée de chaux qui va être éprouvée.

Prenez-en dans le flacon gradué les 40 centim. accoutumés et hydrotimétrez. Soit $b = 11°$ le degré accusé, il correspond aux substances restées dans l'eau; et par conséquent la différence de ce degré avec celui de l'eau naturelle éprouvée ci-dessus, représente les sels de chaux éliminés. Soit donc sels de chaux $b' = a - b = 25 - 11 = 14$ degrés. Ainsi sur les 25 degrés hydrotimétriques de l'eau naturelle, les sels de chaux en général sont représentés par 14 degrés.

Ne demandons pas autre chose en ce moment; nous verrons ci-après à quel poids de sels correspondent ces degrés.

98. *Carbonate de chaux et acide carbonique libre.* La part sera ci-après faite à chacun, décelons-les d'abord ensemble; ce qui se fait par l'*ébullition*.

Prenez au moins 100 grammes d'eau dans un ballon en marquant le niveau (on prend 100 grammes parce qu'il y aura deux parts à faire ensuite); faites bouillir pendant

(1) Pendant ce filtrage faites l'opération n° 98.

20 minutes : l'acide carbonique se dégagera, le carbonate de chaux naturellement insoluble qu'il maintenait en dissolution se précipitera. Laissez refroidir pour faire cesser la dilatation, rétablissez le niveau primitif dans le ballon avec de l'eau distillée ; agitez bien le mélange, puis filtrez.

Fig. 29.

Sur le filtre reste le carbonate de chaux, qu'il est inutile de conserver. Prenez dans le flacon gradué 40 gr. de l'eau du filtrage et hydrotimétrez en coupant, s'il est nécessaire avec de l'eau distillée. Soit $c = 15°$ le degré observé sur la burette.

C'est celui de l'eau dépouillée de carbonate de chaux et de l'acide carbonique libre et par conséquent leur proportion est représentée par un degré hydrotimétrique $c' = a - c$. Mais l'ébullition n'a pas entièrement précipité le carbonate de chaux. L'expérience a prouvé qu'en moyenne il en reste une quantité représentée par 3° qu'il faut ajouter dans la formule précitée, et par conséquent le carbonate de chaux et l'acide carbonique libre pris ensemble et désignés par c' aura pour mesure

$$c' = (a - c) + 3 = 25 - 15 + 3 = 13°.$$

La part des deux substances sera faite ci-après.

99. *Sels de magnésie en général.* L'eau bouillie qui précède et dont il reste une part (c'est pour cela qu'on a pris 100 grammes), ne contiendrait plus sensiblement que les sels de-magnésie si tous les sels de chaux avaient été éliminés. Pour achever de les précipiter, versez dans cette eau 2 grammes environ d'oxalate d'ammoniaque, laissez reposer 30 minutes, puis filtrez ; hydrotimétrez à l'ordinaire 40 centilitres de cette eau filtrée. Soit $d = 8$ le degré observé. Les sels de magnésie sont donc représentés par 8 degrés et ils appartiennent bien aux sels de magnésie puisque les autres substances appréciables, ont été d'abord éliminées.

100. L'*acide carbonique libre* c'' s'obtient simplement par différence. Étant donnés le degré $a = 25$ de l'eau naturelle et ceux qui représentent soit les sels de chaux $b' = 14$, soit les sels de magnésie $d = 8$, La différence $a - (b' + d)$ représentera évidemment l'acide carbonique, seule substance appréciable non connue encore. Soit donc

$$c'' = a - (b' + d) = 25 - (14 + 8) = 3°.$$

Ainsi l'acide carbonique libre dosé ci-dessus avec le carbonate de chaux y comptait pour 3 degrés dans l'eau essayée.

Le carbonate de chaux seul c''' est également donné par différence. Nnus avons eu ci-dessus $c' = 13°$ pour représenter le carbonate de chaux et l'acide carbonique ensemble, et nous venons d'avoir pour ce dernier $c'' = 3$, le reste appartient donc au carbonate de chaux, et l'on a

$$c''' = c' - c'' = 13° - 3 = 10°.$$

101. Les sels de chaux autres que le carbonate se déterminent aussi par différence. Nous avons eu les sels de chaux en bloc $b' = 14$. Nous venons d'avoir le carbonate de chaux $c''' = 10$ degrés; la différence appartient donc aux autres sels de chaux, et on a

$$S = b' - c''' = 14 - 10 = 4°.$$

Ces sels représentés dans l'eau par 4 degrés sont ordinairement des chlorures, des azotates; mais le plus fréquemment des sulfates. Leur dosage hydrotimétrique est assez compliqué. On pourra ordinairement se borner à les déceler qualitativement par les méthodes ordinaires, savoir:

Les sulfates par le chlorure de baryum qui donnera un précipité blanc pulvérulent insoluble dans les acides.

Le chlorure par le nitrate d'argent qui donnera un précipité blanc cailleboté insoluble par l'acide nitrique, mais soluble par l'ammoniaque.

102. *Acide sulfurique.* La méthode suivante quoique

assez laborieuse, sera suivie quand il sera demandé de doser hydrotimétriquement, sinon les sulfates du moins leur acide sulfurique. Cela peut être utile dans les eaux recueillies sur le gypse comme celles du bassin de Paris.

Ayant ci-dessus le degré de l'eau naturelle $a = 25°$ et le degré $c = 15°$ de l'eau bouillie, prenez dans un verre à pied environ 40 centimètres de celle-ci et versez-y une quantité égale d'azotate de baryte titrée comme il va être dit.

Le degré hydrotimétrique de cette eau mélangée sera doublé, et sera $e = c \times 2, = 15 \times 2 = 30°$, qui représente dans l'eau l'acide sulfurique, et il se produit un sulfate de baryte dont moitié pour celui-ci.

La baryte s'empare de l'acide sulfurique et il se produit un sulfate de baryte insoluble qui se précipite et dépouille ainsi l'eau essayée de l'acide sulfurique.

Laissez reposer, filtrez et hydrotimétrez 40 centim. en ajoutant eau distillée s'il est nécessaire. Soit $g = 20°$ le degré observé.

La différence $e - g = 30 - 20 = 10°$ représentera l'acide sulfurique disparu de l'eau.

Quant à la liqueur titrée d'azotate de baryte, elle représente dans la burette 20° pour un centimètre cube et elle se compose ainsi :

Azotate de baryte en sel . . .	2g, 14
Eau distillée	100g,000
	102g, 14

En écartant la recherche de l'acide sulfurique, nous avons en résumé dans l'eau essayée.

Les sels en bloc sont représentés		par 25°
L'acide carbonique	par 3°	= 25°
Le carbonate de chaux.	par 10°	
Les sels de magnésie	par 8°	
Le sulfate de chaux et autres. .	par 4°	

103. Il s'agit maintenant de voir à quelle quantité de

matières correspondent ces degrés ou en d'autres termes quels sont les équivalents pondérables de sels correspondant pour chacun à la quantité de savon neutralisé, laquelle est, a-t-il été dit, 0g,10 (un décigramme) par degré.

MM. Boudet et Boutron donnent le tableau suivant de ces équivalents pour un degré et pour 1 litre d'eau, l'épreuve hydrotimétrique ayant été faite comme il précède sur 40 centimètres et avec la liqueur bien titrée.

TABLEAU DES ÉQUIVALENTS EN POIDS D'UN DEGRÉ HYDROTIMÉTRIQUE POUR 1 LITRE D'EAU.

Chaux	0g,0057
Chlorure de calcium	0 ,0114
Carbonate de chaux	0 ,0103
Sulfate de chaux	0 ,0140
Moyenne des sels de chaux	0 ,0119
Magnésie	0 ,0042
Chlorure de magnésium	0 ,0090
Carbonate de magnésie	0 ,0088
Sulfate de magnésie	0 ,0125
Moyenne des sels de magnésie	0 ,0068
Chlorure de sodium	0 ,0120
Sulfate de soude	0 ,0146
Moyenne	0 ,0133
Chlore	0 ,0073
Acide sulfurique	0 ,0082
Savon à 30° % d'eau	0 ,1061
Acide carbonique	0l, 005

104. Il nous est maintenant facile de ramener les degrés ci-dessus en quantité pondérable, de matières dissoutes dans l'eau essayée par litre :

Carbonate de chaux.	10 × 0g,0103	=	0g,1030
Acide carbonique. . .	3 × 0 ,0020	=	0 ,0150
Sels de magnésie. . .	8 × 0 ,0106	=	0 ,0848
Sulfate de chaux et autres.	4 × 0 ,0140	=	0 ,0560
			0 ,2458

On voit par cet exemple qu'on était pratiquement dans la vérité en disant que chaque degré hydrotimétrique correspond à 1 centigrammes de sels de chaux ou de magnésie par litre.

Suit le résumé des formules qui précèdent.

a = degré de l'eau naturelle.

b = degré de l'eau dépouillée des sels de chaux, par l'oxalate d'ammoniaque.

$b' = a - b$ = degré des sels de chaux en bloc.

c = degré de l'eau bouillie pour les deux épreuves suivantes.

$c' = a - c + 3$ degré correspondant au carbonate de chaux et à l'acide carbonique libre.

d = degré direct des sels de magnésie.

$c'' = a - (b' + d)$ degré de l'acide carbonique.

$c''' = c' - c''$ degré du carbonate de chaux.

$s = b' - c'''$ deg. des sels de chaux autres que le carbonate.

105. Il reste à relater quelques instructions pratiques pour hydrotimétrer facilement.

1° L'ensemble des opérations eu égard à celles qu'il peut y avoir lieu de recommencer demande au moins trois heures de temps et environ 1 litre d'eau éprouvée. Il faut la recueillir avec soin dans les conditions moyennes où elle doit être employée dans son service courant, industriel ou alimentaire. On l'envoie au laboratoire dans une bouteille bien bouchée et cachetée, parfaitement propre, et neuve autant que possible; en un mot de manière à ce qu'aucune matière ne modifie son état naturel. Enfin on aura soin de l'adresser promptement au laboratoire où l'on s'empressera de l'éprouver sans attendre que le temps l'altère.

2° Pour hydrotimétrer les sels en bloc, il ne faut qu'un flacon gradué, un hydrotimètre et une bouteille de liqueur de savon. Pour la recherche des différents sels, il est commode d'avoir quatre flacons étiquetés *a b c d*; plus ce qui suit : Un ballon de 100 grammes de capacité en verre avec une ligne marquant le niveau des 100 gr. pour faire bouillir; une lampe à alcool ou un bec de gaz, un support pour tenir le ballon au-dessus de la lampe; un flacon d'oxalate d'ammoniaque; un flacon de chlorure de baryum; un flacon d'azotate d'argent. Ces deux derniers pour le cas seulement où on veut déceler les sulfates et les chlorures.

Si on veut aller hydrotimétrer sur place, le tout est contenu dans une boîte à voyage qui se vend toute prête.

2. Le flacon gradué doit être bien rincé au préalable, avec l'eau qui va être éprouvée afin d'être bien sûr de ne pas ajouter à celle-ci des principes qui lui sont étrangers. Un flacon dans lequel on a précédemment hydrotimétré et qu'on a laissé sécher se trouve souvent garnie à l'intérieur d'une croûte gênante et dont la substance peut même nuire au résultat cherché. Comme cette croûte est insoluble et très-difficile à faire partir, même par le rinçage au plomb, si on ne veut pas être forcé chaque fois d'employer un flacon neuf, on a dû avoir soin à la fin de l'opération précédente de le bien rincer et de le tenir plein d'une eau sinon distillée au moins suffisamment pure. On vide le flacon au moment d'hydrotimétrer, on le laisse un peu sécher et on le rince comme il vient d'être dit avec la même eau qu'on va éprouver.

3° On essaie l'eau envoyée telle qu'elle est comme on peut. Mais comme on est très-gêné dans l'expérience, quand elle est trouble ou contenant des corpuscules, il convient de recommencer l'expérience après avoir filtré l'eau. C'est celle-là qui intéresse puisqu'elle décèle les sels en dissolution. Quant aux matières en suspension dont on s'est débarrassé par le filtrage, on les a sur le filtre et on peut les peser.

4° Le flacon gradué pour l'épreuve étant posé sur une table bien horizontale, on l'emplit d'eau jusqu'à la 4e division marquée 40 centimètres. On se sert, au moins pour terminer l'emplissage à son niveau exacte, d'une pipette avec laquelle on peut ajouter goutte à goutte.

5° On tient le flacon gradué de la main gauche ; l'hydrotimètre, (qu'on a préalablement rempli et posé droit dans un verre), est tenu de la main droite et on verse la liqueur dans l'eau, non de trop haut et en ayant soin qu'elle ne tombe pas sur les parois du flacon et encore moins dans le goulot, mais bien dans l'eau.

6° Un degré correspond à peu près à quatre gouttes. Comme il est rare de rencontrer des eaux marquant moins

Fig. 30.

de 4 à 5 degrés, on peut commencer à verser à plein filet la liqueur; mais il ne faut ensuite verser que goutte à goutte, surtout quand on approche du point de la formation de la mousse.

7° Après avoir introduit les 4 ou 5 premiers degrés de liqueur mettez le bouchon au flacon gradué et secouez vivement celui-ci. Après une nouvelle introduction de liqueur, secouez de même de plus en plus fréquemment à mesure qu'on approche vers le point de la mousse. D'abord il ne se produira tout au plus qu'une légère coloration opaline, ainsi que cette mousse passagère de tout liquide agité où se produisent les bulles d'air; c'est que les sels en dissolution dans l'eau neutralisent la liqueur hydrotimétrique. Vient enfin le moment où cette neutralisation cesse et où apparaît la mousse savoneuse à l'épaisseur voulue de 5 millimètres et qui doit persister 10 minutes environ; il faut s'arrêter là et saisir le moment. Il y a des eaux où le juste degré ayant été dépassé, la mousse persistante ne se reproduit plus après avoir disparu, si ce n'est avec une quantité démesurée de liqueur, et il faut recommencer cette douteuse épreuve.

8° Il faut attendre pour lire le degré sur l'échelle de la burette que la liqueur, qui est assez visqueuse, retombe des parois de la burette et donne le vrai niveau. Si on lisait de suite on pourrait faire erreur de 2 ou 3 degrés surtout quand on a beaucoup versé.

9° Enfin on se rappellera ce qui a été dit sur la nécessité de couper l'eau essayée avec moitié ou trois quarts d'eau distillée dès qu'il y a autre chose qu'une franche teinte opaline, mais qu'il se produit des grumeaux et dans tous les cas quand on est forcé de verser plus de 30 degrés de liqueur.

§ II. **Essai des pierres.**

106. Les pierres, quoique très-variées d'aspect, dureté et durée peuvent se ramener aux 6 types qui suivent.

1° Le calcaire ou chaux carbonatée CaO, CO^2, qui comprend aussi le marbre et la craie, soluble dans les acides avec effervescence; rayé par une pointe d'acier; converti par la calcination en *chaux vive*, précipitable dans les solutions neutres ou alcalines en blanc par l'oxalate d'ammoniaque.

2° Le gypse ou sulfate de chaux CaO', SO^3, comprenant aussi l'albâtre, tendre et rayé par l'ongle; converti par la calcination en plâtre que caractérise la *prise* après délayage à l'eau. Il est très-peu soluble dans l'eau, il l'est davantage dans les acides, mais peu concentrés et sans effervescence.

3° Le quartz, infusible, insoluble, dur, raye le verre

comme le diamant et n'est pas même rayé par une pointe d'acier. Dans cette classe sont le silex, la meulière, le jaspe et l'onyx.

4° Les roches à base d'alumine plus ou moins mélangée de chaux, quartz, sels alcalins ou métalliques, savoir : les argiles, les micas, les asphaltes, les granits, les schistes, gneis, porphyres et leurs nombreuses variantes.

5° Les conglomérats ou poudings, sorte de béton naturel composé de cailloux agglutinés par un ciment siliceux, calcaire, alumineux ou métallique.

6° Les roches volcaniques, laves, basaltes qui sont en général des silicates de chaux insolubles et fusibles.

Les pierres, même la chaux, le quartz et l'argile sont rarement pures; elles sont au contraire de composition très-complexe. Quand les métaux y sont en proportion exploitable, les pierres constituent des minerais.

Les pierres peuvent être considérées dans la pratique, indépendamment de leur aspect et de leur prix de revient, sur trois points de vue qui demandent des essais : la résistance à l'écrasement, la composition et la gelivité.

107. La résistance des pierres à l'écrasement fait dans tous aide-mémoires et traités à l'usage des constructeurs, l'objet de tables où est consignée la résistance à l'écrasement des principaux types de pierres connues, d'après diverses expérimentations. Ces nombres vrais, nous n'en doutons pas, pour les échantillons essayés ne sont que des approximations qui peuvent varier en plus ou en moins suivant les couches, la saison, l'âge de l'extraction et surtout le sens de la pierre éprouvée suivant son *lit de carrière* ou autrement.

Toute pierre de nouvelle carrière, doit donc être éprouvée et dans une carrière il est bon de faire de temps en temps des épreuves. Elles se font en chargeant graduellement un dé bien taillé de la pierre, un décimètre au moins. On le pose sur une base résistante en pierre dure ou en fonte, s'il se peut. On charge directement pendant quelques jours avec de lourds matériaux quelconques préalablement pesés.

On verra à l'article des métaux une machine à essayer qui peut également servir à l'épreuve des pierres.

Suit, à titre d'indication et de moyenne, le tableau de la résistance des *pierres-types*, d'après divers expérimentateurs.

RÉSISTANCE A L'ÉCRASEMENT PAR CENTIMÈTRE CARRÉ DE SURFACE DES PIERRES-TYPES.

Porphyre	4900 kil.
Granit dur	1300
Marbre noir de Flandre	1500
Grès { dur, s'élève jusqu'à	1740
Grès { tendre, s'abaisse jusqu'à	8
Liais de Bagneux	880
Roche de Chatillon	340
Vergelé	60
Brique blanche réfractaire	120
Brique ordinaire vitrifiée	100
Brique rouge ordinaire	60

108. L'analyse des pierres donne leur composition. La chaux, carbonatée ou sulfatée, le quartz et l'alumine ou argile sont les substances principales. Mais il convient de manifester aussi les sels alcalins de soude ou de potasse qui se dissolvent, et le fer qui s'oxyde à la pluie. Il donne à la pierre cette belle couleur bronzée de la Lorraine, mais s'il est en trop forte proportion la pierre se délite à la longue.

Quant à l'eau contenue dans la pierre hygrométrique et gelive, elle sera la matière d'un examen spécial ci-après sur la gelivité.

Comme en toute analyse par voie humide, on commence par le triage de la prise d'essai (38) et par la dissolution, d'abord à l'eau puis à l'acide chlorhydrique. Ayant pulvérisé, porphyrisé même au petit-mortier fig. 31, on opérera sur 10 grammes au plus et sur 5 grammes au moins pesés avec soin si on se propose de doser. Pour une analyse simplement qualitative il n'y aura à supprimer dans ce qui suit que les recueillages et pesées (52 et 55). On appréciera à l'œil les résidus accusant les matières dont se compose la pierre essayée.

Fig. 31.

1° Dissolution à l'eau (19). Elle a pour but de manifester les substances solubles dans l'eau, qui, à l'action de la pluie désagrégeraient à la longue la pierre et seraient un principe de salpêtrage. Ce sont des sels alcalins ou métalliques. Ayant mis dans un verre à pied les 10 grammes de pierre pulvérisée, ajoutez au moins le quadruple d'eau distillée, remuez à plusieurs reprises, laissez digérer au moins 30 minutes, filtrez, séchez le résidu, lequel est la matière insoluble dans l'eau. La différence de sa pesée avec la première pesée sera le dosage des substances que l'eau a dissoute. En évaporant à sec l'eau du filtrage on retrouvera ces matières. Il n'y a pas d'autre moyen pour déterminer la soude (§ 4), mais la potasse (73) peut se précipiter par le bichlorure de platine, ainsi que les sels métalliques par l'ammoniaque sans qu'il soit nécessaire de pratiquer l'évaporation (82).

2° Dissolution à l'acide (27). Ayant mis le résidu du filtrage qui précède dans une capsule de porcelaine, versez peu à peu de l'acide chlorhydrique. Les substances solubles: chaux, alumine, métaux, etc. se séparent de la silice insoluble qui restera en dépôt. Observez la dissolution; si elle se fait avec effervescence, celle-ci due au dégagement de l'acide carbonique chassé, la pierre est en tout ou en partie un carbonate, un calcaire; ajoutez un peu d'acide quand l'effervescence a cessé jusqu'à ce qu'il n'y en ait plus trace. Chauffez alors jusqu'à ce que le résidu non dissous soit décoloré, retirez du feu, étendez d'eau distillée et filtrez.

109. Dans la liqueur sont la chaux, l'alumine et les métaux dissous; sur le filtre reste la silice, les uns et les autres manifestés, caractérisés comme il suit :

1° Le quartz ou silice resté sur le filtre est largement lavé à la pissette d'eau distillée chaude, le filtre est ensuite séché en continuant à chauffer jusqu'à calcination. Pesez directement. Soit cette pesée $p = 1^{g},90$, ce sera directement la proportion de silice dans les 10 grammes, soit 19 pour cent.

La silice devrait être une poudre rugueuse très-blanche après avoir été calcinée au feu. Mais elle a pu rester colorée par du fer ou autres métaux incomplétement dissous. La dissolution à chaud ne suffit pas toujours, et si on veut obtenir de la silice complétement blanche, il faut désagréger (45) au carbonate de soude, ce qui a ici peu d'intérêt et on concluera au rapport sur l'analyse en ces termes : *silice ferrugineuse.*

Le fer à l'état d'oxyde est dans presque toutes les pierres auxquelles il donne des colorations très-variées. Quelques autres métaux peuvent l'accompagner. On verra à l'article des minerais qu'on décèle le fer par la couleur bleu que produit le prussiate de potasse et qu'on le précipite par l'ammoniaque en une sorte de gélatine brune. Mais les autres métaux qui l'accompagnent modifient ces couleurs. Voir n° 143.

2° La chaux est la base des calcaires, et elle est dissoute dans la liqueur du filtrage d'où le fer et la silice viennent d'être éliminés; on la précipite par l'oxalate d'ammoniaque, on la recueille, on la traite et on la dose comme il est dit au n° 69.

3° L'alumine s'est dissoute par l'acide chlorhydrique, à moins qu'elle n'ait été calcinée, ce qui n'est pas probable, si ce n'est dans le cas des briques. Mais l'alumine cristallisée qui forme une si grande variété de substances minérales est également très-peu soluble même par les acides; elle est alors dans le résidu du filtrage avec la silice aux qualités de laquelle elle participe tout à fait dans les constructions. L'alumine dissoute dans la liqueur se précipite par les carbonates de soude, se recueille et se dose comme il est dit au n° 71.

5° L'acide sulfurique est intéressant à manifester et à doser dans l'essai des pierres, car alors elles ne sont plus des carbonates mais des sulfates ; c'est-à-dire des gypses ou pierres à plâtre. On le sait déjà, par les caractères physiques, notamment par l'absence d'effervescence dans la dissolution par l'acide. Mais il importe de compléter l'étude. Disons cependant que dans un véritable calcaire decelé par l'effervescence, il peut exister quelque sulfate métallique ou alcalin. L'acide sulfurique se précipite par les sels de baryte, se recueille et se dose comme il est dit au n° 76.

110. Résumons par un exemple : soit une prise d'essai de pierre $p = 10$ grammes qui a donné à l'analyse les résultats suivants :

	Grammes		pour cent.
1. Substance soluble dans l'eau. . . .	0, 45	soit	4, 50
2. Insoluble silice.	1, 90		19, 00
3. Fer et métaux divers précipités par l'ammoniaque.	0, 03		0, 30
4. Chaux précipitée par l'oxalate d'ammoniaque	6, 20		62, 00
5. Alumine précipitée par le carbonate de soude.	1, 10		11, 00
6. Acide sulfurique précipité par le chlorure de baryum.	0, 02		0, 20
Total.	9, 70		97, 00
Perte et mécompte.	0, 30		3, 00
	10, 00		100, 00

La pierre essayée est donc principalement un calcaire

alumino-siliceux, plus une minime proportion de fer et d'acide sulfurique.

111. *Essai au feu.* Pour contrôler et confirmer l'analyse précédente, on peut calciner dans un creuset ou une capsule (26) la pierre pulvérisée : en la mouillant ensuite on verra si elle se comporte comme le plâtre (prise et pas de bouillonnement); on aura manifesté le gypse. Si ni l'un ni l'autre effet ne se produit et qu'en mouillant on n'obtienne qu'une pâte inerte comme de la poussière de brique, on reconnaîtra l'alumine ou la silice selon le toucher plus ou moins onctueux et la légèreté dans l'eau.

112. *Gelivité.* Une pierre est dite gelive lorsque les gelées d'hiver la font éclater, exfolier, pulvériser. Ce grave défaut tient ou bien à ce que la pierre contient de l'eau, qu'elle est aqueuse; ou bien qu'elle est hygrométrique, c'est-à-dire absorbant l'humidité dans sa structure poreuse à la façon du sucre. Or, il n'y a guère que les murs intérieurs en élévation qui n'aient pas à redouter cette introduction de l'eau dans les pierres.

L'épreuve catégorique de la gelivité d'une pierre serait d'en tailler des dés à *vives arêtes*, de les mouiller largement puis essuyer et de les soumettre à l'épreuve de la glacière. A cet effet on enferme les dés dans un vase de fer blanc, zinc ou cuivre mince, mis lui-même dans une sabotière de bois remplie d'un mélange de deux parties de neige ou glace pilée et trois parties de sel de cuisine bien mélangées ensemble, et laissez une journée dans un endroit frais tel qu'à la cave. Dans le vase de métal sera mis avec la pierre un thermomètre *a minima* pour indiquer à quel degré s'est abaissé la température. En ouvrant finalement la boîte, les dés de pierre, si celle-ci est gelive, auront au moins perdu leur vivacité d'arêtes et les fragments plus ou moins pulvérulents se trouveront au fond de la boîte.

On peut aussi faire l'épreuve à l'aide d'un sel introduit dans les pores de la pierre et qui en cristallisant produit l'effet de la gelée. A cet effet les dés à vives arêtes, ayant été séchés comme il précède sont mis dans un bain d'eau distillée où on a fait dissoudre préalablement *à froid* et *à saturation* du sulfate de soude (sel de Glauber des pharmaciens). On fait bouillir 30 minutes, on laisse refroidir, on retire les dés et on les dispose au-dessus du liquide dans un local frais (la cave), pendant 24 heures; l'eau des dés de pierre s'évapore à l'air, le sel cristallise et forme des efflorescences à la surface. On recommence plusieurs fois à tremper les dés et à les laisser sécher. La pierre gelive si elle n'éclate pas, perd du moins la vivacité de ses arêtes, qui deviennent frustes, et au fond du vase se réunit le fin gravier qui s'en détache. La pierre non gelive conserve au contraire toute sa vivacité d'arêtes.

Ces procédés qui sont les seuls connus sont encore bien insuffisants, car il y a des pierres dont la destruction résistera à plusieurs hivers avant de se détruire par gelivité. La recherche de l'eau par l'analyse directe de la pierre, n'enseignerait rien ; car les pierres hygrométriques peuvent être sèches au jour de l'essai et absorber ensuite de l'eau, et réciproquement il y a des pierres poreuses contenant de l'eau, mais dont les cellules résistent à la gelée, telle que la meulière.

§ III. **Essai du sable.**

113. Dans la construction, pour le ballast des chemins de fer, les sablières de locomotives, le moulage des fonderies, la poterie, etc., il faut des sables appropriés, qu'il ne suffit pas toujours d'apprécier à la vue, au toucher, ni même à l'essai direct, mais dont la composition est utile à connaître.

Le sable n'est qu'une réunion de pierres menues, sa composition peut être très-complexe. Il y a principalement le sable calcaire qui fait boue, qui se vitrifie à la calcination. Il y a d'autre part le sable siliceux ou quartzeux.

Le sable de pure silice, type de Fontainebleau, blanc, rude au toucher, ne salit pas les doigts et il dépolit le verre. Le sable *gras* et plastique des potiers et des fondeurs est une silice argileuse diversement colorée par du fer et autres métaux. Il ne faut pas le confondre avec le sable mouillé qui est plastique aussi, mais qui n'est plus qu'une poudre sans consistance quand il sèche.

Les carrières, la mer, les cours d'eau produisent des sables de toutes les espèces.

Le sable n'étant qu'un cas particulier de la pierre, son essai chimique n'en diffère pas, et il n'y a que quelques observations à ajouter à ce qui est dit au n° 106 et suiv.

Pour la prise d'essai, recueillez sur le sol environ 500 grammes en choisissant un peu partout dans la couche pour avoir une moyenne vraie, évitez les cailloux et les coquillages qui, sauf dans des cas particuliers, ne constituent pas le sable proprement dit et dont on se débarrasse en service par le passage à la claie et même par le tamisage.

Au laboratoire triez la prise d'essai de 5 à 10 grammes suivant l'usage (38).

114. La lévigation sera ensuite une opération préliminaire qui a pour but d'éliminer du sable proprement dit, la boue terreuse et l'argile. Elle dissout aussi les sels solubles et par conséquent ce n'est pas toujours un simple lavage mécanique, mais un traitement par l'eau comme au n° 108.

Mettez dans un grand verre à pied avec beaucoup d'eau, 10 grammes de sable, tel qu'il est donné et *non en le pulvérisant*. Agitez vivement et longtemps, décantez l'eau trouble dans un autre vase, recommencez de même à laver et à décanter jusqu'à complète limpidité de l'eau. C'est le sable lavé ainsi, qui va servir à l'analyse après séchage et pulvérisation.

Les eaux réunies du décantage seront filtrées si on y cherche les sels dissous (73 et 74) qui peuvent s'y trouver. Le résidu resté sur le filtre est la boue calcaire ou argileuse détachée par la lévigation.

Pour doser, séchez le filtre sans calciner et pesez. Soit cette pesée $p = 0^g, 92 = 9, 2$ % du sable donné. Ce sera directement la boue dont un lavage peut débarrasser le sable proprement dit. L'argile est grise, onctueuse et imperméable à l'eau, la boue calcaire est plus blanche et elle a moins de corps. Mais ces caractères sont peu précis car bien des impuretés peuvent modifier l'aspect.

Si on veut exactement déterminer la nature de cette boue on la traitera à l'acide chlorhydrique (108) qui laisse un résidu de silice et dissoudra la chaux, le fer, l'alumine, etc., qu'on précipitera et dosera ensuite comme il est dit au n° 69 et suivant, en un mot on restera dans le cas d'une eau à analyser.

115. L'analyse proprement dite se fera sur 5 à 10 gr. du sable qui vient d'être lavé comme il précède et suivant la méthode n° 108. On pourra se dispenser du traitement à l'eau dont la lévigation vient de tenir lieu. Ayant pulvérisé, on traitera de suite par l'acide chlorhydrique qui séparera la silice insoluble des substances solubles et aptes à être précipitées, lesquelles sont principalement le fer, la chaux et l'alumine comme dans l'analyse des pierres au § 11.

§ IV. Essai de la chaux vive.

116. La chaux vive servant à faire les mortiers, se distingue dans les applications en *chaux grasse* et en *chaux maigre* qui est généralement *hydraulique*, c'est-à-dire ayant la propriété de durcir plus ou moins vite quoique immergée dans l'eau.

L'une et l'autre chaux sont des calcaires ou carbonates de chaux cuits dans une sorte de haut-fourneau où ils perdent leur eau et leur acide carbonique, dont ils sont néanmoins si avides qu'ils les reprennent dans l'atmosphère. En les mouillant avec de l'eau en suffisance on a la *chaux éteinte* qui fait pâte pour les usages voulus. C'est alors un hydrate de chaux.

Les chaux grasses sont les plus pures; à l'extinctlon par l'eau pour en faire la pâte à bâtir, elles doublent le volume, ce qu'on appelle foisonner, et elles développent une chaleur qui, avec l'eau en proportion de moitié s'élève jusqu'à 400 degrés centigrades.

Les chaux hydrauliques et maigres foisonnent et s'échauffent moins. Elles proviennent de calcaires impurs dont l'argile ou alumine est le plus important des éléments ajoutés à la chaux. La chaux hydraulique par excellence est un calcaire argileux ou argilo-siliceux. Elle durcit dans l'eau en un temps qui varie de 8 à 20 jours.

Si toutes les chaux pures sont grasses, toutes les chaux impures ne sont pas nécessairement hydrauliques; mais elles sont maigres, font mal la pâte et la prise même dans les ouvrages montés. Il y a les chaux vieilles et mal conservées qui ont repris de l'eau et de l'acide carbonique et qui sont revenues pour ainsi dire à leur état premier de calcaire. Enfin il y a les chaux contenant des sels solubles qui, avec le temps s'amollissent et se désagrègent.

La chaux doit donc être éprouvée avec beaucoup de soin par des essais directs analogues aux données de leur emploi et par des essais chimiques décelant la composition.

117. Les épreuves directes sont bien connues dans tous les chantiers. Elles consistent à employer la chaux pure ou mélangée dans des conditions analogues à celles de leur emploi en service courant. La principale épreuve concerne la chaux hydraulique dont on fait des boules pétries soit seules, soit avec du mortier ou du ciment. On les immerge dans l'eau. La meilleure chaux hydraulique est durcie au moins en 8 jours. Une chaux qui ne durcit pas en 15 à 20 jours n'est pas considérée comme hydraulique. On ne connaît pas d'épreuve expéditive.

118. L'essai chimique de la chaux nous oblige à rappeler que la chaux pure est blanche, amorphe, caustique, infusible, soluble dans les acides, insoluble dans l'eau, si ce n'est par l'intervention de l'acide carbonique libre. La chaux est ce qu'on appelle un alcali terreux qui ramène au bleu la teinture de tournesol rougi par un acide. Les principaux corps étrangers unis dans la nature au calcaire sont l'argile ou alumine, la silice ou quartz, la magnésie, le fer, le manganèse, quelquefois le bitume (chaux bitumifère) et l'hydrogène sulfuré (calcaire fétide). Quant aux formes du calcaire que l'on cuit pour faire de la chaux vive, elles sont très-nombreuses depuis le spathe cristallisé jusqu'au marbre et à la craie.

L'analyse de la chaux rentre dans le cas général de l'essai des pierres (108). Ayant trié et préparé la prise d'essai de 5 à 10 grammes, on la traitera d'abord à l'eau pour déceler les sels alcalins de potasse et de soude (73 et 74). On traitera ensuite à l'acide chlorhydrique pour dissoudre et séparer la silice insoluble; puis on précipitera le fer, la chaux, la magnésie et l'alumine comme au nº 108.

§ V. Essai des combustibles.

119. Le bois, le charbon, la houille, l'anthracite, les lignites, la tourbe, le tan, le coke et les agglomérés artificiels se composent de trois classes de corps : 1º du carbone; 2º des matières terreuses, inertes et incombustibles qui constituent la cendre; 3º des matières volatiles dont les principales sont l'hydrogène qui est combustible, l'oxygène non combustible, mais activant la combustion; enfin l'azote qui éteint. Les combustibles contiennent en outre du fer et du soufre, non libres mais à l'état de sulfure de fer ou de sulfate de chaux.

Ces corps développent dans la combustion des produits complexes, dont les principaux sont l'eau, l'ammoniaque,

$Az H^3$, l'hydrogène libre H, l'acide sulfureux SO^2 gaz destructeur des chaudières, l'acide carbonique CO^2, l'oxyde de carbone CO et le goudron ou bitume, substance huileuse et collante composée de carbone et d'hydrogène.

Dans les agglomérés artificiels faits avec la poussière de mines et de magasin on introduit en proportion moyenne 10 % de goudron proprement dit qu'on retrouve et qu'on dose en dissolvant au sulfure de carbone. Dans la houille et autres combustibles naturels il y a, non pas existence mais formation de goudron; non pas dans tous, mais dans ceux qui composent la classe des *charbons gras*, collant au feu, brûlant avec une longue et chaude flamme très-fumeuse. Les charbons maigres ne distillent pas de goudron, mais ils peuvent être riches en hydrogène et en oxygène et bruler avec une flamme longue, brillante, chaude et ils font peu de fumée. Ces caractères sont ceux du charbon de Charleroi, de Cardiff et de ces variétés dites en Angleterre cannel-coals. Le Mons-l'Anzin et le Saint-Étienne, sont les types du charbon gras recherchés pour le gaz et pour les forges, mais moins estimés pour les foyers, où il faut continuellement ringarder pour briser la masse, ce qui est laborieux et cause du déchet.

Un combustible a d'autant plus de puissance calorifique qu'il a plus de carbone et d'hydrogène, et qu'il rend moins de cendre inerte. L'essai d'un combustible comprend donc : 1° le dosage des cendres et la constatation de leur nature; 2° le dosage des matières volatiles et du coke produit; 3° l'épreuve du pouvoir calorifique; 4° le dosage du soufre si redouté dans les chaudières et la métallurgie; 5° le dosage du fer qui est parfois si abondant qu'il constitue le minerai si recherché dit fer carbonaté des houillères; 6° le dosage du goudron dans les agglomérés artificiels.

120. *Dosage des cendres.* Ayant recueilli, trié et pulvé-

risé la prise d'essai de 2 à 5 grammes, comme il est dit au n° 38, de manière à représenter la vraie qualité moyenne, on procède à l'incinération dans une capsule mise dans la moufle du fourneau d'essayage. La capsule est peu profonde et le combustible y est étalé en surface très-mince sinon, il faut remuer, ou bien l'incinération se fait mal. On incinère suffisamment dans des capsules ordinaires en porcelaine, mais elles sont trop fragiles. On se sert de capsules en platine ou même simplement en cuivre ou en fer. La dimension pour 5 grammes est de 20 à 24 centimètres carrés de surface sur 8 à 10 millimètres de profondeur. La moufle du fourneau est chauffée seulement au rouge naissant pour qu'il n'y ait pas à la surface du combustible incinéré une vitrification de la cendre qui emprisonnerait le charbon; enfin la moufle reste librement ouverte pour que l'air vienne brûler le carbone, mais sans qu'un trop vif courant enlève la cendre formée laquelle est très-légère.

L'incinération est achevée quand on n'aperçoit plus aucune parcelle charbonneuse. Il ne reste plus qu'à peser le contenu de la capsule qui est la cendre demandée; pesez de suite car la cendre est hygrométrique, et si elle s'imprégne d'humidité il y aura excès de poids. La différence avec la première pesée est le combustible volatilisé. Ainsi soit une pesée primitive $p = 2$ grammes, un poids de cendre $p' = 0^{g}140$. Le combustible auquel il s'applique donne un rendement de cendre $c = \frac{100 \times p'}{p}$ $= \frac{100 \times 0,140}{2} = 7\,\%$, et il y a 93 % de matières volatilisées y compris le carbone qui au contact de l'air s'est dégagé en acide carbonique.

121. Dans les grands services industriels la qualité du combustible a une telle importance économique qu'on prescrit au fournisseur un maximum de rendement de cendre au-dessous ou au-dessus duquel il y a prime ou

retenue. Les fournisseurs sont ainsi obligés de livrer des houilles bien choisies, bien abattues dans la mine, sans schiste; des cokes ou des agglomérés artificiels avec des poussières bien lavées. Sur un chemin de fer français, on livrait primitivement des cokes avec la proportion inacceptable de 15 pour cent de cendre; ils sont arrivés couramment au maximum de 8 pour cent qui est généralement la moyenne admise comme limite pratique entre la bonification et la retenue. Cette moyenne s'applique à la houille en gaillette, au coke de qualité ordinaire, au tan, à la tourbe, aux briquettes d'agglomérés.

Les poussières et même le tout-venant ne peuvent guère être garantis avec moins de 10 à 12 pour cent de cendres, la houille de choix en roche ou pera, l'anthracite, le coke de premier choix ne doivent pas rendre plus de 6 % de cendre, le bois et son charbon en donnent à peine 3 %.

Le service des incinérations est généralement organisé comme il suit : 1° sur chaque livraison de 20 tonnes (2 wagons), on prend un échantillon représentant la quantité moyenne en présence du fournisseur ou de son agent. On pile et on trie comme il est dit au n° 38, et on fait trois paquets : le fournisseur en garde un, le laboratoire de la compagnie expérimente sur le deuxième et le troisième reste cacheté pour servir à une nouvelle épreuve contradictoire et décisive en cas de contestation.

2° Les incinérations se font sur 2 ou 5 grammes suivant la dimension des capsules dont on cherche à mettre le plus grand nombre possible dans la moufle d'un fourneau moyen. Dans des capsules plates en platine ayant 50 millimètres sur 30 et 10 de profondeur, on incinère aisément en 2 heures 2 grammes de houille, briquette ou coke pulvérisé et on en met 10 à 12 dans la moufle n° 5, qui est longue de 180 millimètres sur 110 de large.

3° Un grand service qui consomme 10,000 tonnes de combustible par mois, n'a pas moins de 500 incinérations correspondantes, soit plus de 20 par jour et 40 pesées, y compris celles qu'on fait en double épreuve et qu'on recommence en cas de doute ou d'accident.

Il importe donc d'organiser les broyages, pesées et combustion en vue de méthodes expéditives et courantes. A cet égard chaque praticien intelligent prend facilement ses habitudes. Pour la rapidité des pesées il faudrait un petit instrument spécial de la nature des *romaines* donnant sur un limbe le calcul tout fait du rapport pour cent. Pour l'incinération il y à beaucoup mieux que le fourneau à moufle ordinaire. Parmi les appareils Wisneg relatés au n° 37, il y a des moufles à gaz de grande dimension très-bien appropriées au service courant des incinérations dans les grandes compagnies.

Nous nous sommes servis nous-mêmes durant de longues années d'un fourneau au coke, consistant en deux moufles plates superposées, revenant à une seule moufle à deux étages, elles étaient ouvertes aux deux bouts et traversaient de part en part un fourneau rectangulaire sur les parois parallèles duquel elles posaient par leurs extrémités sans avoir besoin d'autre soutient. On y incinérait à la fois en 2 heures 32 capsules de 55 millimètres sur 35, les moufles ayant 320 millimètres de long 140 de large et 50 de haut. Nous avions demandé ces moufles en terre réfractaire au premier potier venu qui nous les fournissait sans difficulté et nous avions fait nous-mêmes le fourneau avec un cent de briques réfractaires ordinaires posées à plat et enchevêtrées de manière à croiser les joints; sur une plaque de tôle servant de base s'élevaient les assises. Le dessus était couvert tout simplement par une caisse en tôle remplie de sable lavé qui nous servait de bain de sable toujours prêt pour le service du laboratoire; deux paires de tirants reliant les tôles du haut et du bas consolidaient tout le système.

122. Les feuilles ou états des incinérations périodiques résument les travaux du laboratoire et servent à régler

le compte des primes et amendes convenues avec le fournisseur pour assurer les bonnes livraisons. Ces feuilles indiquent dans des colonnes, le montant des livraisons correspondant à la prise d'essai, le rendement de cendre de celle-ci et le rapport calculé pour cent. Soit a le tonnage de combustible livré, c le rendement total de cendre qui lui correspond. On aura la moyenne de cendre x par la proportion $x = \frac{100 \times c}{a}$. Voir au chapitre final un modèle du tableau F qu'on a rédigé d'après ces données pour établir le compte du fournisseur, avec la supposition que l'allocation de cendre sera de 7,5 %, et qu'il y aura 50 centimes soit de prime par dixième en moins, soit de retenue par dixième en plus et par tonnes fournies.

123. 2. *Dosage des matières volatiles et du coke.* Le carbone peut être considéré comme une matière volatile puisqu'en brulant à l'air il se convertit et se dégage en acide carbonique gazeux. Mais il s'agit ici de l'hydrogène et autres gaz qui se dégagent de suite à la chaleur avec flamme et plus ou moins de fumée, et ne laissant plus après leur élimination qu'une substance dure, compacte, parfois douée d'éclat métallique appelée coke ou charbon, qui serait du carbone pur s'il ne restait la cendre avec lui.

Pour éliminer les matières volatiles et laisser le coke fixe, on met 10 ou 20 grammes de combustible pulvérisé dans un petit creuset de platine ou même si on n'en veut pas faire la dépense dans un creuset de terre cuite préalablement portée au rouge dans la moufle. Le creuset est d'abord bien taré avec son contenu; on le couvre avec un couvercle non hermétique, mais lourd; par exemple un petit disque de fer percé d'un trou central par lequel les gaz se dégagent, s'allument et flambent comme une petite lampe avec plus ou moins de fumée.

Le creuset ainsi préparé est mis dans la moufle chauffée à blanc du fourneau. Bientôt la combustion des gaz commencent. Aussitôt que la flamme a cessé, l'opération est finie, on retire le creuset, on laisse refroidir sans enlever le couvercle; revenant à la balance où on a conservé la tare, on rétablit l'équilibre en mettant les poids voulus du côté du creuset; ils sont la mesure des gaz demandés qui sont volatilisés. Dans le creuset reste le charbon ou coke; s'il apparaissait plus ou moins couvert d'une couche de cendre, on reconnaîtrait qu'on a trop prolongé la distillation des gaz et qu'on a brûlé avec eux indûment une partie du carbone fixe qui se traduit en excès de poids au compte des matières volatiles cherchées. La recherche de leur nature n'a d'intérêt que dans les fabriques de gaz, car c'est en partie de l'hydrogène, dont le dosage réel présente des difficultés; une partie de l'hydrogène dégagé a dû former de l'ammoniaque, AzH et de l'eau HO.

Le résidu dans le creuset est le carbone pur, plus la cendre; en incinérant le coke, on dose par différence le carbone pur, et c'est ce qu'on fait quand on pratique à proprement parler une analyse de combustible.

La nature du coke varie suivant le combustible essayé. Celui des bonnes houilles au moins demi grasses est boursoufflé, dense et pris en masse dure, sonore avec aspect d'acier mat. Les combustibles maigres donnent un coke noir, terne, friable ou pulvérulent; il trahit un mauvais combustible qui s'émiétera dans le foyer.

Ce coke étant hygrométrique, non-seulement quand on le dose il ne faut pas l'éteindre et le rafraîchir avec l'eau; mais il faut faire la pesée de suite quand il est encore chaud après la sortie de la moufle. Soit $p = 0^{g},5$, la perte du poids et soit $p = 10$ grammes la pesée originaire de la prise d'essai. La quantité de matières volatiles sera donnée par la proportion $p : 100 :: p = x$, d'où on a les matières volatiles $x = \frac{100 \times p}{p} = \frac{100 \times 0,5}{10} = 5\ \%$.

La matière fixe coke et cendre $= 100 - 5 = 95\ \%$.

Si maintenant on incinère ce coke comme il précède et

qu'on trouve un rendement de 6 %. L'analyse complète de l'échantillon se résume ainsi :

Matières volatiles	5 %
Cendres.	6
Carbone = 95-6 = ...	89

124. La manière dont on procède dans cet *essai pour coke* a sur celui-ci une grande importance, il faut donc adopter une méthode fixe et convenue. On obtient un coke beaucoup mieux pris et un rendement de matières volatiles moindre, quand on chauffe brusquement à feu très-vif, surtout au creuset en platine fermé, le combustible ayant été comprimé. Si on chauffe progressivement et insuffisamment, surtout en épais creuset de terre, le coke est moins bien pris et la perte en matières volatiles est plus grande. A ce principe, formulé par M. l'ingénieur belge Havrez, il a ajouté cet autre, d'accord avec M. Reignaut, Grüner, etc., que le pouvoir calorifique des combustibles est en raison inverse de leur rendement de matières volatiles et en raison directe du rendement de coke, déduction faite des cendres.

En effet les matières volatiles ne se composent pas que d'hydrogène dont la proportion n'excède généralement pas 5 %, si ce n'est dans ceux très-riches que recherchent les fabriques de gaz. Il y a aussi pour une grosse part l'oxygène, simple activant de la combustion et l'azote qui lui est contraire, et dont la combinaison absorbent de la chaleur.

Dans les grands services où l'on s'attache à contrôler les qualité et quantité des combustibles, leur essai au point de vue du coke et du rendement de matières volatiles, est une opération courante qui marche de pair avec le service des incinérations. Toutes les semaines on la pratique, et la prise d'essai est faite en empruntant chaque jour une pincée à chaque paquet d'incinération ouvert. On les réunit dans un bocal à bouchon jusqu'au jour où, ayant ainsi peu à peu les 10 grammes de la prise d'essai, on procède à l'épreuve du coke comme il vient d'être dit.

Quand il s'agit d'un échantillon à étudier, on casse et on trie la prise d'essai comme au n° 30.

125. *Analyse des cendres.* Celles du charbon de bois sont composées de sels alcalins, soude et potasse solubles dans l'eau et en outre de chaux, magnésie et silice. Les cendres de combustibles minéraux n'ont pas de sels alcalins appréciables et elles sont composées de chaux, d'alumine, de silice, auxquelles se joint l'oxyde de fer.

Les cendres ne sont en résumé qu'une pierre pulvérulente et leur analyse est la même qu'au n° 106, sauf que l'alumine est calcinée et qu'elle est passée dans la classe des substances insolubles.

Il n'y a pas d'opération préliminaire ici, puisque la matière à analyser est donnée à l'état de division voulue ; il suffira de suite de traiter les 5 ou 10 grammes d'essai, d'abord à l'eau puis à l'acide pour dissoudre et ensuite précipiter chaque substance.

Les cendres de combustible minéral n'auront guère à être traitées à l'eau, puisqu'elles manquent des sels alcalins et on les attaquera de suite à l'acide.

Pour le traitement à l'eau, si on le pratique, ayant mis en un verre à pied la prise d'essai de cendre, ajoutez environ quatre fois son poids d'eau distillée ; agitez (52) et lavez le filtre à l'eau distillée. Sur le filtre restent les substances insolubles. Les sels alcalins solubles sont dissous dans l'eau du filtrage.

Séchez le filtre et son contenu sans calciner, et pesez. Soit le résidu $p' = 9^{g},45$ et soit $p = 10$ grammes, la pesée primitive de cendre. La différence $p - p' = 10 - 9,45 = 0^{g}55$, sera la proportion des sels alcalins solubles. Soit 5,50 %.

On s'en tient généralement là, car ces sels alcalins ne peuvent être que soude ou potasse et probablement l'un et l'autre. S'il y a nécessité de les manifester et de les doser, on les trouvera dans l'eau du filtrage. Comme elle est très-diluée on la concentrera environ de moitié en chauffant au bain de sable dans une capsule de porcelaine. Alors cette eau sera très-sensiblement alcaline au papier de tournesol, au curcuma, à la violette, etc. On précipitera dans des prises de liqueurs distinctes :

1° La potasse par le bichlorure de platine. Voir n° 73.

2° L'acide sulfurique par le chlorure de baryum, et l'on saura ainsi que les sels alcalins de la cendre sont en tout ou en partie des sulfates. Voir n° 76.

3° Par quelques gouttes d'acide versées dans cette même eau concentrée du filtrage, on reconnaîtra en cas d'effervescence que les sels alcalins sont à l'état de carbonate. Voir n° 69.

4° La soude n'ayant pas de précipitant, on la retrouvera toujours sous forme de résidu en évaporant à siccité, n° 74. Mais on concluera nécessairement à sa présence si on n'a pas trouvé de potasse.

126. Pour le traitement à l'acide, ayant remis dans une capsule de porcelaine le résidu recueilli sur le filtre, versez une quantité à peu près égale d'acide chlorhydrique avec les précautions ordinaires (69) contre l'effervescence qui décèlera les carbonates, chauffez au bain de sable pour aider la dissolution, ajoutez de l'eau distillée, filtrez (52), lavez le filtre.

Il a gardé les substances insolubles à l'état de poudre blanche ; ce sont la silice ainsi que l'alumine ou argile, laquelle ayant été calcinée par l'incinération n'est plus soluble même par les acides. Le toucher indique déjà laquelle de ces deux substances (72) a donné la cendre : la silice est rude, graveleuse et ne salit pas les doigts, l'alumine ou argile est plastique, onctueuse, boueuse, imperméable à l'eau.

Pour distinguer la silice et l'argile en mélange un procédé chimique est difficile, mais il y a le moyen mécanique qui a servi à la lévigation du sable au n° 114. Délayez le résidu en un verre à pied avec beaucoup d'eau ordinaire, agitez vivement : l'argile restera en suspension dans l'eau qu'elle troublera, ayant attendu une ou deux minutes pour que le sable plus lourd se dépose, on décantera l'eau argileuse dans un autre verre. On recommencera ainsi à laver et à décanter jusqu'à ce que l'eau ne soit plus trouble d'argile. On laissera déposer l'argile dans l'eau des décantages, et on aura ainsi d'une part la silice et de l'autre l'argile avec une approximation suffisante en pratique. Étant recueillis et séchés on les pèsera directement. Soit la silice $s = 5^g,20$ et l'argile $a = 1^g,20$, telles seraient les quantités correspondantes aux 10 grammes de cendres essayée; soit 52 % de silice et 12 % d'alumine.

Dans l'eau du filtrage sont en dissolution.

1° L'oxyde de fer à précipiter par l'ammoniaque, si l'eau colorée en jaune montre qu'il y a suffisance de fer pour un dosage; sinon se contenter de le déceler par le prussiate jaune de potasse qui bleuira la liqueur. Voir n° 78.

2° La chaux précipitée par l'oxalate d'ammoniaque, n° 69. L'effervescence dans la dissolution a manifesté, si elle est à l'état de carbonate.

3° L'acide sulfurique précipitant par le chlorure de baryum, indiquera que la chaux dissoute était dans la cendre à l'état de sulfate. Voir n° 76.

127. *Dosage de l'eau des combustibles humides.* Les combustibles tels que le coke et la tourbe sont indûment livrés avec une quantité d'eau dont il importe de se rendre compte, car elle ajoute du poids qu'il ne faut pas payer comme combustible utile et elle nuit dans certaine mesure à la combustion. Le coke éteint à l'eau après la cuisson, la tourbe séchée en tas en plein air, retiennent une notable quantité d'eau ; fussent-ils absolument secs en sortant des mains du fournisseur, ils sont d'autant plus hygrométriques qu'ils sont plus poreux et plus abon-

dants en cendre. L'humidité de l'air et surtout la pluie les saturent d'une quantité d'eau qui peut doubler le poids. Une épreuve de dosage est donc nécessaire ainsi qu'il suit :

1° Aussitôt l'échantillon reçu au laboratoire, pilez rapidement au mortier de fonte en menus morceaux plutôt qu'en poudre et ne tamisez pas ; pesez au moins 20 gr. dans une capsule tarée et mettez à dessiccation dans l'étuve ou au bain de sable en remuant fréquemment à la baguette de verre. Quand la dessiccation paraît suffisante, faites de nouveau la pesée, sa différence avec la première sera la valeur de l'eau cherchée. Ayez soin dans cette opération de ne pas exagérer la dessiccation afin de ne pas volatiliser autre chose que l'eau. Il est à propos de la faire en double épreuve, car elle est de celles qui peuven faire conclure à l'accusation d'une fraude.

128. *Dosage du fer.* Le fer est dans les combustible parfois en proportion si considérable qu'il ne constitue rien moins qu'un minerai. Il y a le fer carbonaté des houillères en rognons isolés ou en veine qui a l'aspect de la houille mais s'en distingue par son poids. Il y a aussi le sulfure de fer ou pyrite qui fait refuser la houille quand il abonde, mais qui n'est guère qu'isolé en cristaux ou en paillettes brillantes comme l'or.

Le fer se retrouve dans les cendres qu'il rougit, mais on peut le rechercher sans passer par l'incinération dans le fer lui-même. Traitez la prise d'essai, 5 ou 10 grammes de combustible pulvérisé par l'acide chlorhydrique, faites bouillir au bain de sable, laissez digérer, étendez d'eau, filtrez. Dans l'eau du filtrage qui sera colorée en jaune, précipitez le fer par l'ammoniaque comme s'il s'agissait d'un minerai. Voir nos 78 et 140.

129. *Dosage du soufre.* Il n'y a pas de soufre dans le bois et son charbon. Les combustibles minéraux contiennent au contraire fréquemment du soufre non libre, mais à l'état de sulfate de chaux ou de sulfure de fer dit

pyrite qui est très-redouté. Les pyrites se décomposent avec chaleur et déterminent des incendies spontanés dans les amas. Des steamers ont ainsi péri par le feu allumé dans les soutes. Par la combustion dans les foyers, le soufre engendre de l'acide sulfureux destructeur des chaudières. Enfin le soufre est l'ennemi de la sidérurgie, au moins jusqu'à nouvel ordre.

Le soufre n'est pas toujours visible à l'état de pyrite brillante comme l'or; il y a des combustibles dont rien ne montre l'état sulfureux, il importe donc de s'en assurer par l'analyse. Ayant recueilli la prise d'essai parmi les échantillons qui ne présente pas de paillettes de pyrite, on casse, on trie, on pulvérise à l'ordinaire comme au n° 38.

Il s'agit maintenant d'attaquer cette houille sulfureuse et de donner par elle naissance à de l'acide sulfurique qu'on précipitera par le chlorure de baryum à l'état de sulfate de baryte d'où on déduira par le calcul le soufre qui a été emprunté au combustible. Mais cette opération si simple en principe est très-difficile en pratique. Parmi les méthodes connues, la plus facile mais non la plus expéditive est celle de l'acide nitrique concentré et bouillant, dit acide nitrique fumant. Dans une capsule de porcelaine on met la prise d'essai de combustible porphyrisé au petit mortier voir n° 39, et l'ayant mis sous la hotte dans le bain de sable, on versera l'acide pur et bien exempt d'acide sulfurique, ce dont on s'assure en l'essayant par quelques gouttes de chlorure de baryum qui ne doit produire aucun trouble. On fait bouillir, puis on laisse digérer deux heures en couvrant la capsule avec une plaque de verre comme en la figure ci-dessus. On étend alors d'eau distillée, on filtre et dans cette eau du filtrage où est passé

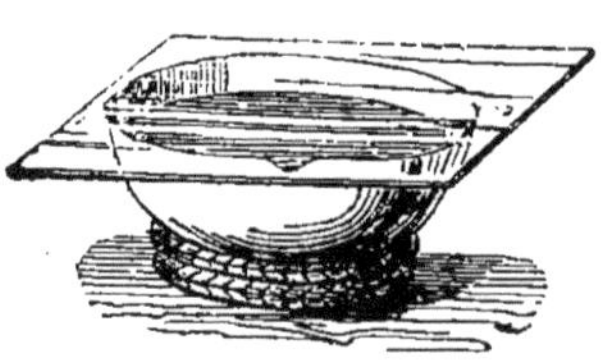

Fig. 31.

le soufre à l'état d'acide sulfurique, on le précipite comme à l'ordinaire par le chlorure de baryum. Dans ce précipité de sulfate de baryte il y a 13,7 pour cent de soufre. Il suffit donc de multiplier le poids p du précipité recueilli par ce nombre et le produit $s = p \times 0,137$ sera le soufre demandé qui se trouvait dans le combustible. Nous observerons néanmoins que cette dissolution est si difficile qu'il se peut que tout le soufre ne se soit pas transformé en acide sulfurique, le résultat est donc au moins un minimum.

130. *Essai du pouvoir calorifique.* La richesse d'un combustible en carbone et en hydrogène volatile et le faible rendement de cendre sont la mesure de son pouvoir calorifique. Le carbone pur bien brûlé fournit par kilogramme 6.000 calories et l'hydrogène 30,000 calories; mais on a vu que les matières volatiles ne sont pas que de l'hydrogène et que l'acide sulfureux, l'ammoniaque et l'azote nuisent à la combustion. D'autre part le carbone peut mal brûler, par exemple s'il est trop gras ou trop pulvérulent, ou bien encore donnant du mâchefer par la fusion de la cendre, il intercepte le passage de l'air par la grille. Il importe donc d'étudier comment un combustible qu'on veut approvisionner se comporte au foyer et quel est son pouvoir calorifique absolu.

Les calorimètres sont de magnifiques instruments très-dispendieux qui ne se trouvent que dans les laboratoires de premier ordre. Mais quiconque possède une chaudière à vapeur peut aisément éprouver le pouvoir calorifique du combustible évalué en litres d'eau vaporisée par heure et par kilogramme de combustible. Ce n'est évidemment pas une expérience absolument vraie comme avec l'instrument de laboratoire dit calorimètre; car il y a des chaudières plus favorables que d'autres à la production de la vapeur et à la bonne utilisation du combustible. Mais étant donnée une chaudière quelconque dans des conditions déterminées de service; les résultats obtenus sur les combustibles essayés à circonstances égales auront une vérité relative suffisante pour la pratique. Ce qui importe est que la chaudière soit préparée et bien réglée en vue de cette identité des conditions.

131. A cet effet : 1° videz le cendrier, nettoyez la grille, les tubes ou carneaux et la cheminée, évacuez l'eau vaseuse de la chaudière et enlevez le tartre. La machine qu'alimente le générateur doit être également nettoyée et réglée. Si on voulait mesurer la consommation de combustible par unité de travail effectué tels que le kilogramètre ou la force du cheval, on aurait bien d'autres dispositions à prendre pour être certain de la quantité de travail produit. La plus catégorique serait l'application du dynamomètre ou de l'instrument classique dit frein de Prony sur le volant de la machine, comme il se pratique dans les expertises, au lieu de lui faire actionner l'usine.

Mais ce trouble du service courant de l'usine n'est pas nécessaire pour l'expérience simplement calorimétrique dont il s'agit. Rien n'est à changer dans le travail courant, il n'y a d'ajouté que le mesurage d'eau et de combustible, plus un grand soin dans la conduite égale du feu dans le foyer.

2° Pour le mesurage de l'eau vaporisée par la chaudière, on installe près d'elle un réservoir, un simple tonneau faute de mieux, un thermomètre y plonge pour faire régler la température de l'eau qui doit être uniforme. L'appareil alimentaire de la chaudière a sa prise dans ce bassin.

L'auge est mesurée, soit qu'on l'emplisse à bras avec un seau jaugé, soit qu'un robinet y déverse, en observant l'étiage avec une règle graduée en litre par chaque centimètre de niveau.

3° Pour le mesurage du combustible remis au chauffeur, on apporte une bascule à peser et des paniers, dont on verse à chaque heure un nombre donné près de la porte du foyer. Tous ces préparatifs étant faits la veille, on allume à la première heure, on monte en pression et on essaie la mise en train en brûlant le combustible à essayer au moins dans la dernière période, mais sans rien enregistrer encore.

4° Tout étant prêt pour l'expérience dans l'atelier, dans son outillage, dans le moteur et dans la chaudière. On pique le feu, on estime ce qu'il y a de combustible enflammé sur la grille pour avoir état pareil à la fin de l'épreuve. On vide le cendrier, on note la pression et le niveau d'eau dans son tube. Ils doivent l'un et l'autre être maintenus constants durant toute l'épreuve. On remet au chauffeur le combustible d'essai en l'avertissant de ne changer ses habitudes qu'en cas de nécessité absolue et de faire constater toutes les circonstances qui se présentent. C'est alors que l'expérience commence et se poursuit pendant 10 heures, en touchant au feu le moins possible, en ne ringardant que lorsqu'il est indispensable, en chargeant avec méthode et en notant toutes les circonstances de l'épreuve, notamment l'émission de fumée par la cheminée.

5° En touchant à la fin de l'opération on a soin de charger et de faire jouer la pompe alimentaire de façon à avoir dans la chaudière le niveau d'eau et dans le foyer, la pression de vapeur et la quantité sensible de combustible qui ont été constatés au début.

6° On résume alors la quantité d'eau dépensée, la quantité de combustible brulé, la quantité de cendre et de mâchefer recueillis et mis de côté à la suite des ringardages, on déduit la consommation moyenne par heure, et le rapport résumant l'expérience aura lieu de cette façon.

La machine ayant pendant 10 heures effectué son travail courant et sans incident, la consommation a été comme il suit :

Eau consommée 7840^k.
Houille consommée 1245^k.

Soit par heure. Eau consommée $\frac{7810}{10} = 784^k$.

Soit par heure. Houille consommée $\frac{1245}{10} = 124^k\ 45$.

Eau consommée par kilogramme de houille $\frac{7840}{1245} = 6^k30$

Cendre recueillie 6 kil, soit $\frac{65 \times 100}{1245} = 5{,}22\ \%$ de la houille consommée.

Pour être concluants, ces résultats seront comparés avec ceux du service ordinaire. Les données suivantes généralement admises dans l'industrie, serviront également de point de départ.

1 kil. de houille vaporise en bonnes conditions 6 litres d'eau.

1 cheval-vapeur de 75^{km} consomme :	Bonne machine à condensation. . . $1^k\ 20$	de houille.
	Médiocre machine sans condensation $3^k\ 00$	

Rendement de cendre d'une bonne houille en gaillette 5 %.

L'essai ci-dessus ferait donc conclure à une bonne houille moyenne.

§ VI. **Essais des métaux.**

1° DES MÉTAUX EN GÉNÉRAL.

132. Les métaux dont l'épreuve de réception va suivre sont le fer, en barre et en feuille, la fonte, l'acier, le cuivre, le plomb, le zinc, l'étain et les alliages usuels, savoir : le bronze, le laiton et l'alliage blanc de régule. Dans les constructions il importe bien plus de savoir comment une pièce se tient en service que de savoir avec quoi elle se compose. L'épreuve mécanique est donc la première à faire. Mais la composition est utile aussi à con-

naître, car elle est souvent une des conditions *à priori* d'un bon service courant qui ne s'apprécie qu'à la longue. On sait par exemple que le cuivre arseniaté se détruira ; que mal composés un laiton s'égrainera, un bronze s'écrasera ; que le phosphore, le silicium, le carbone, etc., donnent aux métaux des propriétés déterminées ; que des négociants malhonnêtes vendent du cuivre, des étains, des plombs fraudés par des métaux d'un moindre prix. L'épreuve mécanique et l'essai chimique ont donc une égale importance dans la réception.

L'essai chimique des métaux est une étude de haute science quand il s'agit de doser les millièmes de corps étrangers qu'ils peuvent contenir. Mais l'épreuve industrielle courante n'est pas difficile et elle est une des plus intéressantes. Deux cas peuvent se présenter : 1° Reconnaître si un métal est sensiblement pur ou s'il contient certaines substances supposées ; 2° décomposer un alliage de plusieurs métaux. Tant qu'on s'en tient aux substances ordinaires qu'on rencontre plus ou moins ensemble en doses appréciables, il suffit d'appliquer la méthode décèlant chaque substance par son réactif propre, et de bien connaître les propriétés de chaque métal ou substance. Après les avoir spécifiées pour le fer. le cuivre, le plomb, le zinc, l'étain et l'antimoine, nous nous occuperons du soufre, de l'arsenic, du phosphore et du carbone qui ont une si grande influence dans la métallurgie.

Dans l'essai mécanique sont caractéristiques : 1° la nuance et l'aspect extérieur après avoir, s'il est besoin, nettoyé, décapé et poli ; 2° la cassure fraîche, son grain, son éclat, sa couleur ; 3° la dureté à la rayure qui se fait depuis l'ongle jusqu'à la pointe d'acier ; 4° la densité spécifique ; 5° la résistance à la déformation et à la rupture. Ces caractères sont résumés comparativement dans le tableau G du chapitre final et vont être développés pour chaque métal; mais voici sur la densité, la cassure et la résistance quelques principes généraux.

133. La densité des métaux offre un tel écart entre plusieurs d'entre eux, qu'elle peut les caractériser dans la réception, au moyen de l'expérience suivante usitée dans les arsenaux. Soit un morceau de lingot d'étain dont peu importe la forme et dont la pesée P = 36,5g, immergez-le avec précaution dans un vase d'eau plein à bord et mis dans un autre vase plus grand pour recueillir l'eau déversée par cette immersion, laquelle est la mesure du volume de l'échantillon plongé, recueillez-la dans une éprouvette graduée. Soit le volume de cette eau V = 5 centimètres cubes : multipliez par la densité spécifique de l'étain D = 7,30 (voir le tableau G). Si le métal essayé est vraiment de l'étain pur, on doit avoir DV = 7,30 × 5 = 36g50 comme en la pesée de l'échantillon lui-même.

Réciproquement ayant la pesée P = 36,5 d'un échantillon donné et le volume V = 5 centim. cubes d'eau déplacée par son immersion, sa densité spécifique devra être $D = \frac{P}{V} = \frac{36,5}{5} = 7{,}30$, et il n'y aura plus qu'à voir au tableau G si c'est bien la densité correspondante du métal supposé, sinon il sera mélangé avec d'autres métaux ou plus lourds ou plus légers. Si par exemple la pesée avait donné P = 50, en sorte qu'on eut $D = \frac{50}{5} = 10^g$, on conclurait que le prétendu étain est mélangé de plomb seul métal plus lourd. Si au contraire on avait eu la pesée P = 30 et qu'on eut aussi $D = \frac{30}{5} = 6$. On conclurait que l'échantillon donné ne peut être de l'étain, mais qu'il est un métal beaucoup plus léger, tel que l'antimoine.

La densité spécifique indiquée au tableau G, comme dans tous autres livres, n'est qu'une approximation variable avec l'écrouissage, la dilatation, etc.; il ne faut donc pas toujours s'attendre à la trouver rigoureusement égale dans les épreuves courantes et on doit se contenter d'une approximation pour conclure à la pureté de l'échantillon.

134. La cassure fraîche faite par un coup brusque, montre le *grain du métal*, sa forme, sa nuance et son homogénéité. Chaque variété marchande de métal est ainsi caractérisée; mais il faut une très-grande expérience à cet égard, et quand on aura expérimenté longtemps, ce qu'on saura le mieux, c'est que l'aspect de la cassure n'est pas toujours un criterium décisif de la qualité du métal. D'ailleurs par un habile tour de main dans le coup de marteau qui brise la pièce d'essai, on peut modifier jusqu'à un certain point la texture du métal et en imposer à l'agent réceptionnaire. A propos de chacun des métaux qui vont suivre ses caractères spécifiques seront indiqués.

135. L'essai de résistance à la déformation et à la rupture est décisif. Les aides-mémoire et traités sur la résistance des matériaux contiennent des tables et formules pour tous les cas possibles. Dans le tableau final G sont relatés les points de rupture par traction et par écrasement des métaux qui nous occupent. On ne saurait trop rappeler que ces nombres n'ont rien d'absolu; ils varient entre de très-larges limites, suivant la qualité du métal, sa pureté, son mode de fabrication, la lenteur ou la brusquerie d'expérience, et même, dans une certaine mesure, avec l'âge; car il n'est pas rare que le métal subisse à la longue des modifications moléculaires ou chimiques. La question il est vrai, est controversée; du moins est-il établi que certains fers par exemple, sont très-sensibles et que d'autres résistent à peu près indéfiniment à ces modifications.

Les métaux travaillent en service par compression, par traction, par flexion, par torsion. Ces deux derniers cas sont très-compliqués, suivant les formes et dimensions de la pièce; il y a presque une formule pour chaque cas et on ne ramène pas la résistance à une unité de section comme pour la compression et la flexion qui sont au contraire des cas très-simples.

Quand le métal est soumis à un effort quelconque, il commence d'abord par se déformer et si l'effort cesse, la pièce revient à son premier état; c'est ce qu'on appelle la période d'élasticité, laquelle est très-variable. Quand sa limite est franchie, la déformation subsiste, c'est la période de déformation permanente. L'effort continuant, tout à coup il y a séparation brusque des molécules, c'est la rupture. Celle-ci est absolue en ce sens que deux pièces identiques romperont sous la même charge, mais l'élasticité et la déformation permanente sont proportionnelles à la longueur; ainsi deux barres du même fer étant l'un courte l'autre longue, leur effort de rupture aura lieu sous un même effort de traction de 25 kilog. par millimètre carré de section, mais avant de céder la seconde sera beaucoup plus allongée.

136. Pour éprouver par traction, on pincera la barre d'essai d'un bout et on exercera à l'autre bout l'effort d'arrachement. Mais il faut une machine du principe soit des leviers soit de la presse hydraulique. C'est un puissant appareil qui ne peut pas exister partout. Il se trouve dans la plupart des grands ateliers et on ne refuse pas de prêter son service ainsi que celui de son personnel, car il faut de l'habitude pour faire ces expériences avec succès et sans danger. La barre d'essai reçoit sur le tour et non autrement, la forme n° 1 ci-contre bien centrée et calibrée, les cônes extrêmes servent à empoigner la barre, l'un dans l'agrafe fixe, l'autre dans l'agrafe mobile qui, en s'écartant de la première détermine la traction. Le n° 2 est la forme des bandes de tôle plate.

Pour les dimensions de la barre il faut avant tout s'en informer à l'atelier où se fera l'essai, car il importe qu'elles correspondent exactement à la machine qui s'y trouve.

Le corps du barreau doit être de petite section. Un barreau de fer ayant 16 millimètres carrés de diamètre, soit

78,5 millimètres carrés de section, à raison de 30 kilog. de résistance par millimètre, rompera à 78,5 $\times$ 30 = 2355 kil. ce qui exigera une puissante machine. On se limite souvent aux diamètres de 5 milles, soit 20 millim. de section et l'effort de rupture est réduit à 20 $\times$ 30 = 600^k^.

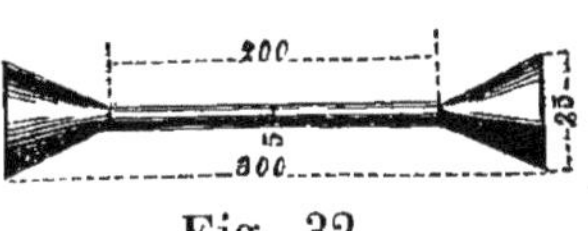

Fig. 32.

Dans la pratique de l'essai, après avoir agrafé la barre de part et d'autre, on l'enduit de craie; on prend exactement au compas une longueur de 10, 15 ou 20 centimètres. On commence par une faible charge qu'on relève, qu'on redescend ensuite en l'augmentant de plus en plus, en vérifiant à chaque accroissement de charge l'allongement élastique ou permanent. Quand le point de rupture approche, méfiez-vous, car des fragments peuvent être projetés avec danger.

137. L'épreuve de compression ou écrasement se fait avec la même machine, mais en sens inverse et de l'autre côté du point d'appui du levier, entre celui-ci, qui descend sur la pièce éprouvée et une plate-forme fixe où pose la dite pièce; on lui donne la forme d'un cube ou d'un petit cylindre ayant en longueur au plus cinq fois le diamètre. Il s'écrase en se divisant du centre à la circonférence et il s'aplatit. On devra demander dans chaque cas à l'expérimentateur de la machine à essayer, les instructions pour la confection de la pièce qu'on va lui soumettre.

138. L'épreuve de flexion se fait de deux manières : ou bien on charge graduellement, soit en un point, soit en répartissant sur la longueur avec des matériaux tarés. Ainsi se fait l'épreuve des ponts, des poutres de bâtiment, des baux, carlingues, et varangues de navire, etc.

Ou bien on éprouve par choc en un point donné, en y faisant tomber un mouton de poids connu d'une hauteur voulue donnant ainsi, en multipliant le poids p par la hauteur h un nombre de kilogrammes $p \times h$ demandé en raison des dimensions et formes de la pièce. Celle-ci ne doit s'infléchir que d'une quantité voulue et ne rompre qu'après un nombre de coups de mouton convenus.

139. L'épreuve de torsion se fait en posant la barre sur une plate-forme où elle est encastrée d'un bout et armée à l'autre d'un bras de levier qu'on charge graduellement, en mesurant les déplacements élastiques ou permanents jusqu'au moment de rupture, comme au cas des épreuves d'allongement. Pour des pièces d'essai de 2 à 3 centim. de diamètre l'encastrement entre les mâchoires d'un solide étau peut suffire. Ici, comme pour la flexion, la résistance dépend non-seulement de la section, mais surtout de sa forme, ainsi qu'il est expliqué dans les ouvrages sur la résistance des matériaux.

Suit maintenant le procédé d'épreuve des divers matériaux.

2° **Essai du fer.**

140. Le fer, la fonte et l'acier sont le même métal, mais ces deux derniers sont des carbures de fer fusibles, pouvant contenir outre le carbone, une multitude de substances dont les principales sont le soufre, l'arsenic, le phosphore, le silicium, le manganèse, le titane, le wolfram ou tungstène. Ces corps sont à très-minime dose et néanmoins leur influence, quoique mystérieuse encore, est très-sensible sur la qualité du métal dans les applications.

Le fer proprement dit, c'est-à-dire épuré, corroyé, laminé, forgé, n'est pas toujours absolument pur des substances qui précèdent, mais on ne les manifeste que par des procédés d'une excessive délicatesse. Le fer pur est tenace, ductible, peu élastique, soluble dans les acides, oxydable à l'humidité, attirable à l'aimant, mais impropre à la *trempe*, c'est-à-dire à ce durcissement rebelle à la lime qui caractérise au contraire l'acier et la fonte. Enfin le fer est infusible à nos plus ardents feux d'usine, à moins qu'on ne lui rende du carbone par l'opération dite de la cémentation. Mais chauffé au blanc vif dit *suant*, il se soude même à d'autres fers; au rouge cerise il est assez ramolli pour être forgé. Le bon fer est blanc presque comme l'argent, et il prend un beau poli. La cassure est brillante à nerfs soyeux ou à grains fins homogènes. Cependant il y a des fers mixtes où le dur métal à grains est mêlé au robuste fer nerveux. Les fers tachetés, striés, sans brillant, ou avec brillant lustré comme par un gommage, ou bien de nuance bleue, à gros grains ou grosses fibres qui se séparent, sont de qualité inférieure. Ils sont suivant les cas, impurs, pailleux, cendreux, brûlés, mous, d'une inégale usure, cassants et dépourvus de corps.

Un bon fer, outre l'inspection de la cassure fraîche comme il précède satisfait aux épreuves mécaniques qui suivent :

1° Une barre de 3 centimètres d'épaisseur doit pouvoir être repliée sur elle-même et rabattue entièrement à froid et à grands coups de masse sans présenter de criques.

2° On renouvelle l'épreuve après avoir chauffé au rouge cerise sur une autre barre qu'on redresse ensuite.

3° Dans l'essai à la machine de traction voir n° 136, un bon fer doit résister au moins à 30 kilogrammes par millimètre de section.

4° Dans l'essai de compression, la charge d'écrasement ne doit pas être inférieure à 25 kilog. par millimètre carré, la pièce ayant au plus en longueur 5 fois le diamètre ou plus petit côté de la section.

5° L'essai de flexion dépend de la dimension et forme des pièces. Comme exemple, on citera les essieux de wagon de chemin de fer ayant : longueur totale $2^m 126$, diamètre au corps 0,115 et à la portée de calage 0,130, fusée 8 centim. de diamètre sur 18 de long, poids moyen

193 kilog. L'une des fusées étant solidement encastrée dans une lunette et l'autre fusée laissée en porte à faux sur un tas, on laisse tomber successivement quatre fois un mouton dont le poids P multiplié par la hauteur de chute H' produit un travail de gravitation P H=570 kil (1). Non-seulement la fusée ne doit ni rompre ni gercer, mais son extrémité ne doit pas s'infléchir de plus de 35 m/m ni s'allonger de plus de 70 m/m à la génératrice supérieure.

Un second essai a lieu sur le milieu de l'essieu portant sur des chabottes bien assises et distantes de 1m50. Cette fois le travail de gravitation du mouton $P \times H = 2142$ k. et les coups doivent donner une flèche maxima de 220 m. sous une corde de 1m50.

Quant à l'inspection des pièces finies et polies, on tolère les taches, lignes, pailles et cendrures de peu d'importance qui sont en long. La moindre gerçure ou paille en travers donne lieu à rebut, alors même qu'elle ne s'ouvrirait pas au feu, si on reconnaît au grattage qu'elle n'est pas simplement superficielle.

141. La fonte est un carbure de fer, c'est-à-dire un fer auquel est uni de 1 à 4 % de carbone, soit en union intime, soit à l'état de graphite noir plus ou moins visible. A la différence du fer forgé, la fonte est fusible, non soudable, cassante, non ductile, peu malléable, plus élastique et plus douce que le fer, moins dur que lui. Telle est du moins la fonte grise; la fonte blanche est au contraire aigre et très-dure. La fonte de première fusion, (qui sort directement du haut-fourneau) dite gueuse est à texture grenue, brillante, souvent cristalline et très-inégale. Elle est suivant les cas, blanche, grise ou truitée, c'est-à-dire

(1) Cela revient à prendre un mouton de 300 kil tombant dans le premier cas de $H = \frac{570 \text{ k.}}{300}$ 1 m. 90, dans le second cas $H = \frac{2142}{300}$ 7 m. 14.

tachetée de noir comme la peau d'une truite de rivière.

La fonte de seconde fusion employée au moulage est à grains fins uniformes, sans brillant, grise, susceptible d'un beau poli, elle a du corps, de l'élasticité, un peu de malléabilité ; mal coulée dans le moule, elle offre des cavités dites soufflures qui font rebuter l'œuvre si elles sont importantes. Coulée trop chaude, c'est-à-dire de suite à la descente du fourneau, la fonte liquide comme l'eau prend merveilleusement la moindre empreinte du moule, mais passant trop vite d'une si haute température au refroidissement par le contact des parois du moule, elle risque de fournir un métal blanc, aigre, cassant, soufflé. En outre le moule peut ne pas résister. Néanmoins on coule *chaude* la fonte statuaire et pour ornements délicats, où la lime et le burin ne doivent guère passer. La fonte mécanique grise, ouvrable, ayant du corps, se coule environ une demi-heure après la sortie du fourneau et juste à la limite où le métal ne serait plus assez liquide pour épouser exactement le moule.

C'est à l'ébarbage ou nettoyage en sortant du moule, qu'on vérifie la réussite d'une pièce de fonte ; les soufflures et piqûres, le déplacement des axes, le *gauche* exagéré des surfaces et les gerçures produites par la *gêne dans le retrait* du refroidissement, sont les défauts qui appellent l'attention de l'inspecteur. Quant aux arêtes flaches, c'est-à-dire sans relief et sans netteté ainsi que la rugosité des surfaces brutes, c'est laid, mais le métal n'est pas altéré.

Le grain du métal s'apprécie à la cassure ; dans le travail à la lime et au burin on juge de son aigreur, ou de sa douceur qui n'exclue pas la raideur et le corps. Ce qu'on redoute le plus ce sont les inégalités de dureté et les défauts d'homogénéité.

L'épreuve mécanique de la fonte se fait comme il précède pour le fer. Sur des barreaux venus de moulage ou découpés sur le tour, une bonne fonte se brise par traction à 10 kil. et par compression à 50 kil. au minimum.

142. L'acier est aujourd'hui très-difficile à définir. C'est comme la fonte un carbure de fer fusible, mais où le carbone semble plutôt allié et combiné au fer qu'à l'état plus ou moins de simple mélange comme dans la fonte. Ce qui caractérise spécialement l'acier est la dureté, l'élasticité, le beau poli que reçoit la surface et la faculté de prendre la trempe. La cassure du bon acier est grise, terne, à grains amorphes d'une excessive finesse et très-serrés. Ce qui caractérise encore l'acier dans les usages mécaniques c'est sa délicatesse au feu et l'incertitude où on est dans sa fabrication. Une faible variation peut totalement changer sa nature; il n'est pas rare de rencontrer une sensible différence, non-seulement entre des barres d'un même lot, mais dans une même barre qui est d'excellent acier à un bout et n'est guère que du fer à l'autre bout.

L'épreuve des aciers est la même que celle du fer en adoptant comme charges minima 50 kil., soit à la traction, soit pour l'écrasement. A ces épreuves on en ajoute une spéciale à l'acier. On en fabrique un outil d'ajustage quelconque, tel que burin, mèche de perçeuse ou crochet de tour, forgé et trempé, avec lequel on travaillera pendant un certain temps en comparaison avec un pareil outil ordinaire à identité de conditions.

Les caractères qui précèdent sont principalement ceux de l'acier dit fondu. Ce qu'on appelle aujourd'hui acier puddlé, acier brut, acier Bessemer etc., est un intermédiaire entre l'acier proprement dit, la fonte et le fer épuré. Le grain est moins fin et moins serré, il est brillant, très-résistant à la déformation, moins dur, plus ductile et plus malléable que l'acier proprement dit. On peut en plier des barres à froid; aussi l'a-t-on appelé acier doux, acier malléable. Les données de l'épreuve de ces aciers sont les mêmes que ci-dessus, soit au minimum 50 kil. par millimètre pour produire la rupture.

143. L'essai chimique du fer, de la fonte et de l'acier se fait dans trois cas.

1° S'il faut s'assurer qu'un échantillon donné est bien du fer, les caractères physiques laissant des doutes, c'est une épreuve simplement qualitative. Faites un peu de limaille, dissolvez dans une capsule de porcelaine à l'acide chlorhydrique. La couleur jaune de la liqueur sera déjà un indice. Versez une goutte de prussiate jaune de potasse, le fer sera manifesté par une couleur bleue intense.

2° Si on veut doser à proprement parler le fer dans un échantillon, cela n'a guère de but que s'il s'agit d'un minerai ou d'une substance ferrugineuse quelconque, car le fer ne s'allie guère aux métaux. Quoi qu'il en soit, voici la méthode générale :

1° La division de la matière pour le fer forgé, ne peut se faire qu'en limant ou en faisant de minces copeaux sur le tour, en évitant l'introduction de matières étrangères. La fonte et l'acier peuvent se pulvériser dans le *mortier d'abich*, petite douille en acier trempé avec piston sur lequel on frappe à grands coups.

2° Ayant pesé 2 grammes au moins et 5 grammes au plus, dissolvez par l'acide chlorhydrique en une capsule de porcelaine chauffée au bain de sable. La liqueur sera un chlorure de fer jaune. La titane et le wolfram, s'il y en a en dose appréciable, resteraient insolubles, les autres métaux possibles, notamment le manganèse seront en dissolution avec le fer.

3° Parmi les précipitants du fer on choisira l'ammoniaque en excès ; le précipité sera un hydrate de peroxyde de fer, léger, floconneux, lent à se former surtout si on ne chauffe pas ; jaune d'ocre si un autre métal ne le noircit pas ; très-volumineux mais il se racornit singulièrement en séchant.

Pour précipiter le fer par l'ammoniaque il faut qu'il soit tout à l'état de peroxyde, ce qui oblige d'ajouter à la liqueur une pincée de chlorate de potasse en poudre ou quelques gouttes d'acide nitrique.

5° Filtrez de suite quand la liqueur est encore chaude (51) et lavez (53) d'abord à l'ammoniaque si le précipité n'est pas franchement jaune, puis largement à l'eau distillée chaude.

6° Séchez et calcinez le résidu recueilli et pesez. La formule du peroxyde de fer est $Fe^2O^3 = 70 + 30 = 100$. Soit donc la pesée primitive de la matière essayée $p =$ 5 grammes et soit $p' = 7^g12$ on aura

$$\text{fer pur } f = \frac{p' \times 70}{100} = \frac{7{,}12 \times 70}{100} = 4{,}97.$$

Soit pour les 5 grammes essayés,

$$\text{fer pur } f = \frac{100 \times 4^g{,}97}{5} = 99{,}40\ \%.$$

Telle est la proportion de fer pur et il reste 100 — 99,40 = 0,60 % de matières étrangères qui peuvent être manganèse, carbone, silicium, soufre, arsenic. Ces quatre derniers seront recherchés ci-après.

144. Le manganèse, métal très-voisin du fer auquel il est souvent mêlé dans les minerais, est comme lui gris, ductible, mais cassant; soluble dans les acides, précipitable par les alcalis et leurs carbonates, l'acide oxalique, les cyanures; pas par l'hydrogène sulfuré, mais par le sulfhydrate d'ammoniaque qui donne un précipité caractéristique couleur de chair noircissant ensuite. Les sels ammoniacaux empêchent le précipité par l'ammoniaque, fait caractéristique qui va servir dans l'analyse.

Le manganèse est dissous avec le fer dans la liqueur chlorhydrique qui précède, il n'a pas besoin d'y être abondant pour s'y trahir par la coloration noire de la liqueur qui s'éclaircit ensuite à l'ébullition, il est trahi en outre dans la pulvérisation de la prise d'essai par une puanteur un peu analogue à celle de l'hydrogène sulfuré mais à un moindre degré.

Le manganèse étant précipitable comme le fer par l'ammoniaque, avant de précipiter celui-ci, comme il précède on a dû additionner la liqueur avec du chlorhydrate d'ammoniaque pour le maintenir en dissolution dès qu'on l'a décelé dans la liqueur du filtrage. Après avoir recueilli le fer, on précipite par le sulfhydrate d'ammoniaque en excès le manganèse à l'état de proto-sulfure couleur chair; filtrez à l'ordinaire en couvrant; lavez le filtre à l'eau additionnée de sulfhydrate d'ammoniaque, séchez et pesez. Le proto-sulfure de manganèse a pour formule $Mn\,S = 63{,}28 + 36{,}72 = 100$. Soit donc la pesée du résidu $p' = 0^g{,}035$, le manganèse métallique sera

$$Mn = \frac{0{,}035 \times 63{,}28}{100} = 0^g{,}022.$$

Soit pour la pesée $p = 5^g$

$$Mn = \frac{0{,}022 \times 100}{5} = 0{,}44\ \%.$$

3° Essai du cuivre.

145. Aux caractères indiqués dans le tableau final G s'ajoute la saveur et l'odeur caractériques, ainsi que la couleur bleue de ses solutions par les acides ou les alcalis, et le vert de l'oxydation humide dite vert de gris. Le bon cuivre décapé est rose plutôt que rouge, la cassure est très-finement soyeuse, rose légèrement argentée, ce qui est bien différent du lustré des cuivres aigres et secs. La cassure à aspect terne de brique ne caractérise pas non plus le bon cuivre. Celui-ci est assez malléable pour être réduit en pellicule si mince qu'on voit le jour au travers teinté en vert. Une barre de 30 millimètres d'épaisseur doit pouvoir être repliée et rabattue sur elle-même à froid à grands coups de marteau sans gerçure et se

forge aisément chauffé au rouge cerise. La résistance par millimètre carré de section est au minimum : 20 kilog. de traction et 15 kilog. de compression.

L'essai mécanique du cuivre se fait comme pour le fer, voir n° 141.

146. L'essai chimique a également trois buts : 1° manifester que l'échantillon donné est bien du cuivre si les caractères physiques et la couche noire d'oxydation laissent du doute. C'est une épreuve simplement qualitative à faire : ayant recueilli un peu de limaille on la dissous par l'acide chlorhydrique ou nitrique en une capsule de porcelaine ; la couleur bleue de la liqueur est déjà caractéristique. Si on y verse une goutte de prussiate jaune elle se colorera en marron et non plus en bleu comme avec le fer.

2° On veut par l'analyse reconnaître la pureté du cuivre. A la différence du fer, le cuivre s'allie à la plupart des autres métaux, mais avec modification de couleur, comme le bronze et le laiton en sont l'exemple. Le cuivre doit à sa fabrication presque toujours un ou deux pour cent de plomb. Mais il paraît qu'une proportion notablement supérieure n'est pas très-rare en vue de fraudage, sans trop altérer la couleur naturelle du cuivre. La recherche de ce métal et des autres qui peuvent se trouver dans un cuivre, rentre dans le cas de l'analyse des alliages, voir n° 153 ci-après. On verra en même temps le procédé général pour doser le cuivre dans toute substance où il se trouve.

3° Le troisième cas d'analyse du cuivre a pour but de manifester les métalloïdes qu'il peut contenir et qui sont le soufre et le phosphore dont la présence est loin d'être redoutée des métallurgistes ; enfin l'arsenic qui est au contraire leur ennemi et qu'il importe de manifester dans les épreuves de réception ; car une petite dose d'arsenic qui ne se trahit pas par la blancheur anormale du cuivre, est réputée suffire pour le rendre aigre dans le travail de l'atelier et cassant à la longue dans le service.

L'arsenic se décèle à l'appareil de Marsh. Voir n° 176.

146 *bis*. Le cuivre se dose facilement par une liqueur titrée de sulfure de sodium suivant la méthode Pelouze; mais c'est une opération qui n'est pratique que lorsqu'on a des essais courants et en grand nombre à faire, et qui ne réussit pas si au cuivre sont mêlés du cobalt, du nickel, de l'argent ou du mercure.

On opère sur une pesée de 1 gramme qu'on dissout à chaud par l'acide azotique ; on continue à chauffer pour chasser l'acide en excès et on a un azotate de cuivre très-soluble dans l'ammoniaque qu'on verse sur lui en excès. C'est dans cette liqueur cuivrique bleu-clair et chaude, qu'on verse la liqueur titrée comme il est dit au n° 35. Le moment où la liqueur cuivrique sera décolorée, sera celui où on cessera de verser le contenu de la burette graduée, dont la quantité donne la mesure du cuivre contenu dans le gramme de matière essayée.

La liqueur titrée mise dans la burette est une solution de sulfure de sodium pur dans l'eau distillée, titrée de manière à décolorer une *liqueur normale* (voir n° 94) d'ammoniaque où on a fait dissoudre comme il précède un gramme de cuivre pur en minces copeaux.

Dans une usine où les essais sont assez multipliés pour pratiquer couramment cet essai par liqueur titrée, on a toujours en réserve la solution de sulfure de sodium et des bocaux bien fermés de liqueur normale comparative.

Les autres moyens de doser le cuivre rentrent, avons-nous dit, dans le cas des alliages et on rappellera seulement ici qu'on le précipite par l'hydrogène sulfuré en sulfure de cuivre noir. Voir n° 153.

4° Essai de l'étain.

147. Ce métal est le plus fusible, le plus blanc et le plus malléable des six métaux qui nous occupent. Voir le ta-

bleau final G. C'est le plus tendre après le plomb qui en diffère par sa grande densité, sa nuance bleue et son noircissement superficiel à l'air. Un bon étain pur se caractérise quand on ploie une baguette ou une plaque, par un craquement dit *cri de l'étain* et il peut se réduire en feuilles minces et flexibles, exemple le *papier à chocolat.* Mais le zinc, l'antimoine et l'arsenic lui ôtent cette propriété; le plomb ne l'en prive pas. L'épreuve mécanique de l'étain se fait sur une baguette obtenue en fondant au creuset *couvert* un fragment tranché ou scié dans un lingot et qu'on coule en lingotière aussitôt la fusion. A défaut de lingotière il suffit d'une rainure dans une planche; ayez soin de ne pas toucher avant refroidissement, sinon il y aurait un effet de cristallisation qui rendrait aigre et cassant.

148. L'essai chimique de l'étain présente cette particularité que lui et l'antimoine donnent les mêmes dissolutions et précipités; mais leurs caractères physiques suffisent à les distinguer dans un alliage, comme on le verra ci-après.

Pour reconnaître qu'un échantillon donné est bien de l'étain, on traitera un peu de sa limaille par l'acide azotique : il ne s'y dissoudra pas, mais il se convertira en poudre blanche jaunâtre d'acide stannique.

L'étain est dissous par les acides sulfurique, chlorhydrique et autres en formant avec eux un grand nombre de sels au minimum ou au maximum d'oxydation, qui ont des caractères tranchés. Dans ces solutions, l'étain est précipité par les alcalis et leurs sels, par l'hydrogène sulfuré et par le prussiate jaune de potasse. Sur une lame de zinc ou de fer décapé trempé dans la liqueur, l'étain se dépose à l'état métallique.

Le dosage de l'étain uni à d'autres métaux rentre dans le cas des alliages qu'on verra au n° 154.

5° Essai du plomb.

149. Sont caractéristiques du plomb dans les réceptions : 1° la couleur brillante et bleuâtre presque miroitante de sa coupure fraîche, rapidement ternie et immédiatement noircie au contact d'une allumette soufrée : 2° sa mollesse qui permet de le rayer à l'ongle ; 3° la raie tracée sur le papier à la façon du crayon ; 4° la grande densité, qui est 11,49 en moyenne.

Le plomb dans le commerce est vendu en blocs dits saumon à plus bas prix que les autres métaux ; aucun de ceux-ci n'est évidemment employé à la fraude sauf le fer, seul métal auquel le plomb ne puisse s'allier et dont on aurait dit-on, trouvé des morceaux dissimulés dans l'intérieur des saumons.

Le plomb peut contenir naturellement, mais en très-petite quantité à peu près tous les métaux, surtout l'argent, le cuivre, le zinc, le molybdène et aussi du soufre, du phosphore et de l'arsenic. Ce dernier seul pourrait être redouté pour le plomb devant entrer en forte proportion dans un alliage et alors on le manifesterait par l'appareil de Marsh. Voir n° 176.

150. L'essai chimique du plomb n'a donc guère d'autre but que celui de son dosage parmi les autres métaux, ce qui rentre dans le cas des analyses d'alliage, n° 153.

L'attaque du plomb par les acides présente une grande anomalie : peu ou point attaqué même à chaud par les acides chlorhydrique et sulfurique ainsi que par les chlorures et les sulfates, ceux-ci le précipitent au contraire en poudre blanche quand on les verse dans une solution plombique.

Les acides azotique, oxalique et acétique (vinaigre), dissolvent au contraire vivement le plomb même à froid et étendu d'eau, en donnant des azotates, des oxalates, des acétates de plomb solubles dans l'eau.

Dans les solutions plombiques, les alcalis et carbonates

alcalins précipitent le plomb, mais le précipité se redissous dans des alcalis versés en excès et non dans l'excès des carbonates alcalins.

Les précipitants par excellence du plomb sont le sulfhydrate d'ammoniaque qui donne du sulfure de plomb noir et l'acide sulfurique avec addition de quelques gouttes d'alcool qui donne un sulfate de plomb blanc pulvérulent.

Le plomb se dose par la liqueur titrée de sulfure de sodium dissous dans l'eau et versé dans la solution plombique jusqu'à ce qu'il se produise une coloration noire; même opération qu'au nº 146 *bis*.

6° Essai du zinc.

151. Le zinc fondu et le zinc laminé ou étiré diffèrent de texture : le premier est à texture cristallisée en aiguilles ou en lamelles, il est aigre et cassant. En le chauffant vers 200 degrés il le devient à un tel point qu'on peut le pulvériser. Le zinc laminé ou étiré, est assez malléable et ductible; la cassure est amorphe, mate, à grains serrés, ressemblant à celle de l'acier. Le zinc a aussi pour particularité de *graisser la lime*, c'est-à-dire de remplir ses rainures en sorte qu'elle n'agit plus.

Le zinc du commerce contient comme matières étrangères du fer, du cuivre, du plomb, du cadmium et aussi de l'arsenic.

L'essai chimique du zinc se fait par la voie sèche et par la voie humide. Il est volatile à la chaleur blanche et brûle avec une belle flamme blanche. Si cette volatilisation se fait en vase clos, par exemple dans un creuset couvert, mis dans la moufle d'un fourneau, il se forme une jolie cristallisation en aiguille d'oxyde de zinc, dit blanc de zinc, qu'on appelle aussi laine philosophique. Si on la calcine après l'avoir pulvérisée, elle jaunit.

Le zinc est soluble dans les acides peu concentrés, et

précipitable par les alcalis et leurs sels, mais le précipité se redissout dans l'excès de quelques-uns de ces réactifs comme il est indiqué au tableau. Le carbonate de soude en excès est le précipitant ordinaire.

Le dosage du zinc dans les alliages et celui des métalloïdes qu'il contient sera étudié au n° 153.

7° Essai de l'antimoine ou régule.

152. Ce métal dont les principaux caractères sont relatés au tableau précité, a des points communs avec l'arsenic, c'est un poison violent et il est décelé par l'appareil de Marsh n° 176. Les données physiques ou mécaniques de la réception sont :

1° Le damasquinage arborescent en forme de fougère à la surface des lingots.

2° La cassure à grandes lamelles très-brillantes, légèrement bleuâtres.

3° La fusion à un degré supérieur à celui de l'étain et du plomb et, à la chaleur rouge dans la moufle, la volatilisation avec flamme blanche fumeuse.

4° La faculté de se pulvériser au mortier.

L'antimoine qui ne présente pas ces caractères n'est pas pur. Au point de vue de l'essai chimique, l'antimoine souvent contient comme impuretés, du soufre, de l'arsenic et du plomb. Pour le dosage de celui-ci on rentre dans le cas de l'analyse des alliages, ci-après. On attache peu d'importance au soufre; l'arsenic ajouté à un métal déjà aigre lui-même, est très-redouté dans les alliages où il entre; mais il est très-difficile à manifester, car l'antimoine et l'arsenic s'accusent assez sensiblement de même à l'appareil de Marsh.

L'antimoine finement pulvérisé se dissout par l'acide chlorhydrique concentré et bouillant, et on obtient un chlorure d'antimoine.

L'acide azotique additionné de quelques gouttes d'acide

chlorhydrique, l'attaque à la façon de l'étain, c'est-à-dire en le convertissant en poudre blanche insoluble, d'acide antimonique $Sb^2O^5 = 77 + 23$ et donne ainsi un procédé de précipité et de dosage, mais il se confond alors avec l'étain si ces métaux sont en présence. Enfin dans une liqueur antimonique, celle du chlorure d'étain par exemple, on peut précipiter l'antimoine par une lame d'étain pure et bien décapée qui se trouve recouverte de poudre noire d'antimoine métallique. Recueillez sur filtre taré, lavez amplement, desséchez à 100° seulement; la pesée donne directement l'antimoine.

8° **Essai des alliages en général.**

153. Les métaux composant les alliages employés dans la construction sont le cuivre, l'étain, le plomb, le zinc et l'antimoine; quelquefois on trouve un peu de fer qui paraît avoir été dissous, mais le plus souvent le fer qu'on décèle dans les analyses de bronze provient d'un mélange accidentel.

Le bronze proprement dit, caractérisé par sa dureté sans aigreur, sa raideur, sa finesse de grains et sa couleur orange est un alliage de 82 cuivre + 18 étain environ dans les machines et 90 C + 10 étain pour les canons. Le zinc aigrit et il est d'autant plus à redouter qu'il renferme presque toujours de l'arsenic qui rendra l'alliage cassant en service. Le plomb alourdit et attendrit le bronze; cependant on prétend dans les ateliers qu'il facilite l'ajustage et on en tolère 1 ou 2 pour cent.

M. Guettier dans ses recherches sur les alliages, établit que l'alliage blanc 10 cuivre + 90 étain, a la même raideur et la même dureté que le bronze 90 cuivre + 10 étain; mais il est plus fusible et sujet à chauffer. Plus les métaux tendent à s'égaliser, plus ils se communiquent leurs propriétés respectives et plus ils sont durs.

L'alliage par moitié de cuivre et d'étain n'est pas travaillable.

Le bronze, comme tout autre alliage, peut être défectueux, non-seulement parce que le fondeur n'a pas mis au creuset les proportions voulues, mais parce que les éléments ont été mal brassés et qu'ils ont fait *liquation*, c'est-à-dire se sont séparés à la coulée, en sorte qu'on trouve parfois sur une même pièce des parties de pur cuivre et d'autres de pur étain.

Le bon bronze de machine, de canon, d'hélice marine, etc., est jaune orangé, sans soufflures, à cassure gris terne.

Le laiton ou cuivre jaune est un alliage de cuivre et zinc, ordinairement 70 C + 30 *z*, il est jaune verdâtre tirant d'autant plus sur le blanc qu'il y a plus de zinc. C'est un métal souvent aigre, auquel on mêle un peu de plomb pour redonner du corps.

Les alliages blancs aujourd'hui si répandus se composent principalement d'étain, de zinc, de plomb et d'antimoine plus parfois un peu de cuivre. L'alliage avec l'antimoine, s'appelle régule. L'alliage 66 *pl* + 22 ant. est fréquent, c'est celui des caractères d'imprimerie. Une recette assez usuelle sur les chemins de fer français donne pour le régule des gros coussinets de bielle et d'excentrique 80 + plomb 10 antim. + 10 étain. Enfin l'alliage à soudure a pour composition 30 *pb* + 70 étain.

A l'exception de ce dernier qui est ductile et malléable, les alliages blancs sont très-raides, doux et onctueux au frottement, médiocrement polissable. La cassure est grise, à grains fins et serrés, homogènes, rappelant beaucoup celle de l'acier, mais moins mat et non sans points brillants.

Pour l'épreuve mécanique des bronzes et alliages, on n'a encore suivi aucune règle; on n'a même fait que des essais isolés sur ces matières qui ont tant d'importance dans la mécanique. Aux ateliers de chemins de fer et de la marine, on essaye les tubes des chaudières et autres à la presse hydraulique, sous 16 atm. pour les tubes en laiton de 45 c. de diamètre et 2 millim. et demi d'épaisseur.

154. L'essai chimique des alliages suit une marche uniforme, sauf à omettre l'opération propre aux métaux qu'on sait ne devoir pas trouver. Néanmoins nous distinguerons trois alliages : 1° le bronze proprement dit où on trouve étain, plomb, cuivre, zinc et même fer ; 2° le laiton de cuivre, zinc, plomb ; 3° les alliages blancs avec l'antimoine.

La même marche s'applique à la constatation de la pureté d'un métal ; car c'est prouver qu'aucun autre métal n'est allié avec lui.

De même que les éléments de l'alliage, celui-ci peut être phosphoré ou arsenical.

9° **Essai du bronze.**

155. En ce qui regarde d'abord la prise d'essai, un échantillon recueilli sur un point quelconque d'une pièce suffira si par la couleur et le grain on reconnaît qu'il y a homogénéité. Dans le doute on fera des prises d'essai à diverses places et on procédera sur chacun à une analyse distincte.

La division de la matière et le triage d'essai suivront la marche ordinaire (38). Sauf l'antimoine qui est pulvérisable au mortier, on ne peut diviser la matière des alliages que sous forme de limaille ou rognures de tour ou de forage très-minces. Ce sont celles-ci surtout qu'on recueille en ayant soin de prendre du métal vif et non la croûte. S'il y a lieu on nettoiera comme il suit la tournure.

1° Le fer ne faisant pas partie de l'alliage sera éliminé en promenant dans la limaille un barreau aimanté.

2° Les impuretés visibles seront enlevées à la pince en s'aidant de la loupe. S'il y a de la graisse, de la poussière, de l'oxydation et qu'on ne puisse pas se procurer un autre échantillon, on lavera d'abord à l'eau pour éliminer la poussière légère, puis à l'éther, ou mieux au sulfure de carbone pour dissoudre la graisse. Ensuite on étendra sur un papier pour sécher à l'eau.

3° Enfin s'il y a oxydation, décapez à l'eau acidulée, rincez ensuite à l'eau pure et séchez sur feuille de papier.

La prise d'essai est de 2 grammes si on présume n'avoir à doser que deux ou trois métaux en sensible proportion, et si on a une balance précise. Il faudra au moins 5 grammes d'un alliage compliqué où on peut avoir à doser des millièmes; mais l'opération demande de grands appareils et beaucoup de réactifs. Soit un bronze qu'on présume composé d'étain, plomb, fer, cuivre et zinc. C'est toujours dans cet ordre que chaque métal sera décelé et recueilli isolément comme il suit.

156. La *recherche de l'étain* est fondée sur la conversion en poudre blanche d'acide stannique par l'acide azotique qui fait au contraire passer tous les métaux à l'état d'azotates restant solubles dans la liqueur. Sur la prise d'essai introduite bien divisée dans un petit ballon de verre, versez 6 à 8 fois un poids égal d'acide azotique pur et surtout exempt d'acide chlorhydrique, lequel est dissolvant de l'étain et l'empêcherait de se montrer. Chauffez pour achever la dissolution, laquelle est accompagnée de vapeurs rutilantes; tant qu'il reste de l'alliage non dissous, ajoutez un peu d'acide et remettez au chauffage.

L'étain se convertira en acide stannique blanc pulvérulent troublant la liqueur qui sans cela serait d'un beau bleu de cuivre; à moins qu'il n'y ait du fer, auquel cas la liqueur sera verte.

Pour recueillir l'acide stannique filtrez à l'ordinaire (52) lavez le résidu sur le filtre, d'abord à l'eau chaude mêlée d'un peu d'acide azotique pour achever de dissoudre tout ce qui n'est pas étain, puis à l'eau chaude seule jusqu'à ce que l'eau coule du filtre parfaitement incolore.

Séchez et calcinez le résidu recueilli et pesez. L'acide

stannique a pour composition $SnO^2 = 78,67 + 21,33 = 100$. Soit donc la pesée recuillie $p' = 0^g72$. Le poids d'étain métallique continu sera

$$p = \frac{p' \times 78,67}{100} = \frac{0,72 \times 78,67}{100} = 0^g,566.$$

Soit pour les 5 grammes d'alliage essayés

$$x = \frac{100 \times 0,556}{5} = 11.2\ \%\ \text{d'étain}$$

et il reste 88,8 d'autres matières.

157. *Le plomb se dose* dans la liqueur du filtrage d'acide stannique ; l'opération est fondée sur la conversion des azotates de cette liqueur en sulfates qui y restent solubles, moins celui du plomb qui y est insoluble et se précipite en poudre blanche.

La liqueur étant reçue dans une capsule de porcelaine, évaporez au bain de sable presqu'à siccité. Versez alors, *au petit verre* et *peu à peu* l'acide sulfurique, remuez, ajoutez de l'eau distillée, plus quelques gouttes d'alcool pour aider à la précipitation du plomb. Elle se fera en poudre blanche lourde, de sulfate de plomb, recueillez-le en filtrant à l'ordinaire; lavez le filtre à l'eau additionnée de quelques gouttes d'acide sulfurique, séchez le résidu à douce chaleur et pesez. Le sulfate de plomb a pour formule $SO^3 + Pl.O =$ dans laquelle il y a 68,33 de plomb métallique. Soit donc $p = 0^g,16$ le résidu recueilli, on aura le plomb p' contenu

$$p' = \frac{p' \times 68,33}{100} = \frac{0,16 \times 68,33}{100} = 0^g,109.$$

Soit pour la pesée de 5 grammes.

$$x - \frac{100 \times 0,109}{5} = 2,18\ \%\ \text{de plomb}.$$

Ajoutant ce dosage de plomb à celui de l'étain qui précède on a pour leur somme 11,02 × 2,18 = 13,20 et il reste 100 — 13,20 = 86,80 d'autres matières.

158. *Dosage du fer*. Déjà manifesté par la couleur verte de la liqueur qui devrait être bleu de cuivre, il n'est guère à doser dans une analyse de bronze. Si cependant il y a lieu de le faire, on le précipitera par l'ammoniaque versé en excès pour maintenir en dissolution le cuivre et le zinc. A cause du cuivre, le précipité d'hydrate sesqui-oxyde de fer sera verdâtre et non ocreux suivant sa nature propre, voir n° 143. Pour le débarrasser du cuivre, lavez le filtre à l'ammoniaque jusqu'à ce que le précipité de fer reprenne franchement sa couleur ocreuse. Lavez ensuite largement à l'eau distillée, recueillez le résidu, calcinez, pesez et dosez.

159. *Dosage du cuivre*. Il est dans la liqueur bleu céleste du précédent filtrage; précipitez-le par un courant d'hydrogène sulfuré, voir à l'appendice, jusqu'à ce que l'eau bleue entièrement décolorée ne contienne plus qu'une abondante masse noire de sulfure de cuivre, filtrez de suite et lavez le précipité recueilli sur le filtre largement à l'eau acidulée d'acide sulfhydrique, laquelle n'est autre que le flacon laveur de l'appareil producteur du courant gazeux qui vient de servir à précipiter. Dans ce lavage, couvrez l'entonnoir où est le filtre *à ras* pour éviter le plus possible le contact de l'air.

Le précipité de sulfure de cuivre Cu S = 65,80 + 34,20 = 100, pourrait être pesé pour en déduire le cuivre pur, lequel est dans la proportion d'environ 66 pour 100. Mais comme le sulfure de cuivre est une substance mal définie, pour plus d'exáctitude on le convertit d'abord par le grillage n° 41 en oxyde de cuivre, puis on soumet cet oxyde à un courant d'hydrogène qui le réduit, c'est-à-dire le désoxyde et le laisse à l'état de cuivre métallique pur dont on a ainsi la pesée directe. C'est une très-jolie opération qui n'est pas difficile. On voit ci-contre un petit appareil disposé par M. Napoli, avec les instruments que possède ordinairement tout laboratoire; on le suppose ici tout à fait complet pour une analyse très-soignée, et on y distingue : un gazogène G, un flacon laveur F, un flacon dessécheur contenant du chlorure de calcium sec en morceaux, une boule de verre à ajutage effilé, chauffée par une lampe à alcool ou autre *b* pendue avec inclinaison

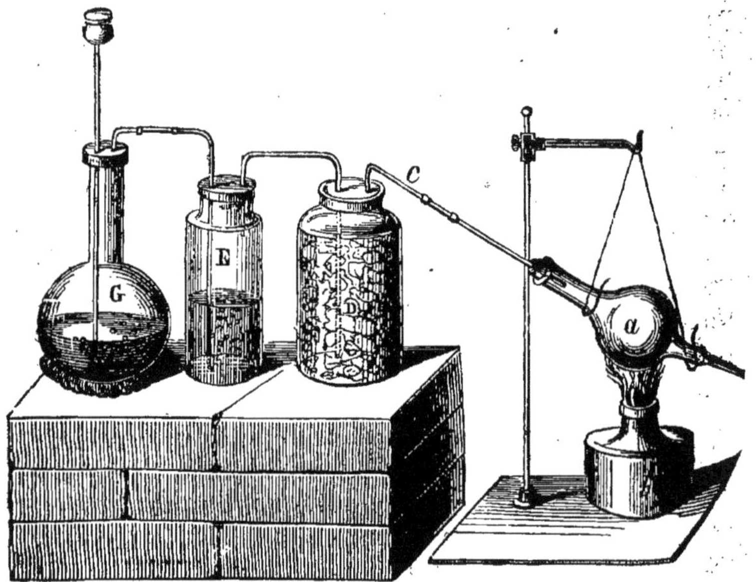

Fig. 33.

à l'aide d'un support quelconque, depuis le support à charnière et à mâchoire jusqu'à la simple potence avec crochet de fil de fer comme en la figure ci-dessus. Le cuivre qu'on veut réduire ayant été préalablement introduit dans la boule *a*, on chauffe doucement par le moyen de la lampe et on passe pendant 20 minutes environ le courant d'hydrogène qui le désoxyde et bientôt le cuivre apparaît avec sa couleur rose sui-generis au moins dans la masse, car on ne peut éviter qu'il reste une pellicule noire à la surface. Pour plus de simplicité on peut faire passer dans la boule tout simplement le gaz d'éclairage venant d'un robinet quelconque par un tube de caoutchouc. Quant au grillage pour désulfurer il se fait tout primitivement dans une capsule chauffée, soit dans la moufle, soit à feu direct comme aux figures des n°s 37 et 48. On pourrait avant le courant d'hydrogène faire passer un courant d'air dans la boule où aurait été mis directement le sulfure de cuivre, mais il est plus simple de griller séparément et de ne faire dans la boule de l'appareil ci-dessus que la réduction ou désoxydation par l'hydrogène.

Ayant laissé refroidir la boule avec précaution contre la casse par refroidissement brusque, on la pèse de suite avec son contenu. On la vide par la tubulure *c* pour la peser de nouveau. La différence est la pesée du cuivre pur à doser. Soit cette pesée $p = 4^{g},25$. Ce sera directement la proportion de cuivre des 5 grammes de bronze à analyser, et le rapport en centièmes, est ainsi $x = \frac{4,25 \times 100}{5} = 85$ %, ce qui ajouté à l'étain et au plomb ci-dessus donné $11,02 + 2,18 + 85 = 98,2^{o}$ pour 100, et il reste $100 - 98,20 = 1,80$ pour le zinc et autres matières.

160. *Dosage du zinc.* Dernier métal présumé dans un bronze, il s'évalue par différence. La proportion de $1^{o},80$ pour 100 ci-dessus lui reviendrait dans l'alliage, y compris la perte inévitable dans la suite des opérations. Une épreuve qualitative pour manifester le zinc sera néanmoins nécessaire. Le sulfure d'ammonium est un réactif très-sensible qui déterminera un précipité abondant.

Pour doser le zinc qui paraît abonder dans un alliage, il y a deux moyens : l'un par voie humide, l'autre par voie sèche.

Le carbonate de soude est le précipitant du zinc dans la voie humide. On prend pour cela la liqueur de filtrage qui précède. Suit la marche un peu laborieuse de l'opération.

1° Les sels ammoniacaux empêchent le précipité. Or, s'il y a eu recherche du fer par l'ammoniaque, ce qui a pu rester de celui-ci uni aux divers acides qui sont entrés dans les opérations ci-dessus, a donné naissance à un sel ammoniaque. Il faut donc évaporer la liqueur à siccité et jusqu'à calcination dans une capsule pour éliminer l'ammoniaque et l'acide sulfurique autant que possible.

2° Sur le résidu versez un peu d'acide azotique qui dissoudra le zinc à l'état d'azotate de zinc soluble, laissez digérer quelques minutes au bain de sable.

3° Versez du carbonate de soude en excès jusqu'à alcalinité bien accentuée de la liqueur (51 *bis*). La soude unie à l'acide azotique donnera un azotate de soude qui reste soluble, et le zinc uni à l'acide carbonique mis en liberté donnera un carbonate de zinc insoluble ZnO, CO^2 qui se précipite en poudre blanche.

4° Filtrez à l'ordinaire, séchez et calcinez, l'acide carbonique du carbonate se dégagera et il restera une poudre blanche d'oxyde de zinc $ZnO = 80{,}26 + 19{,}74 = 100$. Soit donc la pesée d'oxyde de zinc recueilli $p = 0{,}065$. Le zinc métallique y contenu p' sera :

$$p' = \frac{p \times 80{,}26}{100} = \frac{0{,}065 \times 80{,}26}{100} = 0^{g}{,}052$$

de zinc. Soit pour la pesée de $P = 5$ grammes d'alliage

$$x = \frac{0{,}052 \times 100}{5} = 1{,}04\ \%.$$

L'analyse étant ainsi terminée il reste à en résumer l'ensemble comme il suit :

Étain.	0g,566 soit.	11,200 %.
Plomb	0 ,109	2,180
Fer.	Trace indosable.	Mémoire
Cuivre	4 ,250.	85,000
Zinc	0 ,052	1,040
	4 ,977	99,420
Perte et inconnu	0 ,023	0,580
Total égal à la pesée	5 ,000.	100,000

161. Le zinc dosé par voie sèche est le procédé usuel, si on est outillé. Il a pour principe la volatilisation du zinc qui se produit si on fait fondre au moins à la chaleur rouge l'alliage dans un petit creuset à l'abri du contact de l'air. On emploie à cet usage un petit creuset soit de plombagine, soit de charbon de cornue exempt de soufre, ou tout simplement un creuset ordinaire brasqué au charbon de bois. La pesée d'alliage à essayer étant faite avec précision, ordinairement 2 grammes, on la met dans ce petit creuset bien fermé et on l'installe dans la moufle du fourneau chauffée à blanc pendant une heure. On attend le refroidissement complet du creuset pour l'ouvrir. On y trouve une petite bille de métal résultant de la fusion et d'où le zinc s'est volatilisé en laissant de jolies aiguilles blanches d'oxyde de zinc, dite laine philosophique. La différence de poids de cette bille avec la pesée première est le dosage du zinc. Ce qui importe est d'une part que l'opération, suffisamment prolongée pour déterminer la fusion, ne le soit pas assez pour qu'il y ait volatilisation des autres métaux; et d'autre part que le cuivre bien refroidi au moment de l'ouverture du creuset ne soit pas oxydé par l'air, car il y aurait excès de poids. Si le creuset est siliceux ou sulfureux, le cuivre s'additionne de même de soufre et de silice, c'est pourquoi le charbon de cornue n'est pas toujours bon, tout au moins faut-il le passer à la moufle pour brûler le soufre quand il est neuf.

10° Essai du laiton et des alliages blancs.

162. Outre le cuivre et le zinc qui sont les éléments constitutifs du laiton, il n'y a guère que le plomb qui puisse se trouver dans l'alliage.

Si on était certain qu'il n'y a que cuivre et zinc, le plus simple procédé d'analyse consisterait à éliminer le zinc par volatilisation comme il précède et on le doserait par différence en pesant le cuivre restant.

On juge à peu près à la couleur blanchâtre du cuivre s'il contient du plomb. Pour s'en assurer et le doser on procède comme pour le bronze.

1° Ayant divisé et pesé la matière, on dissout à l'acide azotique.

2° Le liqueur bleue limpide prouvant qu'il n'y a pas d'étain à recueillir, précipitez le plomb comme au n° 155, par l'acide sulfurique; recueillez et dosez.

3° On pourrait précipiter le cuivre par l'hydrogène sulfuré, mais c'est inutile puisque tout le reste du poids, déduction faite du zinc volatilisé et du plomb précipité ne peut appartenir qu'à ce cuivre.

Le laiton peut être arsenical et par suite cassant. L'arsenic se manifestera par l'appareil de Marsch comme au n° 167.

163. Les alliages blancs sont de trois sortes principales.

1° Ceux qui se composent d'étain, plomb, zinc avec ou sans un peu de cuivre, sont identiques au bronze ou au laiton comme corps constituants et procédés d'analyse, il n'y a différence que dans la proportion des métaux.

2° Les alliages où entre l'antimoine ou régule exigent une autre méthode, car l'antimoine se volatilise comme le zinc et d'autre part il se précipite comme et avec l'étain en poudre blanche d'acide stanique. Si on était certain que l'alliage n'a pas d'étain, tout le précipité dans l'acide azotique appartiendrait à l'acide antimonique dont la formule est $Sb^2O^3 = 84{,}66 + 15{,}34 = 100$. Soit donc la pesée recueillie d'acide antimonique $p = 0^g{,}620$. L'antimoine métallique p' qui y est contenu sera

$$p' = \frac{p \times 84{,}66}{100} = \frac{0{,}620 \times 84{,}66}{100} = 0^g{,}525.$$

Soit pour la pesée de 5 grammes d'alliage

$$x = \frac{0{,}525 \times 100}{5}\ 10{,}50\ \%.$$

Dans la liqueur filtrée d'où vient d'être éliminé l'antimoine, on dosera le plomb, le fer, le cuivre, le zinc comme précédemment.

Soit maintenant donné un alliage où il y a de l'antimoine et de l'étain. La difficulté n'a lieu que pour ces deux métaux qui se précipitent ensemble sous la même forme dans l'acide azotique. Pour tout le reste de l'alliage la marche reste comme au nº 155 et suivants.

Pour séparer l'antimoine de l'étain, ayant pesé le résidu recueilli et déshydraté comme au nº 148, dissolvez-le dans l'acide chlorhydrique pur en une capsule chauffant au bain de sable.

Ayant laissé refroidir la dissolution, on y trempe une *lame d'étain pur* et décapée sur laquelle l'antimoine métallique se précipite en poudre noire ; lavez la plaque à l'eau pour en détacher l'antimoine, filtrez pour recueillir celui-ci ; lavez largement le filtre à l'eau chaude, séchez à 100° seulement et pesez. Le poids sera directement l'antimoine. L'étain sera dosé par différence. Ainsi soit $p = 0^g,620$ le résidu recueilli. Après traitement pour recueillir l'antimoine métallique, celui-ci donnera $p' = 0^g,27$. La différence $p - p' = 0,620 - 0,27 = 0^g,35$, appartient dans la pesée p' à l'acide stanique d'où on déduira comme ci-dessus l'étain métallique.

3° La troisième espèce d'alliage blanc usuel est le métal à soudure des ferblantiers et plombiers. Composé d'étain et de plomb, plus blanc et moins oxydable que celui-ci, malléable comme le premier et dépourvu de son *cri* caractéristique. L'analyse sera très-facile : traité par l'acide azotique, l'étain se précipitera en poudre blanche d'acide stanique qui sera recueilli et pesé comme au nº 147 pour en déduire l'étain métallique.

Dans la liqueur incolore du filtrage est le plomb qui sera précipité par l'acide sulfurique avec addition d'alcool, recueilli et dosé comme au nº 149.

Par le sulfure d'ammonium on s'assurera s'il ne contient pas de zinc (n° 151).

11° Recherche des métalloïdes dans les métaux et alliages.

164. Les métaux qui précèdent, alliés ou isolés peuvent contenir un grand nombre de substances étrangères, non sans influence sur la qualité, quoi qu'à très-petite dose; leur recherche est souvent une étude de haute science. Mais pour le soufre, le phosphore, l'arsenic et le silicium qui se rencontrent généralement, M. Regnault donne la méthode suivante.

Dosage du silicium qu'il ne faut pas confondre avec le quartz ou silex restant dans la liqueur en résidu insoluble et infusible. Ayant pesé 5 grammes de métal pulvérisé s'il se peut, dissolvez-le en un verre à pied par l'acide chlorhydrique, le silicium se change en acide silicique sous forme de gelée, couvrez et laissez rassembler au fond, rejetez la moitié supérieure de l'eau limpide et évaporez le reste dans une capsule jusqu'à siccité, pour déshydrater la silice et l'amener à l'état de poudre blanche insoluble, reprenez par l'eau acidulée pour redissoudre tout ce qui n'est pas la silice, filtrez, lavez le résidu recueilli, séchez de nouveau, calcinez au rouge sombre et pesez.

La silice a pour formule $Si\,O^3 = 47,30 + 52,70 = 100$. Soit donc $p = 0^g,015$ la pesée du résidu recueilli, on aura pour poids p' du silicium qu'elle contient,

$$p' = \frac{47,30 \times p}{100} = \frac{47,30 \times 0,015}{100}\ 0^g,007.$$

Ce qui dans la matière essayée dont la quantité est $P = 5^g$, donne un rendement de silicium Si

$$Si = \frac{p' \times 100}{P} = \frac{0,0071 \times 100}{5} = 0,14\ \%.$$

Autrement dit la matière essayée contient près de un millième et demi de silicium.

165. *Dosage du soufre.* Il est l'ennemi des métallurgistes, sinon pour le cuivre du moins pour le fer, il rend dit-on celui-ci cassant à chaud. Bien qu'on rejette absolument les minerais visiblement sulfurés ou sulfatés, les fers, fontes et aciers d'où l'affinage n'a pas éliminé entièrement le soufre ne sont pas rares. Pour doser le soufre, ayant mesuré une prise d'essai de 2 ou 5 grammes, dissolvez-la par l'eau régale et laissez digérer plusieurs heures, en couvrant, en une capsule de porcelaine chauffée au bain de sable comme au n° 129. Le fer passera à l'état de chlorure et le soufre à l'état d'acide sulfurique qu'on précipitera par le chlorure de baryum et qu'on dosera comme il est dit au n° 78. On aura soin d'abord de s'assurer par ce réactif que l'eau régale ne contient pas lui-même d'acide sulfurique, afin qu'il soit bien certain que celui que donne l'analase provient bien du fer essayé. Tel est le moyen le plus pratique, mais on ne dissout pas toujours tout le soufre.

166. *Dosage du phosphore.* Ce métalloïde dont la présence dans les métaux donne lieu en ce moment à de si graves questions, est combiné ou directement, ou à l'état d'acide phosphorique, comme par exemple dans le fer, en donnant un phosphate de fer $Fe^2O^2, Ph.O^3$ = en nombre rond $(15.+ 35) + (22 + 28) = 100$. Dans laquelle formule il y a 22 % de phosphore.

Ceci posé ayant mesuré 5 grammes de la matière présumée phosphorée, dissolvez-la en un verre à pied par l'acide chlorhydrique, puis versez de l'acétate de soude en excès.

Il se forme d'une part un chlorure de sodium qui reste dissous dans la liqueur et de l'autre côté de l'acide acétique libre dans lequel se précipite le phosphate métallique; filtrez, lavez le filtre à l'eau bouillante, séchez et calcinez le résidu recueilli sur le filtre. C'est le phosphate cherché dont est ci-dessus la formule. Pesez : soit donné $p = 0^{g}031$. Le phosphore y étant contenu en proportion de 22 %, son poids p' dans le résidu recueilli sera,

$$p' = \frac{p \times 12}{100} = \frac{0,031 \times 22}{100} = 0,0068.$$

La pesée de matière à laquelle il correspond étant P = 5 grammes, le rendement de la matière essayée en phosphore sera,

$$\mathrm{Ph} = \frac{p' \times 100}{\mathrm{P}} = \frac{0,0068 \times 100}{5} = 0,12\ \%,$$

autrement dit la matière contient un peu plus d'un millième de phosphore.

167. *Manifestation de l'arsenic.* C'est l'ennemi de presque tous les métaux, notamment du cuivre, du fer, du zinc et du bronze qu'il rend aigre et cassant. Une petite dose blanchit sensiblement le cuivre rouge, le laiton et le bronze; mais la dose insuffisante pour blanchir, amène dans l'ajustage et dans le service des gerçures redoutées.

On dose assez laborieusement l'arsenic, mais la manifestation qualitative en plus ou en moins par l'appareil de Marsh est une opération élémentaire très-simple. Voir à l'appendice n° 244. Pour la préparation de la prise d'essai du métal présumé arsenical, on en pèsera 1 gramme qu'on dissoudra à chaud comme au n° 49 dans l'acide nitrique reconnu lui-même exempt d'arsenic. Ce sera la liqueur à verser dans l'appareil de Marsh.

L'arsenic métallique se manifestera, on le verra, en taches noires reçues sur des assiettes de porcelaine avec des particularités caractéristiques, leur intensité donnera la porportion d'arsenic cherchée. L'antimoine produit à peu près les mêmes phénomènes et il peut y avoir confusion. Mais on les distinguera par quelques soins. Enfin on observera qu'il y a presque partout au moins des traces d'arsenic et qu'avant de conclure qu'une matière essayée est arsenicale, il faut au moins s'assurer que l'appareil de Marsh et ses réactifs ne produisent pas eux-mêmes de l'arsenic.

§ VII. — Essais des huiles et graisses.

1° DES CORPS GRAS EN GÉNÉRAL.

168. Les corps gras employés au lubrifiage des machines, à l'éclairage, à la peinture, aux mastics sont ou bien solides et opaques; ce sont alors les *graisses*, suifs et beurres, ou bien liquides et ils constituent les huiles proprement dites. Ce n'est qu'une question de température ambiante. Un suif fondu est une véritable huile, et celle-ci figée en hiver devient un suif. L'huile de palme solide comme un beurre à Paris, est liquide en pays chaud. Toute graisse solide est une huile figée, et toute huile est une graisse fondue dans un milieu suffisamment chaud.

Il y a dans les trois règnes de la nature des huiles ou graisses plus ou moins fixes. Dans le règne animal, les animaux à sang froid fournissent de l'huile liquide, exemple : l'huile de baleine, l'huile de morue. Les mammifères herbivores et carnivores ainsi que les oiseaux, ont une graisse solide dite suif, axonge, etc., dont on retire par compression l'oleine liquide. On extrait aussi de l'huile de certains organes, exemple : l'huile de pied de bœuf si recherchée pour l'horlogerie.

Les huiles végétales s'obtiennent par compression, aidée ou non de la chaleur, des graines dites oléagineuses qui contiennent de 20 à 50 % d'huile. Les principales sont le colza, la navette qui est une variété de colza, le ravison ou colza sauvage, l'œillette ou pavot, le lin, le chènevis, la faîne et la cameline.

L'huile d'olive et d'arachide se tirent du fruit plus ou moins mûr.

L'huile de palme ou de palmier est une graisse rouge et solide en nos climats.

L'huile de cyprès est presque la seule qui se tire de la racine.

Le règne minéral a aussi des huiles qui sont plutôt des essences facilement volatiles, ce sont : le pétrole, le naphte, le schiste, le boghead qui sont légères et limpides comme l'eau. Dans la distillation du goudron et de la résine on retire des huiles lourdes, visqueuses et épaisses jusqu'à la solidité, elles se caractérisent par l'absence d'oxygène.

Les substances fournissant à l'industrie des huiles et graisses, se multiplient de plus en plus. On verra ci-après les caractères des plus usuelles pour le graissage, la peinture et l'éclairage. Certains caractères seront résumés dans 2 tableaux comparatifs H à la fin du volume.

169. Les corps gras sont des carbures d'hydrogène auxquels s'ajoutent des substances étrangères dont les principales sont l'oxygène, l'azote, l'eau et des sels métalliques, plus des matièreeś à très-petite dose qui produisent les couleurs, saveurs et odeurs propres à chaque corps gras, mais avec des variations locales.

L'oxygène existe dans les huiles et graisses dites fixes. Ce sont des carbures d'hydrogène oxygénés. Telles sont les huiles d'olive, de colza, de lin, de pied de bœuf, etc., tel est aussi le suif animal.

170. En absorbant l'oxygène de l'air et lui donnant du carbone en échange, elles engendrent de l'acide carbonique comme lorsqu'elles brûlent. Les huiles qui se décomposent ainsi énergiquement prennent en gelée, se solidifient, se résinifient, fournissent cette pâte visqueuse nommée cambouis ou cet enduit transparent et insoluble qu'on nomme vernis. Les huiles qui se caractérisent par cette propriété constituent la classe des huiles dites siccatives recherchées pour la peinture et les mastics, propriété qu'on augmente en faisant chauffer l'huile avec

des oxydes métalliques auxquelles elles prennent de l'oxygène. Les principales huiles siccatives de l'industrie sont le lin, le chanvre, l'œillette ou pavot.

D'autres huiles ont peu ou point cette propriété, ce sont les huiles non siccatives propres à l'éclairage et au graissage des machines. Ce sont l'olive, le colza et ses variétés, l'arachide et les huiles animales. L'acide hyponitrique solidifie plus ou moins rapidement les huiles non siccatives et les distingue des autres, ce qui fournit un moyen immédiat de les reconnaître dans les mélanges.

Il y a des huiles qui se caractérisent par la propriété de se volatiliser et de disparaître à l'air ambiant en répandant des vapeurs qui se trahissent par leur odeur. On les nomme *huiles essentielles* ou *essences*. Les autres huiles sont dites *huiles fixes*. Les essences manquent d'oxygène; ce sont des carbures d'hydrogène non oxygénés C. H. Elles sont généralement caustiques, liquides, peu onctueuses, très-combustibles et susceptibles de détoner par la grande quantité de gaz qui se dégage instantanément. Parmi ces essences nous ne nous occuperons que du pétrole.

171. Le premier caractère chimique des corps gras est qu'ils sont un mélange de deux principes, l'un solide, l'autre liquide, qui portent des noms différents suivant la provenance. Le principe liquide s'appelle oléine, élaïne, etc., il domine dans les huiles et résiste le plus au froid. Le principe solide qui domine au contraire dans les graisses et se fige le premier, se nomme stéarine, margarine, butyrine, cérine, caprine, palmine, etc.

Au contact des alcalis le corps gras lui-même se dédouble en deux nouveaux carbures d'hydrogène, l'un neutre à saveur sucrée et soluble dans l'eau, c'est la glycérine; l'autre acide, insoluble dans l'eau, s'appelle suivant les cas, acide stéarique, margarique, oléique, butyrique, etc., qui s'unissant à l'alcali donne des sels appelés savons. Ces diverses substances traitées à leur tour donnent une multitude de produits plus ou moins utilisés.

172. Les corps gras se caractérisent encore comme il suit au point de vue chimique.

1° L'insolubilité dans l'eau; ils sont un peu solubles dans l'alcool, mais ils se dissolvent complétement dans le sulfure de carbone, la benzine, la térébenthine, le naphte et autres essences, ainsi que le caoutchouc naturel et les résines.

2° Le point d'ébullition généralement très-élevé si ce n'est pour les essences qui se volatilisent au contraire à température inférieure à 100°.

3° Le point de congélation ou solidification, qui est très-variable d'un corps gras à l'autre et au contraire sensiblement constant pour le même corps gras.

4° La neutralité. Dans leur état naturel pur et de fraîche origine, les corps gras sont neutres, sauf un petit nombre qui se distinguent au contraire par leur acidité. Mais presque tous ces mêmes corps gras deviennent acides en vieillissant à l'air, surtout à la chaleur. Les huiles et graisses rances sont généralement acides et elles oxydent le cuivre.

5° Au contact des acides et des divers réactifs, les huiles prennent des couleurs caractéristiques quoique communes à plusieurs espèces différentes. L'explication est assez problématique, mais ce sont des faits qui servent à reconnaître les huiles pures.

173. Une dernière propriété fondamentale des corps gras est de former plus ou moins au contact des alcalis ces substances solides, lessivantes et mousseuses, plus ou moins dures qu'on nomme savons. L'eau sert de véhicule à cette combinaison dite saponification, et le savon en conserve une plus ou moins grande proportion qu'on évacue sensiblement par la dessiccation. Dans cette saponification nous avons déjà vu que c'est l'acide gras qui se combine avec l'alcali et forme un sel. La glycérine reste dissoute dans l'eau.

Les acides énergiques, notamment l'acide sulfurique en proportion suffisante et même la simple ébullition de l'huile, produisent la saponification et le durcissement en éliminant la glycérine.

174. Les caractères extérieurs bien connus des corps gras sont la pénétration, même à travers le cuir, l'expansion de la *tache d'huile* qui rend le papier transparent, le pompage par l'argile humide, la combustion plus ou moins fumeuse, l'onctuosité et la consistance. Ces deux dernières varient avec la fabrication et la température ambiante : telle huile est épaisse et trouble à 15°, elle devient limpide et liquide à 30°. L'olive de première compression à froid dite huile vierge, est limpide, liquide et faiblement colorée. La compression de la pulpe après macération fournit au contraire une huile noire et épaisse.

Entre la solidité du suif et l'aqueux du pétrole liquide et incolore comme l'eau, il y a des degrés sans limites. On considère cependant 4 types.

La *solidité* cassante du suif de 1re qualité.

Le *butireux*, mollesse plastique du beurre.

L'*oléagineux* ou sirupeux proprement dit.

L'*aqueux*, fluide comme l'eau.

Les autres caractères extérieurs ou organoleptiques des corps gras sont les couleur, odeur et densité. Mais ils varient, surtout la couleur, selon la fabrication et les localités et ne peuvent s'observer que sur les huiles et graisses fraîchement recueillies ; mal conservées, exposées à l'air et surtout à la lumière, les couleurs pâlissent et l'odeur devient rance. A l'état frais l'odeur rappelle celle de la substance d'extraction ; ainsi l'huile de lin sent la graine de lin des pharmaciens, l'huile de suif sent la chandelle, le colza a l'odeur piquante du poivre.

La densité est toujours inférieure à celle de l'eau, sauf pour quelques huiles spéciales dites lourdes, c'est un caractère plus constant et plus spécifique ; mais elle varie avec la température. Les huiles chaudes sont plus légères, le refroidissement ambiant qui épaissit et mène à l'opacité augmente aussi sensiblement la densité. Les huiles épurées sont un peu plus légères que les huiles brutes simplement soutirées à clair. Enfin plusieurs huiles ont la même densité comme elles ont la même couleur.

On a écrit que les huiles de densité différente se divisaient au repos et se classaient par ordre de densité à la façon de l'eau et de l'huile. Ceci paraît peu vrai, du moins pour les huiles battues ensemble. Elle paraissent au contraire se dissoudre les unes dans les autres.

2° Essai des huiles.

175. L'appropriation d'une huile à un service donné est très-différente suivant sa destination : la fluidité est le caractère des huiles d'éclairage ; l'onctueux et la viscuité sont le propre des huiles à graisser les machines. Les huiles à peinture, à mastics et à vernis doivent être siccatives, propriété qu'on redoute dans les deux premiers cas.

Le choix d'une huile dépend aussi jusqu'à un certain point des conditions locales. Ainsi dans le Midi, patrie de l'olive, on emploie généralement les huiles de ce fruit malgré quelques défauts. Dans le Nord au contraire on trouve sur place les colzas qu'on sait très-bien employer. On peut aussi appliquer à l'huile la maxime que la meilleure dans une industrie est celle dont on a l'habitude, et pour laquelle le matériel est approprié.

176. Etant donnée une huile à essayer, il y a lieu de reconnaître si elle est bien de la nature voulue, ce qui est l'essai chimique proprement dit, et si elle répond convenablement aux nécessités de son service, c'est-à-dire si elle brûle bien ou graisse bien, ce qui constitue l'essai pratique et mécanique.

L'essai chimique sur la nature d'une huile présente deux hypothèses : ou bien il s'agit d'une huile pure qui a ses caractères sui-generis comme les huiles de colza, d'olive, de pied de bœuf, de lin. L'épreuve est alors simple quoi que délicate ; les caractères reconnus par les expérimentateurs, se retrouvent dans l'huile donnée, auquel cas elle est prouvée pure et de bonne qualité ; ou bien ils font défaut et l'on conclu alors qu'elle est impure ou dénaturée.

Dans l'autre hypothèse l'huile donnée est inconnue ou c'est un composé. L'analyse est alors excessivement laborieuse.

Les experts de profession parviennent encore assez bien à déterminer une huile pure et à lui donner son nom en procédant par élimination successive de groupe, puis d'individus, suivant les méthodes de Chateau, Cailletet, Crace-Calvert et autres. En manifestant ainsi ce que n'est pas une huile, on finit par déceler ce qu'elle est ; mais il est parfois impossible de déterminer la composition d'une huile mélangée ; car on a affaire à des substances qui se dissolvent l'une dans l'autre, qui sont formées des mêmes corps simples et qu'on ne peut ni reconstituer ni isoler. Quand une pareille huile est donnée comme type d'une fourniture, il faudra donc en dresser la *monographie* pour s'assurer qu'il y a conformité des livraisons avec le type ; car on peut admettre que les mêmes caractères correspondent à circonstances égales à la même composition.

Quant aux huiles pures commercialement classées, cette monographie a été faite et publiée par un grand nombre d'expérimentateurs et en employant leurs procédés on devra retrouver les mêmes caractères qu'eux, si l'huile est pure et non dénaturée. Mais comme ces opérations sont d'une excessive délicatesse les caractères peuvent varier avec le tour de main de l'opérateur et l'état de ses instruments, réactifs, etc. La comparaison à un type qui a été recommandé à chaque nature d'essai, est pour l'huile, de première importance. Les maisons de confiance sont habituées à fournir ces *huiles-types pour essai* dont un litre suffit pour longtemps en prenant le soin de le conserver dans une bouteille en verre bien bouchée, à l'abri de la lumière et de la chaleur.

En résumé une huile se caractérise par sa densité, ses points d'ébullition et de congélation, son mode de saponification (conversion en savon par les alcalis), ses odeur, saveur et couleur; enfin par la coloration que produisent certains réactifs. Mais nous avons vu que par des mélanges méthodiques tous ces caractères pouvaient être obtenus artificiellement, ou même modifiés naturellement par les circonstances locales, qu'enfin diverses huiles distinctes avaient des points communs. Il suit de là qu'il ne faut conclure sur une huile qu'après l'avoir soumise à plusieurs épreuves se confirmant sensiblement. Parmi les nombreuses méthodes d'essai des huiles, celles qui sont pour ainsi dire classiques, sont la constatation de la densité par l'oléomètre, la coloration par l'acide sulfurique et quelques autres réactifs déterminés, suivant les indications du tableau final H. Accessoirement, en cas de doute on observe les points d'ébullition et de congélation.

177. Quoique les caractères organoleptiques soient souvent incertains, il ne faut cependant pas les négliger, surtout la saveur et l'odeur. On goûte l'huile, après l'avoir sentie, en en prenant une petite cueillerée dans la bouche sans l'avaler. Mais ce moyen n'est à la portée que des dégustateurs de profession.

L'odeur se perçoit aisément soit en chauffant l'huile, soit en en frottant la paume de la main, L'odeur sui generis s'accentue, à la condition toutefois que l'huile soit fraîche, car toute huile vieille et dénaturée sent à peu près la même *odeur rance*. Diverses huiles de compression à outrance se ressemblent de même beaucoup par leur couleur à peu près noire, leur odeur et leur épaisse consistance.

178. La densité de l'huile, caractère distinctif, mais si facile à produire artificiellement, se prend ordinairement à l'oléomètre de M. Lefèbvre d'Amiens, pèse-liqueur spécial du genre des aréomètres, accompagné d'un thermomètre à tige. L'huile à essayer étant versée dans une grande éprouvette, on y plonge les deux instruments en s'assurant qu'ils jouent librement sans se gêner. Au bout de 15 minutes quand il n'y a plus de variations, on lit sur l'échelle de l'oléomètre le degré affleurant le niveau de l'huile et on lit pareillement le degré thermométrique correspondant. Si l'huile est pure et non dénaturée, ce degré oléométrique doit être celui qu'indique le tableau H du chapitre final.

Mais on tolère un écart d'un degré en plus ou en moins, car les degrés du tableau s'appliquent à l'huile brute de bonne qualité dite de froissage soutirée à clair. L'huile vierge ou de fleurs, de première pression, ainsi que l'huile épurée, sont un peu plus légères et marquent environ un degré au moins. Au contraire l'huile de rebat et de compression à outrance des tourteaux, telles que l'olive d'enfer et la fèce de colza, sont plus lourdes d'au moins un degré. L'huile augmente également de densité en vieillissant. Comme précaution on recommandera d'essuyer les instruments après chaque épreuve avec un linge fin; l'oléomètre encrassé de cambouis s'immergerait plus qu'il ne convient. On le nettoie au besoin dans une lessive chaude de potasse.

Toutes les huiles, sauf peu d'exception, ont leur densité comprise entre 0,900 et 0,950; on évite de répéter sur l'échelle déjà si étroite de l'oléomètre le 9, la virgule et le 0; et il est entendu que lorsqu'on verra par exemple sur l'échelle: 3, 15, 45. Cela signifie densité 0,903; 0,915; 0,945.

179. Les réactifs colorants sont, avec l'oléomètre, le moyen classique de déterminer les huiles. Parmi les

nombreuses méthodes proposées (1), nous adopterons les caractères des réactifs suivants qui donneront les effets spécifiés à l'article de chaque huile; ils sont généralement empruntés à M. Chateau et sont usuels dans la plupart de nos administrations où l'on vérifie la fourniture des huiles. Savoir :

1° L'acide sulfurique pur du commerce, incolore, concentré à 66° de l'aréomètre; 2° l'acide phosphorique sirupeux très-épais; 3° le chlorure de zinc sirupeux aussi épais que possible (prendre garde néanmoins qu'il ne se consolide, auquel cas il faudrait ajouter un peu d'eau distillée bouillante); 4° le bichlorure d'étain fumant, drogue très-caractéristique de certaines huiles, mais très-désagréable par sa fumée piquante; 5° l'ammoniaque produisant des saponifications diversement solides ou nuancées; 6° dans quelques cas particuliers d'autres réactifs seront indiqués.

180. Suivent quelques observations relatives à la manière de procéder : 1° la proportion de réactifs et d'huile traitée sont de 6 à 8 gouttes d'huile pour une seule goutte de réactif, plus de celui-ci peut donner des effets très-différents; 2° il faut suivre à la lettre les indications données dans chaque cas; 3° toute épreuve non franchement réussie doit être non avenue et recommencée; 4° il faut observer surtout ce qui est relatif au temps et ne pas perdre de vue l'opération depuis le premier instant jusqu'à la fin, car parmi les caractères, les uns sont très-fugaces et les autres sont lents à se produire; 5° on opère dans des godets de porcelaine, ou bien soit sur des verres de montres très-peu bombés soit sur des plaques de verre bien horizontalement posées avec un papier blanc dessous. Ces petits ustensiles étant alignés deux par deux

(1) Voir *Guide pratique des corps gras industriels*, par Théodore Chateau. 1 vol. in-12, prix 6 fr. chez E. Lacroix éditeur, rue des Saints-Pères 54.

avec ordre, on y verse les gouttes d'huile qu'on étale de la grandeur d'une pièce de un franc, et bien au milieu on fait tomber la goutte de réactif. soit à l'aide du petit instrument spécial dit compte-gouttes, soit avec la baguette de verre délicatement trempée dans le réactif, suivant les indications données à l'article de chaque espèce d'huile. On observera sans la troubler la tache qui se produira avec ou sans auréole ou cercle à rayon ; ou bien les colorations successives qui se manifesteront plus ou moins vite en agitant avec la baguette de verre; 6° on laissera reposer le temps indiqué, car souvent dans ce repos des effets caractéristiques se produisent encore; 7° En essayant ainsi l'huile donnée et son type comparatif par les 6 réactifs indiqués, soit pour avoir la tache sans agiter, soit par agitation, on aura pas moins de 24 godets d'essai devant soi, entre lesquels il faut donc dès le principe beaucoup d'ordre méthodique dans un beau jour, et jamais aux lumières du soir. Néanmoins toute l'épreuve ne demande pas plus de 10 grammes d'huile dans un petit verre à pied, pour ensuite la distribuer adroitement dans les godets. Toutes ces opérations si méticuleuses sont d'ailleurs fort jolies quand elles sont faites avec soin, méthode et propreté. Dans le paragraphe suivant on verra sur chaque huile les effets caractéristiques des divers réactifs.

181. Le point d'ébullition et de congélation peut caractériser certaines huiles en cas de doute; mais on a vu que plusieurs huiles ont un point commun.

Celui de l'ébullition se détermine en chauffant environ 50 grammes d'huile dans une fiole à long col où plonge un de ces thermomètres à tige de verre et à mercure qui peuvent monter jusqu'à 400 degrés. L'opération est terminée aussitôt que l'huile entre visiblement en ébullition et que le thermomètre ne varie plus. On verra que certaines huiles ont un mode d'élévation de température par saccade et même avec des hauts et des bas ; le point proprement dit où l'ébullition est réelle est donc assez délicat à saisir. On sait d'ailleurs que l'expérience de l'ébullition de l'huile est puante et même non sans quelque danger, il ne faut donc la faire qu'avec précaution.

Le point de congélation où l'huile se fige, devient opaque et solide comme une graisse, se détermine en plongeant dans un bain réfrigérant, le même tube à huile qui précède; mais le thermomètre qu'on y plonge et qu'on y remue est au contraire un de ceux à alcool qui peuvent descendre jusqu'à — 30°. Le bain réfrigérant est un mélange à égales parties de glace pilée ou neige et de sel de cuisine bien mêlés et mis dans un vase de bois ou de terre en un lieu frais tel que la cave, un trou au fond laissera évacuer l'eau de glace fondue. Quand il ne sera pas possible de se procurer de la glace, on prendra un mélange de 5 parties de sulfate de soude pilé et 4 parties d'acide sulfurique ordinaire coupé lui-même de moitié d'eau. On produira ainsi un froid de — 16°.

182. L'essai mécanique des huiles qui est décisif de leurs qualités respectives, est assorti à l'emploi qu'on doit en faire. A cet égard n'ayant en vue que les emplois généraux, nous distinguerons 3 classes d'huile, savoir: les huiles tournantes ou de graissage, les huiles siccatives à peinture et les huiles d'éclairage. Ces dernières seules demanderont quelques développements.

Les huiles à graisser ou *tournantes* sont, ou bien des huiles pures dont le colza, l'olive, le pied de bœuf, le poisson, l'huile de résine soutirés à clair sont les types courants; ou bien des composés variables et parfois très-complexes qui font l'objet de recettes privées. Les caractères d'une huile tournante sont l'onctuosité, l'absence d'acidité et de ces principes siccatifs qui engendrent rapidement le cambouis. Il faut distinguer la petite machinerie, et les essieux des wagons de chemin de fer qui demandent les premières qualités d'huile, et les huiles épaisses réservées pour les gros frottements.

L'essai mécanique des huiles ne se fait au laboratoire qu'à l'aide de machines où la matière grasse descend, soit entre des coussinets et tourillons, soit entre des surfaces planes frottant respectivement. La quantité d'huile débitée, le travail résistant du frottement, l'élévation de température sont consignés par l'opérateur ou automatiquement. Mais ce sont des instruments de précision d'un grand prix et d'une conduite délicate qui ne peuvent pas exister partout. Quelques grandes entreprises en ont de magnifiques spécimens. La machine à essayer des ateliers de la marine à Indret, éprouve les huiles et graisses sous une pression à outrance de 40 kilogrammes, produite par des ressorts sur des petits coussinets en mouvement dans un collier fixe. La compagnie du chemin de fer de l'Est a deux machines : l'une, simple arbre tournant dans des coussinets fortement chargés à l'aide d'une romaine; l'autre fort bel outil de M. Napoli, où la matière est essayée entre des plateaux chargés sous une pression de 10 kilogrammes par centimètre carré. Toutes les indications, depuis la température jusqu'au travail de frottement sont enregistrées automatiquement par un mouvement électrique.

Quand on n'a pas à sa disposition une machine à essayer les huiles, leur épreuve mécanique n'appartient plus au laboratoire. L'essai se fait dans le service courant lui-même, avec toutes les précautions et garanties voulues suivant les circonstances locales. Après s'être assuré que l'huile éprouvée satisfait, on en adresse au laboratoire un échantillon-type avec lequel les livraisons doivent être conformes par tous les caractères dont on a dû faire la monographie.

183. Pour la peinture, les vernis et les mastics, l'huile doit être siccative; le lin est le type par excellence. C'est la plus lourde des huiles de graines, l'une des moins coûteuses, mais il y en a de diverses qualités, suivant qu'elle est de première, deuxième ou troisième compression. On

distingue essentiellement aussi le lin brut ou naturel, et le lin cuit avec des oxydes métalliques qui augmentent la siccativité.

De même que la navette est l'huile sœur du colza, le lin a aussi dans le chènevis une huile très-voisine, mais un peu moins siccative.

Pour essayer la siccativité d'une huile, on en enduit au pinceau une plaque de verre. Une huile brute siccative, doit être prise en vernis au bout de 48 heures.

184. Les huiles lampantes ou d'éclairage donnant une belle flamme sans fumer ni charbonner la mèche, sans encrasser les lampes, sans être trop dispendieuses de consommation, ont pour types le colza et l'olive de froissage, non-seulement soutirées à clair, mais épurées des débris et mucilages qui formeraient cambouis. Comme cette épuration se fait à l'acide sulfurique si difficile à chasser, les huiles épurées ont presque nécessairement un peu d'acidité ; mais celle-ci doit être peu accentuée, sinon les mèches charbonnent et les vases se détruisent. Les huiles siccatives sont généralement impropres à l'éclairage. Voir ci-après comment on constate l'acidité et la siccativité.

L'essai mécanique des huiles d'éclairage consiste à la brûler dans une lampe de service ordinaire, où elle doit se consommer sans fumer, sans charbonner la mèche durant un temps déterminé, environ 6 heures, avec une consommation et une intensité de lumière aussi déterminées. On se borne souvent à l'essai à la veilleuse, ce qui consiste tout simplement à faire brûler des veilleuses ordinaires de bonne qualité dans un petit vase d'huile. On ne mesure ainsi bien entendu ni la consommation ni l'intensité de lumière ; mais par la durée de l'allumage de la mèche on juge si l'huile est de bonne qualité, si elle ne fait pas décrépiter et charbonner. Dans la première phase de la combustion de la mèche on voit s'il y a fumée ou belle flamme. A l'administration de la marine, la veilleuse doit brûler au moins 20 heures avant de s'éteindre, si elle dure moins de 15 heures l'huile est refusée, mais il ne faut conclure qu'après s'être assuré que le résultat de plusieurs veilleuses est concordant.

185. Pour faire à la lampe l'épreuve d'une huile, toute lampe en bon état convient ; on en affecte une réservée *ad hoc* qui soit connue et dont les résultats puissent être comparés, à circonstances égales de bec, verre et mèche. Dans les administrations publiques, les essais réglementaires d'huile à brûler se font avec une lampe carcel à réservoir de cristal pour suivre le fonctionnement intérieur et démontable pour être nettoyée à fond, de la série dite de 14 lignes (1) proportionnée et réglée comme suit :

Bec, diamètre extérieur	23,5 m/m
— intérieur (courant d'air).	17
Verre hauteur totale	290
— jusqu'à l'étranglement. .	61
Diamètre extérieur	53
— en haut.	34
Épaisseur moyenne.	2

La lampe se prépare ainsi : mettre une mèche neuve et bien sèche, la couper vive à fleur du porte-mèche, remplir la lampe entièrement avec l'huile à essayer,

(1) On a conservé pour le classement des lampes à huile, l'ancienne mesure en *ligne* de la mèche posée à plat. La ligne vaut 2,30 millimètres, par conséquent une lampe de 14 lignes est celle dont la mèche posée à plat telle qu'on l'achète a $2,30 \times 14 =$ 32 millimètres forts. C'est la grosse lampe ordinaire dite d'administration, au-dessus de laquelle il n'y a guère que la lampe d'extra. La lampe à bec de 7 lignes, la plus petite de celles qui sont courantes a une mèche de 16 millimètres et la lampe de 10 lignes usuelle pour bureau a une mèche de 23 à 25 millimètres, de 7 lignes à 14 lignes, les lampes, leurs bec et mèche croissent de ligne en ligne, ainsi que le verre qui doit toujours être assorti à la lampe.

monter la lampe, allumer la mèche, celle-ci peu élevée jusqu'à ce que la couronne soit enflammée, poser le verre et monter alors la mèche pour brûler à blanc à 10 millimètres de hauteur, l'étranglement de verre dépassant lui-même de 7 millimètres le niveau de la mèche.

Tel est l'état dont doit peu s'écarter la lampe de 14 lignes en bonne marche courante et avec une bonne huile. En cet état la consommation par heure doit être de 40 à 45 grammes, dans une expérience de 5 heures sans coupage de mèche.

Pour mesurer cette consommation, la méthode la plus pratique consiste à poser la lampe emplie au moment de l'allumage sur un plateau de balance et on fait la tare sur l'autre. A la fin de l'expérience des 5 heures, la consommation d'huile a fait monter le plateau portant la lampe; le poids nécessaire pour rétablir l'équilibre primitif, est la mesure de la dépense Q d'huile pendant la durée t de la combustion et la dépense moyenne par heure sera $D = \frac{Q}{p}$. Soit $Q = 215$ et $t = 5$ heures. On aura $D = \frac{215}{5} = 42$ grammes d'huile dépensée par heure.

186. Pour que cette consommation soit un renseignement utile et vrai, elle doit être rapportée à l'intensité de lumière produite ou en d'autres termes au *pouvoir photométrique*.

L'intensité de lumière a pour unité usuelle celle que donne dans l'obscurité une bougie stéarique ordinaire dite de l'Étoile de 5 à la livre, brûlant à raison de 9 gr. et demi par heure, la mèche étant mouchée s'il est besoin de manière à lui conserver 1 centimètre de hauteur constante. D'après Péclet, Penot et autres expérimentateurs, voici l'intensité de lumière évaluée en nombre de bougies produite par divers modes d'éclairage.

DÉSIGNATION.	Consommation à l'heure.	Nombre de bougies.
Bec de gaz 1re série.	100 lit.	5,40
— 2e série	140 lit.	7,70
— 3e série	200 lit.	12,00
Lampe à huile de colza, bec de 14 lig.	42 gr.	7,00
— bec de 11 lig.	30 gr.	5,50
Pétrole mèche plate de 16 m/m	25 gr.	6
— bec rond de 14 lignes.	40 gr.	9

187. Le pouvoir photométrique, c'est-à-dire la mesure de l'intensité de lumière s'obtient par un instrument di photomètre qui est fondé sur cette loi physique que l'in-

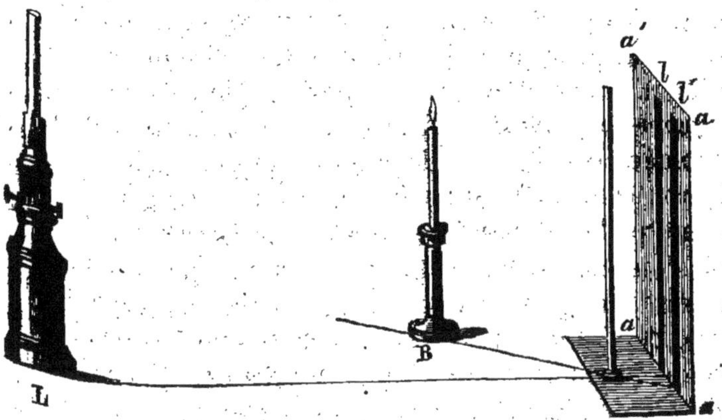

Fig. 34.

tensité des deux lumières projetées sur un écran est en raison inverse du carré de la distance du foyer à l'écran. Soit par exemple une bougie prise pour unité de lumière, placée à 50 centimètres de l'écran. Une lampe placée à 2 mètres, c'est-à-dire à quatre fois la distance de la bougie et donnant alors la même intensité de lumière que celle-ci aura pour mesure $2^2 = 4$ bougies.

Il y a de nombreux systèmes de photomètre; celui de la figure 34 dit de Rumfort, est suffisant pour la pratique, et facile à faire ainsi qu'il suit : l'écran sera un simple cadre de papier blanc, dressé verticalement. En avant de l'écran à 10 centimètres environ, on plante verticalement une règle ou une baguette R. Ce n'est pas un rayon lumineux qu'on projettera ainsi sur l'écran, mais tout simplement l'ombre de la baguette d'autant plus accusée en noir que vive sera l'intensité de lumière qui la frappe elle-même.

La lumière prise pour unité d'intensité est comme il précède une bougie, et il est d'usage d'adopter la bougie de 5 au paquet dite de l'Etoile dont la qualité commerciale est reconnue assez constante. On place cette bougie en bon état de combustion normale à une distance fixe en avant de l'écran, soit 50 centimètres en dehors de la ligne d'axe par exemple en B. Son rayon lumineux passant par la régle projettera l'ombre noire de celle-ci sur l'écran. Tout étant ainsi disposé et l'huile dont on veut essayer le pouvoir lumineux étant mise dans une lampe allumée en état de brûlage normal, on pose la lampe de l'autre côté de la ligne d'axe, à une distance telle que l'ombre de la baguette projetée sur l'écran en l' soit ni plus ni moins accentuée, ni plus ni moins noire que l'autre ombre l, ce qui est aisé à reconnaître à simple vue. Quand l'ombre l' est plus noire que l, on éloigne la lampe et on la rapproche si l'ombre est plus pâle. Une règle à coulisse peut aider à promener la lampe rectilignement. Quand elle est à son point, il ne reste plus qu'à mesurer sa distance à l'écran, de la diviser par 0,50 qui est la distance de la bougie et d'élever au carré le quotient ; le nombre ainsi donné est celui des bougies auxquelles correspond la lumière de la lampe alimentée avec l'huile d'essai. Comme point de comparaison de dépense et de pouvoir éclairant, on prend le colza épuré de première qualité qui, dans une lampe ordinaire à bec dit de 14 lignes en état normal brûle à blanc à raison de 40 à 45 grammes d'huile consommée par heure en donnant une lumière égale à 7 ou 8 bougies.

Dans la construction du photomètre on aura soin de rapprocher la règle de l'écran et de régler la divergence des deux lumières de part et d'autre de l'axe, ou normale de manière que les deux ombres portées soient tangeantes sinon il est assez difficile d'apprécier l'uniformité des teintes. Il convient de répéter plusieurs fois l'observation au cours de l'essai d'allumage, en étant très-attentif à l'état des lumières, surtout à la bougie servant d'unité.

188. *Essai d'acidité.* Les huiles et graisses sont généralement à réaction neutre. Cependant quand elles sont dénaturées par l'âge et la chaleur, quand elles rancissent, elles se décomposent et le principe d'acidité se manifeste.

Les huiles végétales pour l'éclairage sont épurées, c'est-à-dire purgées par l'acide sulfurique des débris et du mucilage qui s'y trouvent après la compression des graines et fruits; il est difficile de chasser complétement cet acide. L'huile épurée n'en est donc pas absolument dépourvue, du moins faut-il que son acidité soit peu accentuée, sinon la mèche *charbonnerait* et le mécanisme des lampes serait-il altéré malgré la précaution prise d'en étamer le mécanisme.

Les huiles et graisses lubrifiantes doivent être exemptes d'acidité, sinon les pièces, notamment le cuivre, s'oxydent et elles se soudent ensemble quand les machines chôment.

Dans les huiles à peinture et vernis, l'acidité peut également être une cause d'altération.

Il y a des huiles et graisses qui neutres à la livraison, s'acidifient rapidement en service et montrent un enduit vert-de-gris sur le cuivre.

La constatation de l'acidité d'une huile n'est pas toujours facile. L'acide oléique qui précède rougit le tournesol et son papier s'il est humide, l'acide sulfurique dans l'huile épurée, se décèle par le chlorure de baryum. Mais ces moyens usuels n'agissent pas toujours facilement à cause de la nature de l'huile dont les molécules forment un enduit particulièrement sur le papier.

C'est cependant le moyen dont on se sert faute de mieux. A cet effet on bat l'huile longtemps et fortement avec le réactif (chlorure de baryum et tournesol) en dissolution aqueuse; laissez ensuite reposer, l'huile se sépare de l'eau où l'acide s'est dissout, le chlorure de baryum la blanchit et forme un précipité de sulfate de baryte, le tournesol est rougi, l'acidité est décelée ainsi. Quelques gouttes d'une huile acide sur une plaque de cuivre l'oxydent sous forme de vert-de-gris : quand cette tache n'apparaît pas avant 24 heures, on peut considérer l'acidité comme insignifiante.

189. *Essai de siccativité des huiles.* La propriété siccative recherchée et augmentée pour la peinture, mais redoutée dans l'éclairage et le graissage se décèle :

1° En enduisant au pinceau une plaque de verre qu'on laisse exposée à l'air libre. Une huile sensiblement siccative comme le lin naturel est solidifiée au plus en 4 jours.

2° L'acide hypo-nitrique versé en proportion de quelques gouttes dans un godet ou petit verre d'huile à essayer, solidifie rapidement celle-ci lorsqu'elle n'est pas siccative; telles sont les huiles de colza, d'olive et de pied de bœuf. Il n'y a au contraire pas de solidification si l'huile est siccative comme le lin, le chanvre et l'œillette.

3° L'acide sulfurique mêlé en proportion de un gramme avec cinq grammes d'huile présumée siccative, y produit un échauffement sensible qui n'a lieu au contraire que faiblement dans une huile non siccative.

190. *Essai des huiles impures et composées.* On a déjà dit que s'il était assez aisé de constater la pureté d'une huile, il était au contraire très-difficile de reconnaître ce qui entre dans un mélange. Quelques indications conduiront cependant au moins à des probabilités. D'abord on ne fraude guère une huile qu'avec des huiles de moindre prix, et par conséquent la cote officielle du marché indiquera suivant les localités quelle huile probable peut être mélangée avec celle qu'on a fourni.

Les huiles à bon marché qui sont introduites en mélange sont généralement : l'huile minérale, l'huile de résine, l'huile de poisson, l'huile de suif et l'huile de lin.

1° L'huile minérale se trahit par son odeur empyreumatique (odeur bien connue du pétrole ou du goudron). Elles sont facilement volatiles. Ayant donc mis dans une capsule une quantité pesée d'huile essayée, évaporez au bain-marie à 100° au plus et pesez de nouveau, l'huile minérale volatilisée se dosera par différence entre les deux pesées. On peut aussi distiller et recueillir le pétrole comme il est dit au n° 50 *bis*, il se retrouvera dans la boule rafraîchie B. Quant à la densité, le pétrole est plus léger que l'huile et il fera immerger l'oléomètre. Mais il y a des huiles minérales qui sont lourdes et se font au contraire très-sensiblement émerger.

2° L'huile de résine, par son odeur et par sa couleur peut se confondre avec l'huile minérale. Elle est d'ailleurs lourde et elle fait émerger l'oléomètre ; mais elle ne se volatilise pas comme la précédente. C'est par la belle teinte pourpre passant au violet produit par une goutte de bichlorure d'étain fumant qu'on manifeste le mieux sa présence.

3° Les huiles de poisson ou de cétacé se trahissent par leur odeur bien connue de sardine ou de foie de morue ; mais surtout par la coloration noire que produit un courant de chlore gazeux. Mettez donc l'huile suspecte dans un verre à pied et amenez-y le courant de chlore. En outre on verra que l'acide sulfurique teint l'huile de poisson en violet, et cette teinte tend à se produire dans tout mélange où il y a quantité appréciable de cette huile de poisson.

Les huiles animales gèlent à la température peu abaissée : dès que l'atmosphère est à +6 degrés, elles s'épaississent en matière blanche qui rend opaque l'huile de colza ou autre dans laquelle elle est en mélange, c'est encore un caractère qui se manifeste en toute saison à la glacière.

4° L'huile de suif proprement dite, c'est-à-dire l'oléine extraite par simple compression des suifs, se trahit par son odeur sui-generis bien connue, odeur de chandelle, et par sa congélation facile.

On donne improprement le nom d'huile de suif à l'acide oléique, produit de la décomposition des graisses dans les fabriques de bougies. Outre son odeur de suif, cette substance a son acidité prononcée qui la caractérise. Mais on se rappellera que toute huile rance et dénaturée, ainsi que les huiles épurées pour l'éclairage, peuvent avoir de l'acidité et par conséquent celle-ci n'est pas à elle seule une preuve de l'introduction d'acide oléique dans une huile. D'autre part l'oléine et l'acide oléique sont très-légers et font très-sensiblement immerger l'oléomètre, si une huile lourde ajoutée en outre ne ramène pas le degré de la densité.

5° L'huile de lin se trahit par sa grande densité moindre cependant que celle de résine, et son odeur de lin médicinal; enfin l'acide sulfurique par agitation forme pâte brune, même en très-petite quantité.

En général pour manifester la composition d'une huile impure, ce qu'il y a de mieux à faire est de mélanger soi-même des huiles pures qu'on a en provision et de tâtonner dans ces mélanges jusqu'à ce qu'on en ait produit un ayant les caractères de l'huile essayée. Ce n'est pas certain, car bien des huiles ont des points communs; mais enfin par l'ensemble des caractères, on arrive ainsi avec un peu d'habitude à des preuves suffisantes. Nous le répéterons en terminant, ce n'est pas par un ou deux caractères qu'on se prononce sur une huile, c'est par l'ensemble plus ou moins concordant du plus grand nombre possible.

3° Principales huiles.

191. Le colza est le type de l'huile pour l'éclairage et le graissage de la machinerie moyenne. On l'extrait par

compression de la graine du colza, plante de la famille des choux, abondamment cultivée surtout dans le Nord et l'Est de la France. Cette huile est onctueuse quoique liquide, nullement siccative et exempte d'acidité si elle est fraîche et naturelle. Elle brûle avec belle flamme claire sans fumée et sans faire *champignonner* la mèche, quand elle est épurée des mucilages et débris qui restent plus ou moins dans l'huile brute et quand l'acide sulfurique qui sert à cette épuration est suffisamment éliminé. Elle se vend en fut de 100 kil. contenant 100 litres en nombre rond y compris le déchet.

La bonne graine de colza est sphérique, noire, lisse, à moins qu'elle n'ait subi la dessiccation, auquel cas elle est un peu ridée; elle glisse sous les doigts et quand on l'écrase sur du papier elle fait tache d'huile d'environ 1 centimètre carré, si elle est riche. Le colza français dit d'hiver, est le plus estimé. Quand cette huile se décompose comme il est dit au n° 170, on obtient 46 pour cent de margarine et 54 pour cent d'oléine.

Comme toutes les huiles, le colza mal conservé rancit, perd son onctuosité et sa couleur, il augmente de densité, s'oxyde, se décompose et brûle mal. Mais cette dénaturation est moins rapide que pour d'autres huiles, le colza est donc une de celles qui s'acidifient le moins vite.

Le colza comme les autres graines et pulpes oléagineuses, fournit l'huile par l'effet d'une compression énergique. La première huile est dite huile vierge, huile de froissage ou encore huile à froid, bien que la compression à froid ne soit plus guère qu'un mythe. Elle est jaune d'or clair, limpide, riche en lumière. C'est par excellence l'huile d'éclairage et de graissage pour petite machinerie. Elle est même comestible; elle a une odeur piquante sui-generis. Sa densité moyenne à 15° est 0,915, elle se congèle à 2° et est à cet égard analogue à l'olive vierge. Elle est peu soluble dans l'alcool, mais complétement dans l'éther, la benzine et le sulfure de carbone; les acides sulfurique et phosphorique la colorent en vert.

L'huile de seconde compression dite de *rabat* est plus brune et plus épaisse, elle laisse déposer beaucoup de mucilage et il faut la *soutirer* à clair. C'est l'huile de graissage pour machine. Enfin en concassant les résidus dits *fèces*, on obtient une huile brune et épaisse qui est de qualité inférieure, bonne seulement pour les gros frottements et les lampes grossières.

192. Outre ces trois variétés de colza brut, il y a le colza épuré pour lampe carcel et à modérateur. L'épurage consiste à dépouiller l'huile des mucilages et des débris au moyen de 2 à 8 pour cent d'acide sulfurique qui les brûle. On bat le mélange et on ajoute ensuite de l'eau qui s'empare de l'acide et des débris calcinés, on laisse déposer, on décante ou on filtre l'huile purifiée qui est absolument limpide, plus liquide, moins dense et moins colorée que l'huile brute. L'épuration grève le prix de l'huile d'environ 3 fr. par hectolitre ; ajoutons que l'acide sulfurique est si difficile à chasser que l'huile épurée conserve inévitablement un peu d'acidité, qu'on tolère à la réception quand elle n'est pas trop accentuée. Si elle n'oxyde pas sensiblement la plaque de cuivre en 24 heures elle est recevable.

Le colza brut ou épuré est paraît-il souvent fraudé, non-seulement avec la navette et le ravison qui ne sont que des variétés un peu inférieures; mais avec du lin, de l'huile de poisson et de l'huile de suif, la première est siccative et donne du cambouis dans l'éclairage, la seconde est puante, la troisième acide, et toutes font charbonner la mèche dans l'éclairage.

193. Les épreuves classiques du colza, sont : 1° la constatation de sa densité par l'oléomètre. Voir n° 178 sous la réserve des observations qui suivent ; 2° la coloration très-caractérisée par les réactifs. Le colza ne doit d'ailleurs être ni siccatif, ni acide à l'épreuve, voir n°s 188 et 189 ; son odeur est également caractéristique.

Dans ces épreuves on observera que les caractères du colza se retrouvent assez sensiblement dans la navette et le ravison qui vont suivre, et n'en sont que des variétés. Ces caractères ne sont bien accusés que dans l'huile fraîche et naturelle. Les vieilles huiles, les huiles de fèces sont plus lourdes, les premières presque incolores, les dernières très-brunes. D'autre part les huiles épurées sont claires, liquides et limpides. Suivent les caractères d'abord de l'huile brute soutirée à clair et ensuite de l'huile épurée.

1° Huile brute. Couleur jaune d'or vif, odeur piquante et franchement végétale qui sera caractéristique après un peu d'habitude. Les trois réactifs suivants la déterminent d'autant mieux qu'ils donnent tous trois presque le même effet. Savoir : 1° acide sulfurique, (une seule goutte) jolie auréole verte, souvent à centre brun; le tout fonce et brunit ensuite. Par l'agitation, beau vert qui passe ensuite au gris foncé ou au brun. 2° Acide phosphorique, vert ainsi que par l'agitation. 3° Le chlorure de zinc, vert, mais plus bleu. 4° Par les alcalis, très-faible saponification.

2° Colza épuré : plus clair et plus limpide, densité moindre de 1 ou 2 degrés, même odeur. Par les réactifs, plus aucun des caractères du colza brut et naturel. Seul, l'acide sulfurique donne une tache jaune d'ocre plus ou moins foncée, plus ou moins marbrée, à l'agitation même couleur qui fonce ensuite, les autres réactifs ne produisent aucun effet régulier.

194. La navette et le ravison dit colza sauvage, sont deux graines de la même famille que le colza proprement dit, et qui lui sont souvent mêlées, même chez le cultivateur. La qualité de l'huile est classée comme inférieure. La graine de navette est plus petite et moins sphérique; celle du ravison plus irrégulière de grosseur et de couleur. L'huile de ravison a sensiblement plus de densité et elle gèle à une beaucoup plus basse température, sa saveur,

et son odeur sont beaucoup plus accentuées, et comme c'est une plante récoltée sans culture, on ramasse souvent avec elle toutes sortes de graines qui vont jusqu'à acidifier le ravison proprement dit.

Dans les années où la culture du colza est manquée, comme on n'en demande pas moins de l'huile de colza, on peut être à peu près certain qu'on fournit sous son nom de la navette qu'on sème aussitôt et même du ravison, qu'on fait venir de l'étranger.

Les caractères de ces deux huiles sont sensiblement les mêmes que pour le colza, sauf qu'à l'oléomètre le ravison est beaucoup plus lourd. Les colorations par les réactifs sont peut-être un peu plus foncées. Ces deux huiles qui se donnent si souvent pour du colza, le valent sensiblement pour le graissage quand il n'y a pas d'acidité. Mais elles sont réputées inférieures pour l'éclairage, ce qui ne peut être reconnu qu'à la lampe.

Ce qui nuit surtout au ravison, c'est qu'étant une plante sauvage on recueille nécessairement avec sa graine celle de toute autre plante. C'est donc une substance incertaine et douteuse.

195. La sésame et la cameline sont des graines fines emplissant une gousse et dont on tire une huile ressemblant au colza avec lequel on les mêle. Elle est bonne pour l'éclairage quand elle est fraîche, mais assez siccative. Elle a une grande densité, rancit vite, brûle rapidement, ne se congèle qu'à — 18° et commence à bouillir un peu au-dessus de 100° dit-on, c'est-à-dire à une température beaucoup moins élevée que la plupart des autres huiles. Par une singularité caractéristique le thermomètre continue à monter jusqu'à 100°, puis il retombe et se relève. Par les réactifs, la cameline et la sésame diffèrent : en ce qui concerne celle-ci, d'après M. Chateau, l'acide sulfurique fait tache jaune passant successivement au violet, l'acide phosphorique fait tache orange, l'effet du chlorure de zinc est nul. A ces réactifs on ajoute l'acide

azotique qui donne également une teinte orange, et l'acétate de plomb qui par l'agitation fait mousser. Par les réactifs ci-dessus la cameline donne des teintes vertes opaques comme le colza, mais avec veines oranges. Le bichlorure d'étain donne une matière visqueuse ressemblant au miel.

196. L'huile d'olive rare dans le Nord et commune dans le Midi sa patrie, s'extrait par compression du fruit de l'olivier. L'huile vierge de premier froissage est réservée comme huile comestible par excellence. La seconde huile est éminemment propre à l'éclairage et au graissage de la petite machinerie ; l'huile noire obtenue par compression à outrance, dite de rabat et d'enfer sert aux grosses machines.

L'huile lampante ou tournante de bonne qualité est jaune, verte ou blanche, onctueuse et très-fluide, fortement saponifiable par les oxydes métalliques; très-sensible à l'action de l'air, elle se décolore, rancit et s'acidifie, mais elle n'est pas siccative.

Elle se compose de 72 % d'oléine et 28 % de margarine. Celle-ci commence à se déposer dès que la température s'abaisse à + 6 et l'huile est complétement figée à — 3 degrés. C'est pour cela que cette huile convient peu en hiver aux contrées du Nord. Par contre, elle ne bout qu'à une température supérieure à + 300 degrés; le thermomètre éprouve d'ailleurs des sauts brusques en plus ou moins comme dans l'ébullition de la sésame et de la cameline.

L'huile d'olive de qualité supérieure est, paraît-il l'une des plus frelatée, notamment avec l'œillette et la faîne qui sont siccatives. Les experts dégustateurs ne s'y trompent pas au goût, et on a donné de très-nombreuses méthodes d'essai, (voir l'ouvrage de M. Chateau). On peut ajouter l'expérience à la glacière consistant à mettre l'huile essayée en un tube plongé dans la glace pilée, l'olive qui fige entre 0° et +3°, prendra en masse et l'œillette qui ne gèle qu'à — 15° restera liquide. Celle-ci a en outre la propriété de mousser et de faire *chapelet* caractéristique de bulles d'air quand on l'agite.

Par les quatre réactifs ordinaires, l'huile d'olive est teintée en jaune, quelquefois verdâtre, l'agitation fonce et épaissit.

197. *Arachide.* L'huile abondamment contenue dans l'amande de l'arachide ou faux-pistachier terrestre paraît devoir faire grande concurrence à l'huile d'olive, elle est à peu près de même densité, fige à environ + 3° et est très-sensible à l'air, mais non siccative. L'huile de premier froissage est incolore et caractérisée par une saveur de haricots verts. L'huile industrielle est jaune et de forte odeur, par les trois réactifs qui précèdent on a une tache jaune. Le caractère le plus saillant est celui de l'ammoniaque qui donne un savon épais.

198. L'huile de lin extraite de la graine de lin cultivé, est par excellence l'huile siccative recherchée pour la peinture, les vernis et les mastics ; par cela même elle est impropre au graissage et à l'éclairage, à cause du cambouis qu'elle engendre. On augmente la siccativité en la faisant bouillir avec 5 % d'oxyde de plomb dit litharge ou autre oxyde métallique riche en oxygène, d'où on distingue dans le commerce l'huile de lin crue, brute ou naturelle, simplement soutirée à clair, et l'huile de *lin cuite* ou siccativée à la litharge ou au manganèse, qui est grevée d'une assez forte plus-value. La première est limpide et brun clair, l'huile cuite est foncée.

L'huile de lin est la plus lourde des huiles de graine, sa densité est 0,935° à la température de 15 degrés thermométriques. C'est aussi la plus chaude, elle ne fige qu'à — 27° et elle se distingue ainsi à la glacière du colza, de l'olive, etc. L'huile de lin a son odeur caractéristique de la graine de lin médicinale, quand elle ne prend pas en résine ou vernis, elle se dénature vite à l'air et devient acide. Elle est généralement une des moins coûteuses et si elle frelate d'autres huiles, elle n'est guère coupée elle-même que dans les années de disette par la cameline, l'huile de suif et de poisson qui ne sont pas siccatives et sont par conséquent nuisibles. L'œillette et le chènevis étant au contraire presque autant siccatifs que le lin, sont moins à redouter.

Pour l'épreuve de l'huile de lin on a l'oléomètre et la glacière. Quant aux réactifs colorants, le chlorure de zinc et l'acide phosphorique donnent des teintes vertes comme le colza, moins accentuées; mais l'acide sulfurique (même une seule goutte) produit aussitôt qu'on agite une épaisse gélatine brune qui est caractéristique.

Bien entendu ces caractères n'appartiennent qu'à l'huile de lin naturelle, on ne les retrouve plus dans l'huile siccativée.

199. A la suite du lin se placent comme huiles siccatives le chènevis, l'œillette et la noix qui, par la cuisson paraissent donner de très-bons vernis.

1° L'huile de chanvre ou de chènevis se tire de la graine bien connue du chanvre femelle, sa couleur varie du vert au jaune verdâtre avec une odeur et une saveur sui-generis. Elle a beaucoup de rapport avec l'huile de lin; comme celle-ci elle est très-siccative, mais elle est un peu moins dense et un peu moins chaude.

Traitée par le chlorure de zinc, les acides phosphorique et sulfurique, elle donne des teintes vertes comme le colza, et par conséquent l'acide sulfurique ainsi que son odeur la distinguent nettement du lin. Par le bisulfure de calcium et les alcalis, l'huile de chanvre donne un savon verdâtre également caractéristique.

2° L'huile d'œillette est fournie par la graine de pavot blanc, très-fine graine noire ou grise qui donne aussi l'opium. L'huile vierge est comestible et médicinale, elle est incolore et caractérisée par une saveur de noisette, les qualités inférieures réservées à l'industrie sont rousses, très-siccatives, lourdes et chaudes, elles rancissent vite.

L'huile d'œillette soit pure soit en mélange, a pour caractère de *former chapelet* quand on la bat, c'est-à-dire une suite de petits globules d'air en ligne comme des grains de chapelet.

L'acide sulfurique colore l'œillette en jaune clair, il en est de même du bichlorure d'étain qui en outre solidifie par l'agitation, les autres réactifs ont un effet peu caractéristique.

3° L'huile de noix, vierge ou de première compression est incolore et comestible, les huiles inférieures réservées à l'industrie sont vertes ou jaune-verdâtre comme celle du chènevis, avec une saveur caustique, très-siccative, plus légères que le lin, à peu près de même densité que le chanvre et l'œillette. Elle rancit aisément. Étant fraîche elle brûle bien et est très-saponifiable.

L'acide sulfurique et le bichlorure d'étain donnent une coloration orange, les autres réactifs font peu d'effet.

200. L'huile de résine dont l'emploi se répand beaucoup pour le graissage des grosses machines et qui provient des fabriques de colophanes, est brune, épaisse, onctueuse, caractérisée par son odeur de goudron et sa densité supérieure à celle du lin, elle est siccative, la plus lourde des huiles usuelles animales ou végétales; l'oléomètre ordinaire n'en peut donner le degré. On fait maintenant des huiles de résine traitées par divers procédés qui sont liquides et inodores, dont les caractères sont incertains et qu'il est très-difficile de reconnaître dans les mélanges.

Par l'acide sulfurique, l'huile de résine donne de suite une tache brun-clair, en agitant, une belle teinte chocolat, par l'acide phosphorique et le chlorure de zinc on obtient en agitant longtemps une matière translucide bleu-clair, la potasse est un saponifiant énergique de l'huile de résine. Le bichlorure d'étain donne une magnifique coloration pourpre qui est plus caractéristique que toutes autres.

201. L'huile de palme ou de palmier extraite du fruit de certains palmiers, est d'un grand usage dans la fabrication des graisses saponifiées pour boîtes de roues de wagon. Cette huile liquide à la haute température de son pays est dans nos climats à l'état solide comme du beurre, d'odeur empyreumatique agréable et de couleur orange qui claircit au soleil. Elle se liquifie à + 25°; l'huile de palme ne bout qu'à haute température. On fraude l'huile de palme en donnant pour telle du suif commun coloré de curcuma et parfumé d'iris. Traitée par l'éther, la matière grasse se dissout, l'iris et le curcuma se déposent en résidus insolubles.

202. L'huile de pied de bœuf est la plus importante des huiles animales pour le graissage, surtout celui de la petite machinerie. La véritable huile de pied de bœuf obtenue dans les abattoirs en faisant bouillir les pieds de bœufs et de vaches, est de couleur paille, verdâtre ou incolore, à légère odeur de suif; ayant pour densité 0,916 à peu près comme le colza et l'olive. Elle est très-liquide et limpide à 15°. On lit dans divers livres qu'elle ne se congèle qu'à un grand froid, qu'elle n'est ni siccative ni acide, qu'elle résiste longtemps à la rancidité et que ce sont les raisons de sa préférence dans l'horlogerie. Nous n'avons pas eu encore la bonne fortune de rencontrer toutes ces belles qualités dans l'huile qu'on nous a soumise comme huile de pied de bœuf. Elle nous a toujours paru au contraire se concreter abondamment à environ 0°, tout au moins à déposer beaucoup de stéarine. Il est vrai qu'on a dans le commerce beaucoup plus d'huile dite de pied de bœuf qu'on ne peut en produire, et qu'on vend sous ce nom des huiles de pied de toutes espèces de bêtes, heureux quand ce ne sont pas des mélanges dont le colza et l'olive sont les meilleurs éléments.

La véritable huile de pied de bœuf, toujours très-incertaine pour les expérimentateurs, est donc très-difficile à caractériser, et ce n'est que sous réserves que nous indiquons la densité par l'oléomètre n° 178 et la coloration : 1° par l'acide sulfurique qui donne une tache jaune brunissant ensuite ; 2° l'acide sulfurique avec agitation donnant une coloration brune transparente qui reste couleur terre de Sienne ; 3° le chlorure de zinc et l'acide phosphorique ne font presque rien au simple dépôt, mais laissent par l'agitation un mélange rosé qui persiste. Le chlorure de zinc a en outre pour caractère d'épaissir la matière ; 4° Un courant de chlore gazeux ne la noircit pas, il la décolore même et c'est peut-être là le meilleur caractère de cette huile.

203. Les huiles animales secondaires appliquées au graissage, mais jamais à l'éclairage de luxe à cause de leur odeur sont celles de cheval, de poisson et de suif.

1° L'huile de cheval qui est plutôt une graisse, tant elle fige dès que la température s'abaisse vers + 5°, est d'ailleurs très-grasse. Quelquefois on en retire la stéarine et c'est alors à proprement parler une oléine de cheval qui reste assez liquide. L'huile de cheval, qu'elle soit liquide ou figée, varie du jaune à la couleur orange. Les colorations données par les réactifs sont communes à tant d'huiles, qu'elle sont peu caractéristiques. Disons donc pour mémoire que l'acide sulfurique colore en brun foncé, les acides nitrique et phosphorique ainsi que le chlorure de zinc donnent une couleur orange. Le pouvoir saponifiant par les alcalis est assez accentué.

2° Huile de baleine et de poisson. De la graisse de la baleine et autres cétacés, de la morue et autres poissons, on tire par ébullition et compression une huile impropre à l'éclairage, mais commune pour les gros frottements, sa couleur varie de l'incolore au brun foncé ; elle est épaisse, visqueuse, sa densité est environ 0,920 à 15°. Elle n'est pas siccative, mais elle dépose assez vite de la stéarine solide et elle fige à 0°. Elle se caractérise par sa puanteur de poisson gâté, par sa solubilité dans l'alcool, par l'action d'un courant de chlore qui noircit tout mélange où se trouve l'huile de poisson ou baleine, et par sa formation en savon rouge quand elle est chauffée et battue avec une partie de soude caustique pour cinq parties d'huile; battue de même et chauffée avec l'acide phosphorique, elle noircit puis rougit. Enfin par l'acide sulfurique, l'huile de poisson prend une belle couleur violette.

3° Huile de suif. On n'est pas d'accord sur ce qui s'appelle ainsi aujourd'hui dans le commerce. Quand c'est le produit de la simple compression des suifs pour en exprimer l'élément liquide, c'est à proprement parler de l'oléine qui est neutre si elle est pure; s'il s'agit du produit de la décomposition des huiles et graisses dans les fabriques de bougies Ce n'est plus de l'oléine, mais de l'acide oléique voir n° 171, qui oxyde fortement le cuivre et rougit le tournesol. L'un et l'autre ont d'ailleurs leur odeur de suif, la couleur brune, la faible densité; ils figent environ à 0°. L'acide oléique du commerce est brun-rougeâtre, assez liquide, sa densité à 15° n'est que 0,903, c'est la plus légère des huiles. Les acides sulfurique et phosphorique, le chlorure de zinc, le bichlorure d'étain produisent des colorations brunes plus ou moins accentuées si communes dans les huiles qu'elles n'ont rien de caractéristique; il n'en est pas de même de l'ammoniaque qui a un tel pouvoir saponifiant qu'il y produit goutte de suif avec effervescence, en agitant, l'huile prend une masse et produit un savon ferme.

204. Huiles composées. Principalement pour le graissage de la grosse machinerie, on vend des huiles de toutes espèces d'après des recettes privées plus ou moins secrètes. On peut dire qu'aujourd'hui on fait des huiles ou du moins de substances analogues avec tout. En général ce sont des mélanges de colza ou olive de qualité inférieure avec des huiles de poisson ou cheval, de la glycérine, des dissolutions de savons, de caoutchouc, d'huile de suif. Nous avons vu que tout ce qu'on pouvait faire pour l'es-

sai au cours de la fourniture était de comparer avec le type primitif qui a dû être remis.

4° Essais des suifs, graisses et savons.

205. Les graisses d'un emploi courant dans l'industrie sont les suivantes :

1° Le suif proprement dit, recueilli dans les abattoirs des grandes villes. Il est blanc, dur, nacré, cassant et fusible environ à 35°.

2° Le petit suif, blanc comme le premier, mais mou plastique et fusible comme le saindoux environ à 25°.

3° Le suif d'os ou suif gris qui diffère du précédent surtout par la couleur.

4° Le flambard, ramassis souvent infect et acide des cuisines, très-mou et fusible à 20° et au-dessous.

5° Les graisses saponifiées des chemins de fer qui sont un mélange de suif, d'huile et de soude, potasse ou chaux, dans des proportions déterminées suivant les localités et les saisons.

6° Les savons proprement dits sont des mélanges analogues beaucoup plus riches en alcalis pour être plus fermes, et dans lesquels l'huile entre de préférence à la graisse.

206. Ce qu'il y a lieu d'éprouver dans la fourniture des graisses et savons, se résume comme suit :

1° L'essai mécanique, comme pour les huiles, voir nos 182, si ces substances sont destinées au lubrifiage des pièces frottantes.

2° Comme pour les huiles, l'essai d'acidité sur la plaque de cuivre et l'essai à l'eau bleue de tournesol (voir n° 188), après avoir liquéfié à douce chaleur s'il est besoin.

3° L'absence des mucilages et débris d'os. On les sent sous les doigts avec un peu d'habitude ; on les verra nager dans la capsule de porcelaine où l'on fait fondre au bain-marie un morceau de suif réputé mal clarifié au fondoir.

4° L'absence de matières étrangères : il paraîtrait que la fraude y introduit de la fécule, de la craie ou du talc qui blanchissent, durcissent, et donnent l'apparence du suif nacré; de la baryte qui en outre ajoute au poids; enfin de l'eau qui, battue à chaud avec le suif le gonfle et l'alourdit. Ces fraudes se reconnaissent aisément comme il suit :

Pour l'eau, on fond au bain-marie dans une capsule de porcelaine un morceau de suif préalablement taré sur la balance; après avoir prolongé la fusion et la chaleur au moins pendant 30 minutes pour que l'eau, mais l'eau seulement, se vaporise et se dégage, on laisse refroidir et l'on pèse de nouveau la capsule et son contenu, la différence avec la première appartient à l'eau.

On manifeste encore celle-ci en pétrissant le suif avec de la poudre de sulfate de cuivre desséchée et par conséquent blanc, la présence de l'eau le ramène à l'état hydraté c'est-à-dire bleu.

Les suifs et graisses contiennent naturellement de l'eau, et celle-ci ne résulte d'une fraude que si elle excède la proportion de 2 % s'il n'en a été convenu autrement.

La fécule se manifeste en pétrissant un morceau de suif dans la dissolution alcoolique d'iode, il deviendra violet.

Les matières minérales se manifestent en faisant fondre le suif au bain-marie dans un tube vertical à fond fermé, voir n° 49, avec huit ou dix fois son poids d'eau, on prolonge l'opération environ 15 minutes après la fusion complète, et on refroidira lentement; le suif pur formera masse figée au-dessus de l'eau et dans le fond du tube on verra se précipiter les matières minérales insolubles savoir : la craie, le talc et la baryte. La soude qui est soluble dans l'eau, ne se précipitera pas; mais en recueillant celle-ci et en l'évaporant à sec on retrouvera cette soude en résidu.

Enfin on peut dissoudre la graisse dans l'éther ou le

sulfure de carbone, en un verre à pied et à froid ; la matière grasse s'y dissoudra ; mais non les substances étrangères qui se précipiteront au fond du verre, la simple évaporation à l'air suffira pour éliminer l'éther ou le sulfure de carbone qui sont si volatils et on retrouvera la matière grasse.

207. Le suif peut être exempt de matières étrangères, mais être non homogène, c'est-à-dire mêlé en tout ou en partie de suif inférieur, par exemple du petit suif dans le suif dur de premier ordre ou de suif d'os dans le petit suif. La mollesse et la couleur sont des indices qu'on peut dissimuler artificiellement, comme on vient de le voir. La fusibilité est le caractère décisif : le suif de premier ordre fond entre 30 et 40 degrés, le suif de dernier ordre fond à 20 degrés et au-dessous.

Pour faire l'épreuve et classer le suif, on en fond un morceau au bain-marie dans un tube, on y plonge un thermomètre à mercure ; mais comme il est peu facile de placer celui-ci dans un suif incomplétement fondu et que, d'autre part on peut se tromper sur le degré où la fusion est complète et pas plus, au lieu de constater le point où le suif est fondu, on observe sur le thermomètre le degré où le suif retiré du bain-marie cesse d'être liquide et se fige pour revenir à l'état solide.

208. Dans la pratique, on se contente de cette opération élémentaire, mais en cas de contestation avec le fournisseur sur le classement ou titrage du suif, elle ne suffit pas ; car elle est incertaine ; refondu à plusieurs fois le même suif donnera des points de fusion variables. La règle s'est donc introduite dans le commerce de faire subir aux suifs une préparation constante qui n'est autre qu'une saponification suivie d'une désaponification qui reconstitue le suif en un état ne variant plus, peu importe l'explication, c'est le fait.

Suivent les manipulations à effectuer pour le titrage ou classement commercial des suifs :

1° Pesez 50 grammes de suif et fondez dans une grande capsule de porcelaine jusqu'à manifestation de ces vapeurs grasses qui se trahissent par leur odeur à environ 200°.

2° Pendant ce temps, mesurez d'une part 25 centimètres cubes d'alcool pur à 40° (concentré), et d'autre part 40 centimètres cubes de soude caustique dissoute dans l'eau distillée, la solution marquant 36° au pèse-sel Baumé.

3° Mêlez dans une fiole pour bien agiter l'alcool et la liqueur sodique et versez doucement, dans le suif bien chaud, en se garant des projections

4° Remuez à la baguette de verre vivement et continuellement jusqu'à ce qu'il y ait formation de savon solide.

5° Ajoutez environ un litre d'eau, et faites bouillir le tout durant 45 minutes et alors versez environ 50 grammes d'acide chlorhydrique qui désaponifiera la graisse

6° Laissez refroidir, la graisse se formera en grosses pastilles solides au-dessus de l'eau, percez un petit trou pour écouler l'eau.

7° Recueillant d'autre part la pastille de suif, cassez-la pour observer la cristallisation.

8° Fondez ce suif comme il précède au bain-marie dans un tube où plonge le thermomètre et observez le degré de fusion ou de figeage.

Ainsi traités les suifs sont classés ou titrés comme il suit dans le commerce français suivant les degrés de fusibilité:

1° Suif blanc de place, titre.	43°,5		
2° Suif fondu sans acide pour graissage. .	42,5	à	42
3° Petit suif.	42	à	40
4° Suif d'os	40	à	38
5° Flambard.	36	à	34

209. Les graisses saponifiées des chemins de fer doivent être composées en graisse, alcalis et eau, suivant des pro-

portions voulues d'après la saison et la contrée. La composition moyenne est : matière grasse 40 à 50 %, soude 3 à 5 %, le reste en eau, le tout bien malaxé à chaud. Plus la température locale de la saison est élevée plus la matière se rapproche du savon dur à grande proportion d'alcali et d'eau.

Pour les doser il faut désaponifier la substance et permettre à la matière grasse mise en liberté de se séparer de l'eau et de l'alcali. Pratiquez comme il suit :

1° Mesurez dans une capsule de porcelaine 20 grammes de graisse, plus 100 grammes d'eau distillée et chauffez jusqu'à première ébullition en remuant sans cesse à la baguette de verre.

2° Le mélange étant bien chaud mais sans cependant émettre de vapeur graisseuse, ajoutez au petit verre, 20 gr. d'acide chlorhydrique pur et remuez pour bien mêler.

3° Retirez du feu et laissez refroidir au repos. La graisse se réunira en culot ou pastille au-dessus de l'eau.

4° Par un petit trou percé dans la pastille de graisse solide faites écouler l'eau et recueillez-la dans une autre capsule.

5° Pour bien achever de dissoudre l'alcali, retraitez une seconde fois la graisse à l'eau : remettez à fondre, puis laissez refroidir, évacuez l'eau comme la première fois et unissez à celle déjà recueillie.

6° Remettez une seconde fois sur le feu et chauffez sans faire bouillir la graisse pour achever dechasser l'eau retirez du feu, laissez refroidir et pesez, soit = 5g,25 la pesée de la graisse.

7° D'autre part évaporez l'eau recueillie jusqu'à siccité et séchez à l'étuve douce. La soude restera en résidu solide à l'état de chlorure de sodium, lequel contient 40 % de soude. Soit donc $p = 3$ gr., le résidu recueilli, la proportion de soude correspondante est :

$$S = \frac{p \times 40}{100} = \frac{3 \times 40}{100} = 1^{g}\,20.$$

Les 20 grammes de graisse analysée contiennent donc :

Matière grasse	6g,25	soit	31,25 %
Soude.	1 ,20	—	6,00
Eau par différence 100 — (31,25 + 6)		=	62,75
		Total. . ,	100,00

8° Il ne reste plus qu'à apprécier comme il précède la qualité de la matière grasse, ce qui est facile s'il y a pur suif, mais difficile s'il y a mélange d'huile liquide.

210. L'essai des savons proprement dits, ne diffère pas de celui des graisses saponifiées; seulement, comme au lieu d'être faits avec des suifs qui prennent en pastilles liquides, ils sont ordinairement faits avec des huiles ou matières analogues liquides, elles restent simplement au-dessus de l'eau et il faut les séparer à la pipette, non sans adresse pour les doser séparément. En faisant l'épreuve de fusion et de séparation dans un vase en verre, on réussit plus aisément que dans les vases opaques, en porcelaine ou autres.

5° Pétrole, huile de schiste, Boghead, essence minérale, etc.

211. Le pétrole (huile de pierre), est un carbure d'hydrogène $C^6 + H$, liquide, ou bien fourni directement par les *sources à pétrole* de diverses contrées, c'est le pétrole proprement dit; ou bien extrait des schistes houillers ou bitumeux, c'est le boghead, l'huile de schiste, le kerosoën, l'essence minérale, l'oil-cannel, etc.

Ce liquide fournit à la distillation au serpentin, 3 classes de produits distincts sinon par leurs éléments chimiques, du moins par leur emploi savoir : 1° une essence incolore dite naphte ou benzole, très-volatile, inflammable et explosive à basse température; 2° une substance plus fixe, plus lourde, éminemment propre à l'éclairage, qui est le pétrole proprement dit du commerce; 3° une huile plus fixe et plus lourde encore, brûlant mal, mais onctueuse, brune et propre au graissage; 4° un goudron épais riche en paraffine, dont on peut retirer encore de l'huile lourde ajoutée à la précédente; 5° enfin un résidu noir charbonneux dit brai de pétrole.

Ces substances sont en proportion comme il suit d'après M. Muspratt.

Essence claire (naphte) —	D = 0,740 . . .	20 %
Pétrole proprement dit	D = 0,820 . . .	50
Huile lourde à graisser	D = 0, 84 . . .	22
Goudron et paraffine.		5
Charbon solide (brai)		1
Perte		2
		100

Le pétrole brut vomi par les sources ou extrait du schiste varie pour la couleur du jaune-verdâtre au noir, pour la densité du 0,75 à 0,90; de l'inodore à l'odeur sulfureuse; enfin dans certains cas il laisse dans les vases d'évaporation un tartre salin très-dur, parce qu'il a traversé des couches salines dans le sol d'extraction.

212. L'épuration *du pétrole lampant du commerce* consiste d'abord à expulser par la chaleur l'essence trop volatile, odorante et explosive en ayant soin de ne pas atteindre le degré de l'huile lourde, épaisse et peu combustible. Puis on lave l'huile à l'acide sulfurique comme l'huile végétale.

Le premier feu de 120° au plus, fait évaporer l'essence volatile qu'on reçoit dans un serpentin de condensation, le produit fourni est le naphte ou benzole, appelé par les anglais *petroleum spirit* et improprement nommé benzine ou thérébentine de pierre. C'est un liquide incolore, limpide, répandant une forte odeur, inflammable à moins de 30 degrés et ayant à haut degré la propriété de détacher et dissoudre les corps gras. On cesse de recevoir le naphte quand le liquide dans la chaudière marque 78° au densimètre.

Le second feu de 120 à 220 degrés, donne le pétrole proprement dit, peu coloré, limpide, répandant peu d'odeur, s'enflammant à 43 degrés au plus, marquant en moyenne 80 degrés au densimètre au sortir du serpentin distillateur. On cesse de le recevoir quand le liquide de la chaudière marque 82 degrés au densimètre.

Le troisième feu de 200 à 300 degrés donne à la distillation l'huile lourde brune, peu combustible, peu odorante, onctueuse et marquant 84 degrés au densimètre.

Le résidu de la chaudière est alors le goudron noir et visqueux dont on retire la paraffine, substance blanche écailleuse très-combustible; en continuant à chauffer, ce résidu passe à l'état de brai, puis de coke.

213. L'huile de pétrole lampante, à la suite de ce premier raffinage est comme les huiles végétales, épurée à l'acide sulfurique, puis lavée à l'eau alcalinisée, en cet état nous répétons que ses caractères seront les suivants:

Très-limpide et aqueuse,
Presque incolore,
Répand peu d'odeur,
Densité moyenne, D = 0°80,
Inflammabilité nulle à froid,
Inflammabilité à chaud pas au-dessous de 40 degrés.

La densité se constate, soit par pesée directe, soit au densimètre. C'est un aréomètre disposé et gradué *ad hoc*.

L'inflammibilité s'éprouve à l'appareil Blazy ou l'appareil Granier. Le premier est un bain-marie muni d'un thermomètre où le pétrole chauffé s'enflamme au contact d'une petite lampe qu'on présente de temps en temps, il suffit d'observer à quel degré du thermomètre correspond cette inflammation. L'appareil Blazy pour donner des résultats vrais, doit être traité avec beaucoup de délicatesse. Pour chaque épreuve on commence par tremper tous les organes dans un bain d'eau à 15 degrés, afin que l'essai se fasse à conditions identiques.

L'appareil Granier qui est plus simple, est une petite

cuvette au milieu de laquelle est la lampe chauffant le pétrole par communication d'un fil de cuivre. Un thermomètre est plongé dans le pétrole, quand celui-ci émet des vapeurs inflammables la lampe est soufflée. Cet instrument comme le précédent se vend avec l'instruction pour s'en servir.

Pour éprouver l'inflammabilité à froid on met du pétrole à essayer dans une soucoupe; une allumette enflammée non-seulement ne doit pas faire flamber le pétrole, mais elle doit s'y éteindre. Dans le cas contraire le pétrole contient du naphte, il n'a pas été rectifié suffisamment et il est dangereux à conserver. Cette épreuve doit même précéder au laboratoire l'essai à l'appareil Blazy.

L'acidité du pétrole s'essaie comme pour l'huile. Voir nº 188.

L'essai mécanique à la lampe et au photomètre se fait également comme pour l'huile d'éclairage, n. 187 et suivants.

§ VIII. **Essai du cuir.**

214. Le cuir servant aux courroies de transmission, aux clapets, aux garnitures de joints, aux bâches, aux sacs employés dans diverses industries, provient des peaux de bœufs et de buffles. La peau, qui se compose elle-même de trois parties superposées, le *derme* touchant le corps, le *tissu réticulaire* qui domine et l'*épiderme*, est un composé d'hydrogène, d'oxygène, de soufre et surtout d'azote et de carbone, ce dernier entre pour moitié du poids total. Ses caractères principaux sont d'être très-putrescibles à l'humidité et de se convertir par l'ébullition en gélatine soluble dans l'eau.

Traitée par l'acide tannique ou tannin que produisent l'écorce du chêne, le sumac, le cachou, etc., la peau devient imputrescible, insoluble dans l'eau, et en même temps spongieuse et souple. C'est ce qu'on nomme le tannage que doit précéder le *dépelage* ou enlèvement du poil. Le tannage doit lui-même avoir été assez prolongé pour que la peau soit pénétrée à cœur.

Après le tannage viennent le séchage, le corroyage ou compression au marteau ou au laminoir, et mieux encore à celui-ci venant après celui-là.

Enfin vient le *passage au suif* fondu ou à l'huile, qu'on applique à la brosse, à quoi s'ajoute enfin l'application d'une couche tinctoriale au safran, à l'acétate de fer ou tout autre.

Cette suite de procédés qu'on peut appeler classique, a reçu et reçoit sans cesse des modifications. Dans la préparation du cuir peuvent entrer la soude, le sulfure de calcium, la chaux elle-même, le sel marin, l'alun, dont le cuir conserve des parties.

Le sel et l'alun entrent particulièrement dans le *cuir hongroyé*, c'est-à-dire préparé à la méthode hongroise et qui est estimé à cause de sa souplesse uni à une grande résistance de traction, il est blanc au lieu d'être brun comme le cuir préparé au tannin et ses analogues.

215. Suivent les conditions de réception du cuir pour courroies, joints et autres usages industriels.

1° Épaisseur uniforme sans creux ni gerçures, odeur franche sui generis.

2° Homogénéité de matière observée dans la tranche coupée depuis au moins une heure; le cuir incomplétement tanné montre une ou plusieurs lignes d'aspect différent.

3° L'existence du suif ou de l'huile et de l'eau dans un cuir sont inévitables. Les autres matières étrangères tels que soude, alumine, chaux, se retrouvent par l'incinération dans la cendre.

On peut évaluer comme il suit la proportion normale des éléments du cuir.

Eau	15 à 20 %
Suif, huile ou dégras. . . .	10 à 15 %

Cendre au plus.	5 %
Cuir proprement dit	65 %

4° La résistance à la traction, du cuir au tannin fort et corroyé, peut être fixée en moyenne à 1 kil. par millimètre carré de section.

Néanmoins on ne compte en service courant la résistance des courroies qu'à raison de 0k,25 par millimètre carré de section.

D'après cela, on calcule l'épaisseur et la largeur à donner aux courroies pour transmettre un effort et un travail voulu, en tenant compte de la raideur de la courroie et du frottement du tambour ainsi qu'il est enseigné dans les traités de mécanique industrielle. On y verra que les courroies perdent beaucoup de leur puissance de transmissicn de mouvement en très-grande vitesse et qu'elles sont peu compatibles avec les très-grands efforts à produire, car il leur faudrait d'énormes proportions en épaisseur et en largeur, ainsi que des tambours ou poulies gigantesques. Cependant en Champagne on voit des laminoirs à courroies, lesquelles ont 50 centimètres de largeur sur des tambours-poulies ayant 6 mètres de diamètre.

L'épaisseur naturelle des cuirs forts, tannés, corroyés, n'excède pas 6 à 8 millimètres, mais on peut superposer les bandes pour faire les courroies de transmissions voulues.

216. L'essai des cuirs comprend, d'abord au point de vue mécanique, l'épreuve de résistance, ainsi qu'il vient d'être dit. On découpera bien d'égale largeur des bandes de 10 millimètres de large, qu'on soumettra à un effort de traction quelconque avec la machine *ad hoc* si on la possède, ou au dynamomètre Perreaux pour l'essai des tissus (voir n° 223 ci-après). Soit à l'aide d'une simple romaine ou lévier tirant l'un des bouts de la bande, l'autre bout étant fixé à un étau ou autrement.

L'essai chimique d'un cuir a pour but de doser l'eau, la graisse, ainsi que les matières étrangères solides formant résidu, et on connaîtra par différence ce qui reste en cuir proprement dit.

Pour doser l'eau, pesez le coupon de cuir aussitôt sa livraison; soumettez-le à une dessiccation de 6 heures dans une étuve sèche à 100°, ou mieux encore pendant 24 heures dans une boîte close avec du chlorure de calcium. Aussitôt retiré de l'appareil sécheur, faites de nouveau la pesée, la différence avec la première donnera la proportion de l'eau.

Pour doser les graisses, hachez 20 grammes de cuir sec et faites macérer au moins 2 heures dans du sulfure de carbone en un vase couvert comme au n° 129, décantez le liquide, lavez le cuir et faites-le macérer une seconde fois dans un nouveau bain de sulfure de carbone. De nouveau, lavez et pressez le cuir, ajoutez le liquide au précédent, évaporez ces liquides réunis au bain-marie, si mieux vous n'aimez recueillir par distillation le sulfure de carbone volatilisé par l'appareil du n° 50.

Après l'évaporation on retrouvera dans la capsule la matière grasse qu'on pèsera et dosera directement.

Pour doser les matières étrangères solides, on incinérera le cuir à l'ordinaire comme au n° 43; la cendre obtenue et pesée sera le dosage des dites matières étrangères. Additionnez à cette pesée celles de l'eau et de la graisse, la différence sera le dosage du cuir proprement dit.

§ IX. **Essai de la céruse et du minium.**

217. Pour la garniture des joints de machines à vapeur ou hydrauliques, appareils à gaz, etc., on emploie des matières servant en outre comme couleurs et enduit préservateur de la rouille. Elles font l'objet de nombreuses recettes privées qui reviennent à peu près toutes d'une part au carbonate de plomb dit céruse ou blanc de plomb, et à son similaire l'oxyde de zinc dit blanc de

zinc; et d'autre part à l'oxyde rouge de plomb dit minium et à son similaire l'oxyde de fer dit colcothar ou ocre rouge, que par analogie on appelle minium de fer. Souvent les uns et les autres sont mêlés ensemble. Enfin ces substances peuvent être fraudées de diverses matières.

Suit la méthode d'essai de la céruse, du blanc de zinc, du minium proprement dit et du minium de fer.

Le céruse (carbonate blanc de plomb), doit d'abord être bien broyée, pulvérulente sans grains, lorsqu'on la frotte avec les doigts. En la délayant à l'huile et à l'essence comme les couleurs et en l'appliquant au pinceau-brosse sur une plaque de verre, elle doit bien couvrir et le rendra opaque.

Lorsque la céruse est livrée non en poudre mais broyée à l'huile, il faut d'abord pour l'essayer chimiquement extraire cette huile qui est en proportion moyenne de 8 à 10 pour cent. A cet effet délayez la prise d'essai au sulfure de carbone à froid dans une capsule de porcelaine, couvrez, laissez déposer la céruse, décantez le liquide clair, retraitez deux fois encore la céruse au sulfure de carbone; réunissez les liquides de décantage. Le sulfure de carbone a dissous l'huile, faites évaporer au bain-marie avec précaution et on retrouve l'huile qu'on dose.

Pour éprouver la céruse elle-même dépouillée d'huile, on la traite à l'acide azotique étendu de moitié d'eau distillée. La céruse peut être frelatée avec de la craie, du blanc de zinc, du carbonate ou du sulfate de baryte, du talc, du kaolin, du plâtre. Ces quatre dernières substances étant insolubles, se retrouvent en dépôt dans la liqueur. On les dosera comme matières étrangères, sans perdre son temps à chercher assez laborieusement ce qu'elles sont. La craie, le carbonate de baryte et le blanc de zinc ont été dissous, mais on va les retrouver dans la liqueur après avoir d'abord précipité le plomb, ce qui se fait dans une éprouvette par l'hydrogène sulfuré en excès. On laisse déposer en couvrant et on filtre ce précipité noir. La baryte, le zinc et la chaux étant restés dans la liqueur on la fera d'abord bouillir pour chasser ce qui reste d'hydrogène, puis on précipitera comme d'ordinaire, savoir ; la chaux par l'oxalate d'ammoniaque, voir n° 1 et le zinc par le carbonate de soude, voir n° 151 ; enfin la baryte par l'acide sulfurique voir n° 76.

En retranchant les pesées d'huile et de matières étrangères de la prise d'essai, on a le dosage du plomb. On pourrait aussi s'assnrer que tout le plomb est bien du carbonate de plomb sans mélange d'oxyde, ce qui se fait à l'aide de l'appareil Robierre, mais nous renverrons à cet égard aux traités de chimie.

218. Le blanc de zinc (oxyde de zinc) doit de même être en poudre impalpable, il couvre moins que la céruse quand on l'emploie comme couleur ; mais ses caractères sont de ne pas noircir aux émanations sulfureuses et d'être relativement très-léger ; traité à l'acide azotique, les matières étrangères qu'il contient tels que craie, baryte, plâtre, se retrouveront en dépôt insoluble dans la liqueur, sauf les carbonates de chaux et de baryte qui se sont dissous mais qu'on pourra précipiter comme il précède, savoir : la chaux par l'oxalate d'ammoniaque et la baryte par l'acide sulfurique.

219. Le minium de plomb (oxyde orange), a d'abord sa belle couleur sui generis et son grand poids, il peut être frelaté par de l'ocre ou de la brique pilée qui rougissent, ou bien par de la baryte, du plâtre, etc. qui blanchissent. On reconnaîtra la pureté du minium par un procédé tout pratique, il consiste à dissoudre la prise d'essai tout simplement dans l'eau sucrée bouillante additionnée de quelques gouttes d'acide azotique, tout ce qui n'est pas minium de plomb reste en dépôt insoluble.

Il y a d'ailleurs le procédé classique consistant à dissoudre la prise d'essai par un acide faible, l'acide azotique étendu et à précipiter dans cette liqueur le plomb par l'hydrogène sulfuré.

220. Le minium de fer, colcothar ou ocre est un oxyde qui remplace souvent le minium proprement dit de plomb, comme enduit préservateur de la rouille, surtout avec addition d'un peu de céruse. L'ocre peut de même que ci-dessus être fraudé avec de la brique pilée. On dissoudra à l'acide chlorhydrique bouillant et s'il est nécessaire en ajoutant de l'acide azotique, ce qui fera de l'eau régale: les matières étrangères resteront en dépôt insoluble qu'on dosera; la différence appartiendra au fer, on le précipitera si on veut dans la liqueur étendue d'eau, par l'ammoniaque suivant la méthode classique, voir n° 140.

§ X. Essai des tissus et cordages.

221. Dans la réception des tissus tels que toiles à voiles, à bâches ou autres; draps et galons; câbles et cordages pour grues, mines, navires, etc., il y a les vérifications suivantes à faire.

D'abord la régularité du tissage ou du cordage. Dans un tissu on distingue les fils en long, qui constituent la *chaîne*, et les fils en travers qui sont la *trame*. Dans le travail à la main dit rural, qui se fait encore dans les chaumières, la régularité du tissage laisse beaucoup à désirer, mais on se montre peu exigeant. Dans les tissus faits mécaniquement en fabrique, on exige un travail d'une régularité parfaite : savoir parallélisme des fils de la chaîne, les fils de la trame perpendiculaires et parallèles entr'eux, rectitude des lisières latérales, absence de clairières et de coques, uniformité de dimension des fils. L'absence de ces conditions indique dans le travail des tiraillements nuisibles à la conservation des tissus.

Dans un cordage il y a l'*âme* centrale à brins parallèles ou tordus et les *torrons* croisés respectivement qui sont eux-mêmes chacun fabriqués isolément comme l'âme, puis ensuite réunis.

Cette vérification d'aspect visible étant faite, on éprouve

la matière au point de vue du décatissage, de la résistance, la nature des fils, l'imperméabilité du tissu et la durée de la teinture.

222. *Décatissage.* Un tissu, de même qu'un cordage, doit être exempt de cet apprêt qui lui donne du corps apparent, et les fils doivent avoir été dépouillés par le lessivage des substances étrangères provenant du rouissage ou autre. Le double traitement qui va suivre pour déceler l'encollage artificiel et le défaut de lessivage laisse toujours un peu de déchet, mais celui-ci ne doit guère excéder 10 à 15 pour cent en tout.

Pour une vérification sommaire on se borne à humecter la pièce essayée avec de la teinture alcoolique d'iode. Au bout de quelques minutes apparaîtra s'il y a encollage, la couleur violette caractéristique de l'amidon. Après le tissage, la chaîne a dû être *dégommée* de manière à ce que l'iode ne la teinte pas en violet sensible.

Pour doser l'encollage et les matières non lessivées qui subsistent presque inévitablement, la marine et les administrations de chemins de fer font subir à un coupon de toile deux longues macérations, l'une à l'eau tiède, l'autre à la lessive sodique bouillante avec pesées précédées de dessiccation, comme il suit :

1° Mesurez l'échantillon d'essai et arrêtez les brins qui pouvant s'effiler dans le traitement, donneraient lieu à une erreur de poids sur les déchets cherchés. Autant que possible évitez les trop petits échantillons : un coupon de 50 centimètres convient sans nécessiter de trop grands appareils ; s'il est pris dans toute la largeur de la pièce, il n'y a pas d'effilement latéral à craindre ; mais aux extrémités il faut avec soin arrêter les fils qui peuvent s'échapper.

2° Séchez complétement dans une étuve tiède à environ 70 degrés, en évitant cependant de roussir (1), puis ayant

(1) A défaut d'étuve proprement dite, on peut installer au-dessus du bain de sable, s'il est enfermé, un pendoir sur lequel

plié la pièce pour tenir sur la balance, pesez de suite quand elle est encore chaude, car étant très-hygrométrique elle réabsorberait vite l'humidité de l'air et accuscrait un excès de poids non négligeable.

3° Pour doser l'encollage faites macérer l'échantillon de toile pendant 8 heures en un bain tiède (50 degrés) d'eau ordinaire, eau de pluie s'il est possible. La quantité d'eau égale de 18 à 20 fois le poids de la toile.

Ayez soin d'entretenir au même niveau en ajoutant à chaque heure au moins le contenu d'un vase d'eau, chauffée d'autre part pour ne pas refroidir le bain.

4° Après la macération de 8 heures, rincez dans une terrine d'eau ordinaire ou de pluie chaque échantillon, sans tordre et en prenant garde à l'effilage. Séchez complétement comme il précède et pesez de suite. La différence avec la première pesée ci-dessus sera la mesure de l'encollage dissous ou tout au moins détaché. Dans les traités de la marine et des chemins de fer, cette différence ne doit pas excéder 2,5 % qui représente le déchet inévitable dû aux matières qui font partie du fil lui-même. S il y a plus, l'encollage artificiel est démontré ou tout au moins il y a eu insuffisance de préparation, le fil a été sali par des matières solubles dans l'eau tiède. Par l'épreuve qui va suivre on va déceler celles qui ne partent qu'à la lessive alcaline bouillante.

5° Pour doser les substances que le lessivage originaire n'a pu éliminer, faites macérer une deuxième fois la toile pendant 6 heures dans un bain bouillant de lessive sodique marquant de 3 à 5 degrés au pèse-liqueur dit alcalimètre, ce qui correspond de 3 à 5 grammes de soude par litre d'eau. La soude employée dite, à la marine, hydrate sodique est la soude caustique ordinaire dite à la chaux, coûtant environ 5 fr. le kilogramme.

on fait sécher la toile. On sèche encore mieux dans un coffre bien fermé où l'on a mis du chlorure de calcium, substance très-avide d'humidité.

Même précaution que ci-dessus et avec plus de soin encore pour entretenir le niveau constant du bain avec de l'eau chauffée d'autre part, sinon la liqueur sodique trop concentrée altérerait la toile.

Après la macération de 6 heures, rincez comme ci-dessus à l'eau, desséchez et pesez de suite. La différence de cette troisième pesée avec la seconde est la mesure du défaut de lessivage.

223. L'essai de résistance des tissus et cordages, fait apprécier la nature du fil comme il va être dit et la quantité des matières qui y entrent, d'où suit un triple examen.

1° Le poids du tissu, qu'on est dans l'usage de rapporter au mètre carré, après avoir bien séché l'échantillon à l'étuve et tout au moins au soleil.

2° Le nombre de fils entrant par unité de surface dans la trame et dans la chaîne. Cette opération se fait aisément à l'aide d'un petit microscope de poche dit *compte-fils*, instrument vulgaire dans le commerce des toiles dont le prix est de 2 fr., son champ d'observation est un quart de pouce carré ou un centimètre carré.

3° La résistance à la traction des tissus ou cordages se fait au moyen d'un appareil analogue à celui qui essaie les métaux, et dans lequel il y a deux mâchoires entre lesquelles on pince la pièce essayée; l'une est fixe, l'autre est mobile et attenante au levier chargé des poids qui sont la mesure de l'effort de résistance.

Dans la pratique on se sert généralement d'un instrument analogue mais spécial, qui est le dynamomètre Perreaux (1). Pour les tissus, l'épreuve se fait sur des bandes d'une longueur de 40 centim. sur 5 centim. de large, découpées les unes dans le sens de la trame les autres dans le sens de la chaîne.

Comme point de départ et de comparaison nous résu-

(1) M. Perreaux fabricant, rue Monsieur le Prince n° 16 à Paris. Prix de l'instrument 200 fr.

merons dans le tableau ci-après, les conditions auxquelles doivent satisfaire dans la marine et autres administrations, les toiles principales.

DÉSIGNATION des toiles		NOMBRE DE FILS par centimètre		POIDS du mètre carré	RÉSISTANCE D'UNE bande de 5 cent. de large	
		EN chaîne	EN trame		EN chaîne	EN trame
Toile dite rurale....	de	»	»	435	220k	230
	à	»	»	345	130	140
Toile à prélart ou à bâche.....		32 à 33	10 à 11	de 540 à 560	270	330
Toile à hamac à fil double....		»	18	de 330 à 370	200	290
Toile à voile n° 1, à fils multiples.		22	7	550	275	410
Toile à voile n° 6.		24 à 25	10	350	170	255
— à fil simple n° 8........		16 à 18	13 à 14	270	135	200

Après avoir fait l'épreuve sur des pièces bien séchées à douce chaleur, 30° environ, on refait l'épreuve sur d'autres bandes mouillées d'eau, qui résistent généralement beaucoup plus.

224. La nature du fil employé aux tissus ou cordages, est une question de résistance actuelle et de durée. On est souvent en désaccord sur le mérite de telle ou telle substance. Quelques-unes paraissent définitivement rejetées comme le jute et le phormium dans les toiles de première

qualité ; mais on s'accorde généralement à demander que les tissus et cordages soient d'une seule nature. Ainsi dans les toiles, les uns demandent le lin, d'autres aiment au moins autant le chanvre ; mais tous proscrivent le mélange du chanvre avec le lin par la raison vraie ou fausse qu'ils ont une élasticité et une texture différentes, d'où il suivrait que l'un fatigue l'autre et que le tout se détruit plus vite.

Reconnaître à la vue ou à la main si un cordage et surtout si un tissu est en chanvre, lin, jute, etc., n'est possible qu'aux praticiens de longue date.

Comme expérience de laboratoire on a proposé un grand nombre de procédés, celui qui est le plus courant est le procédé Vétillard (1), très-ingénieux, mais bien délicat et exigeant l'emploi d'un très-bon microscope monté avec grossissement de 120 fois la dimension réelle de l'objet observé, lequel est un brin du fil, coloré suivant sa nature par l'effet successif de deux liqueurs ; l'une iodique $IK + I + HO$ l'autre sulfurique $SO^3 + HO$ mélangée de glycérine.

225. Procédez ainsi qu'il suit :

1° Sur le bord du tissu lavé, lessivé et débarrassé de tout enduit, effilez un brin dans la trame et un autre dans la chaîne, observez-les séparément.

2° Imbibez le fil avec la liqueur iodique puis épongez avec un linge et mieux avec du papier buvard (papier blanc à filtre).

3° Posez le fil imbibé sur une plaque de verre (à usage des observations microscopiques), divisez et étalez la petite mèche avec une aiguille.

4° Posez dessus un second verre et l'ayant ajusté sous le microscope, introduisez une simple goutte de la liqueur sulfurique entre les deux verres, et observez la couleur

(1) Voir la petite brochure de MM. Vétillard et Boucher, chez Baillère, rue Hautefeuille 19, à Paris.

que va prendre le fil au moment où l'acide l'atteindra. Le tableau suivant résume le résultat.

Bleu plus ou moins mêlé de jaune . . .	Lin.
Vert plus ou moins mêlé de gris	Chanvre.
Jaune	Jute.
	Phormium.
Gris.	China grass.
Gris-bleu, brin en ruban plat.	Coton.

Quand on a bien acquis la pratique du procédé Vétillard, on reconnaît facilement d'une part le jute et le phormium qui donnent des colorations jaune accentuées et d'autre part le lin et le chanvre qui sont très-différents des deux premiers. Ce qui est déjà très-important car le jute et le phormium sont considérés aujourd'hui comme une addition frauduleuse dans les bons tissus et cordages; mais il est parfois bien difficile de distinguer soit le jute du phormium, soit le lin du chanvre; suivant la culture, le rouissage et même le lessivage, ces deux fils si différents comme végétaux prennent très-facilement dans le procédé Vétillard les colorations l'un de l'autre et les différences sont si faibles qu'on s'y trompe. Par l'acide nitrique fumant dans lequel on trempe le fil, on distingue également d'une part le lin ou le chanvre, et d'autre part le jute ou le phormium. Ceux-ci prennent une belle teinte rouge, ceux-là ne sont pas teintés. Après avoir séché, la couleur première n'est pas altérée.

Un tissu de laine et soie étant plongé dans l'acide chlorhydrique, la soie s'y dissout bientôt, la laine persiste et on peut ainsi doser les deux substances.

Enfin pour reconnaître si un tissu de laine ne contient pas de coton, traitez à la dissolution de sulfure de sodium la laine s'y dissoudra et le fil de coton non dissout apparaîtra.

226. Essai d'imperméabilité. On rend les tissus imper-

méables non-seulement par le serrage des fils au tissage, mais en bouchant les moindres passages à l'eau par des enduits très-variés dont l'analyse est difficile, car la plupart de ces substances se dissolvent et se traitent par les mêmes réactifs, sans qu'on puisse les distinguer. D'ailleurs ces laborieuses analyses apprendraient peu de choses, et on est incertain sur ce qui constitue un bon enduit. L'imperméabilité est un fait, il suffit de manifester qu'il est réel et que le but est obtenu. Il faut également reconnaître s'il résiste au froissage inévitable en service du tissu enduit, et si celui-ci n'a pas altéré le tissu lui-même, auquel cas il ne tarderait pas à se déchirer ou se couper.

L'épreuve mécanique d'un tissu enduit, consiste à en disposer sur un cadre un coupon tendu par les 4 angles en formant une poche au milieu creuse de 10 centimètres qu'on remplit d'eau. Un tissu imperméable ne doit pas laisser suinter en dessous. L'expérience dure au moins trente-six heures.

Après cette première épreuve on plie et on replie la pièce, et on la soumet à une nouvelle charge d'eau sur le cadre, si l'enduit ne s'est pas cassé et si la pièce a conservé sa souplesse, l'imperméabilité subsiste comme dans la première épreuve.

Il est également d'usage d'essayer au dynamomètre Perreaux (voir n° 223) la toile enduite que livrent les fournisseurs pour s'assurer que la toile elle-même est de bonne qualité et que l'enduit en tout cas ne l'a pas altéré.

En cas de doute on enlève l'enduit en traitant la toile successivement dans un bain de sulfure de carbone qui dissout les goudron, gomme, résine ou caoutchouc; puis à une lessive bouillante de potasse à 10 % au plus, suivi d'un rinçage à grande eau. Après ce traitement le tissu reparaît en son état naturel et il peut être étudié en faisant toutefois la part de l'altération qui a pu se produire, soit dans l'enduction, soit dans l'enlèvement de l'enduit.

227. Essai de la teinture. Les tissus peuvent être teintés

à l'infini et nous ne pouvons nous proposer ici de relater les moyens d'essais propres à chaque cas. On peut en distinguer deux très-fréquentes, la teinture bleu d'indigo, presque seule solide et durable pour les tissus sujets à fatiguer, et la couleur grise diversement nuancée qu'on veut se réserver au moins de lessiver.

Le bleu d'indigo résiste à l'attaque par l'acide sulfurique. Ayant donc découpé une lanière de 3 à 5 centim. dans le tissu, trempez-en un bout dans l'acide sulfurique ordinaire, coupée de moitié d'eau pour ne pas brûler le tissu, laissez opérer cinq minutes; lavez ensuite à pleine eau ordinaire et séchez à l'air. Si la teinture est en bonne qualité d'indigo, il n'y aura pas d'altération de couleur bleue, le bout traité de la pièce ressemblera au reste qui n'a pas trempé.

Sauf les cas particuliers, le gris et autres couleurs claires des tissus industriels doivent tout simplement être bon teint et résister à l'eau qui peut accidentellement les atteindre et aux liqueurs employées au détachage, tels que savon, ammoniaque, benzine et thérébentine. Indiquer ces liqueurs nettoyantes, c'est-à-dire quelle épreuve devra subir le tissu; il s'agit tout simplement d'y laisser digérer la pièce d'essai, comme il précède pour l'indigo dans l'acide sulfurique.

§ XI. **Essai du caoutchouc.**

228. Le caoutchouc, d'un si grand emploi pour les clapets de pompe, les ressorts, les courroies de transmissions, les garnitures de joints hermétiques, etc., est une résine, suc laiteux et solidifié de certains arbres. C'est un carbure d'hydrogène. En son état naturel tel qu'il nous vient des pays de production, il est mou, très-fusible, mais il durcit comme une pierre par le froid; extensible et élastique au plus haut degré; soluble dans l'huile, la benzine, le pétrole et autres essences, dans l'éther et le sulfure de carbone; inattaquable aux alcalis et aux acides,

si ce n'est par les acides sulfurique et azotique bouillants ou même à froid par le mélange de ces deux acides. L'usage du caoutchouc naturel est très-limité.

Le caoutchouc vulcanisé est le produit d'un malaxage à chaud du caoutchouc naturel avec de la fleur de soufre; en cet état il reste tenace, élastique à froid comme à chaud, mais beaucoup plus ferme et il ne dissout plus comme précédemment dans l'huile et les essences. Il est attaqué par la chaleur, mais à 180° seulement.

Le caoutchouc naturel généralement récolté avec peu de soin, contient de la terre et des débris végétaux, ainsi que de l'eau. Le caoutchouc vulcanisé en est épuré, mais outre le soufre qui est un de ses éléments constitutifs, il contient des matières étrangères; les unes par fraude, les autres par nécessité de service disent les fabricants. La principale substance frauduleuse est une pâte faite avec des rebuts de caoutchouc qui altèrent la tenacité et l'élasticité, le caoutchouc se déchire. Malheureusement ce frelatage ne peut se découvrir.

Les substances ajoutées, disent les fabricants pour donner du corps et de la raideur, sont la craie, le talc, le kaolin, des débris textiles pulvérisés des bandes de toiles interposées et des sels métalliques. On ajoute aussi du blanc de zinc, du vermillon et du noir de fumée pour colorer.

229. En incinérant le caoutchouc on retrouve à l'état de cendres ces substances ajoutées, et on analyse les cendres comme au n° 125; mais comme il y a au moins doute sur l'utilité de leur présence, on est peu avancé en les manifestant. C'est donc par voie d'essai mécanique qu'on procède à la réception du caoutchouc. Ce qu'on redoute est : 1° qu'il se déchire en travaillant; 2° qu'il s'écrase sous la compression ou qu'il ne résiste pas à la chaleur.

De là trois épreuves pour lesquelles un grand établissement ne négligera pas de s'outiller. A défaut d'appareils spéciaux dans ce but, on pourra plus ou moins se rapprocher du programme suivant usité dans les ateliers de la marine et des chemins de fer.

1° Compression énergique à l'aide d'un grand levier, ou tout au moins battage au marteau pendant une heure en ayant soin de mesurer l'épaisseur avant et après la compression, pour reconnaître s'il y a aplatissement. Un bon caoutchouc vulcanisé ayant 10 millimètres d'épaisseur et plus, résiste pendant ladite heure sans écrasement appréciable.

2° Traction répétée plusieurs fois allongeant les bandes éprouvées au double de leur longueur primitive. On se servira dans ce but de l'appareil Perreaux relaté au n° 223. Sinon la bande pincée d'un bout dans un étau sera tirée à l'autre bout à l'aide d'un levier.

Le caoutchouc destiné à la traction ne s'emploie guère qu'avec interposition de bandes de toiles dont le nombre varie de une à dix, c'est ce qu'on nomme caoutchouc mixte. D'après les expériences de M. Ogier et de M. Tresca la résistance moyenne à la rupture est de 2k25 à 2k50 par millimètre carré de section, ce qui est à peu près l'équivalent de la résistance des cuirs tannés et laminés.

3° Macération de 48 heures dans une chaudière à vapeur à 5 atmosphères donnant 150 degrés de température correspondante. Il est rare que ceux pour lesquels nous écrivons n'aient pas une telle chaudière à leur disposition dans un atelier; l'essai s'y fera sans autre inconvénient que celui d'ouvrir la chaudière pour y pendre la pièce de caoutchouc à essayer et de la rouvrir pour la retirer le surlendemain, bien entendu après avoir fait tomber la pression. On a soin de faire concorder l'essai avec l'époque où on fait périodiquement la vidange et le nettoyage de la chaudière. Dans le cas où l'on ne pourra pas pratiquer ainsi l'épreuve, on pourra toujours faire bouillir à 120° le caoutchouc dans une dissolution d'eau salée à saturation ou même constater à l'étuve à quelle température entre en fusion ce caoutchouc qui bien préparé doit résister à environ 200 degrés.

§ XII. Essais des acides, alcools, liqueurs alcalines.

230. On emploie couramment à divers usages des acides et autres liqueurs tels qu'alcool, lessive, etc., dont il faut reconnaître la qualité. La pureté absolue n'est guère recherchée que dans des cas particuliers. L'industrie proprement dite n'emploie ordinairement en grand que les acides et liqueurs dits du commerce qui n'ont qu'une pureté relative et dont la concentration à un degré voulu est la condition essentielle, car elle est la base du prix des fournitures.

Le degré de concentration d'un acide, d'un alcool, d'une dissolution saline quelconque se détermine très-facilement à l'aréomètre immergé dans la liqueur, laquelle est mise dans une éprouvette comme au n° 44; mais outre l'aréomètre général de Baumé ou de Gay-Lussac, on fait dans la pratique usage d'aréomètres spéciaux à chaque liquide par une graduation appropriée. Ils ont principalement la forme à longue tige de la figure du n° 196, afin de rendre très-facile la lecture du degré. La série en est complète pour tous usages un peu fréquents chez n'importe quel fournisseur d'appareils de chimie, leur prix varie de 1 à 3 francs: il y a le pèse-acide, l'oléomètre ou pèse-huile, le lactomètre ou pèse-lait, le pèse-lessive pour les liqueurs alcalines, le pèse-sirop, etc.

231. Suivent les principaux liquides d'emploi courant qu'on peut désirer éprouver : d'abord les acides.

1° Acide azotique ou nitrique, dit vulgairement eau forte; celui du commerce est incolore quand il est frais et légèrement jaune en vieillissant, il fume un peu, il marque 36° au pèse-acide Baumé; en cet état sa densité par rapport à l'eau distillée est 1,42, il bout à 123° et contient 40 % d'eau. L'acide azotique ordinaire du commerce contient inévitablement de l'acide sulfurique et de l'acide chlorhydrique dont la proportion ne doit néanmoins pas être exagérée. Le premier donne un précipité par le chlorure de baryum (voir n° 76), et le second donne pareillement par le nitrate d'argent, un précipité blanc caséeux qui noircit à la lumière (n° 77.) L'acide azotique n'est réputé commercialement impur que si ces précipités sont très-abondants, par exemple remplissant plus du quart de l'éprouvette où se fait l'essai.

2° L'acide sulfurique, vulgairement huile de vitriol, est de consistance huileuse, incolore s'il est frais, il deviendra gris en vieillissant. L'acide de dernière qualité marque 46 degrés au pèse-acide. L'acide dit concentré ordinaire marque 66°. En cet état il contient 18 % d'eau, mais il en est tellement avide qu'il absorbera bientôt celle de l'humidité de l'atmosphère, il ne bout qu'à 320° et ne gèle qu'à — 34°, sa densité est presque double de celle de l'eau, c'est un liquide corrosif et très-oxydant, le plomb est presque le seul métal qu'il n'attaque pas.

La constatation du degré au pèse-acide est la seule épreuve intéressante pour la pratique. On se rappellera en tout cas qu'il ne faut jamais verser d'eau dans l'acide sulfurique sous peine de produire une chaleur qui ferait éclater les vases avec des projections terribles.

3° L'acide chlorhydrique ou hydrochlorique, dit vulgairement acide muriatique ou esprit de sel, devrait être incolore s'il était pur, mais l'esprit de sel commun du commerce est souvent jaune et il contient du fer, de l'arsenic et de l'acide sulfurique; il marque 22° au pèse-acide, en cet état il contient 66 % d'eau, et bout peu au-dessus de 100 degrés, l'essai au pèse-acide est le seul qui intéresse dans la pratique. S'il est exceptionnellement nécessaire, on décèlera l'acide sulfurique comme ci-dessus par le chlorure de baryum, le fer par le prussiate jaune de potasse (voir n° 78) qui colorera en bleu et l'arsenic par l'appareil de Marsh (voir n° 244), où l'on versera tout simplement l'acide à essayer.

232. L'alcool est étudié au point de vue de sa concen-

tration et de sa nature. Celle-ci ne se reconnaît guère qu'à son odeur, quand on a un peu d'expérience. Il y a les alcools de vin, de grain, de betterave, de pomme de terre qui rappellent un peu leur odeur et saveur d'origine; l'esprit de bois et l'alcool de méthylène aujourd'hui si communs pour les usages industriels ont un parfum pénétrant bien caractérisé. Le mieux à faire dans un laboratoire d'essai est de posséder, s'il est possible, des types de chacun de ces alcools et de leur comparer l'alcool à éprouver.

Le degré de concentration indique si l'alcool ne contient pas plus d'eau que ne le comporte l'usage, car c'est l'*esprit* qui fait toute la valeur de cette classe de produit. Cette épreuve se fait à l'alcoolomètre, aréomètre spécial immergé dans une éprouvette (voir n° 20). Il y a deux alcoolomètres. Celui de Cartier dont l'échelle est graduée de 10 à 40 degrés, ce dernier correspondant à l'alcool le plus concentré et le plus pur; et l'alcoolomètre centésimal de Gay-Lussac dont la même colonne est graduée en centième; le degré 100 est celui de l'alcool pur et théorique.

L'alcool concentré du commerce marque 40° Cartier et 96 degrés centésimaux, l'alcool ordinaire riche et de bonne qualité courante marque 36 degrés Cartier ou 90 degrés centésimaux. L'épreuve se résume donc à une simple lecture au point d'effleurement de l'alcoolomètre dans l'alcool essayé.

Les alcools sont souvent non-seulement trop peu riches mais dénaturés et coupés de liqueurs légères comme le pétrole. Ils font immerger l'alcoolomètre au point d'accuser une magnifique richesse qui n'est qu'illusoire.

Enfin on y mêle des substances gommeuses pour leur donner l'aspect, l'odeur et la saveur de l'alcool pur de raisin; mais en y ajoutant de l'eau en excès, ces substances donnent un précipité blanc.

En résumé un alcool 1° doit marquer son degré à l'alcoolomètre; 2° doit sentir franchement son parfum sui-generis; 3° ne donner aucun précipité par l'eau, le chlorure de baryum et autres réactifs ordinaires; 4° être neutre au tournesol.

233. Les dissolutions de soude ou de potasse dites lessives et autres dissolutions de sel dans l'eau, doivent être à un degré de concentration ou saturation voulu. Quand on demande de faire une dissolution à 10 % de sel par exemple, ce n'est qu'une affaire de pesée du sel et de sa dissolution dans 10 fois son poids d'eau. Étant donnée une dissolution ou lessive, si on demande son degré de saturation, il s'évalue dans la pratique à des degrés déterminés dont les effets sont connus. Si on demande par exemple une dissolution ou lessive à 10 degrés, c'est un essai à faire à l'aréomètre dans l'éprouvette comme au n° 44. Il y a l'aréomètre ordinaire de Baumé dont le 0 correspond à l'eau distillée et qui s'émerge à mesure que la concentration ou saturation saline augmente, on le nomme aussi pèse-sel.

Pour les dissolutions courantes telles que celles de soude et de potasse dites lessives on fait des aréomètres spéciaux, dits pèse-lessive. Dans celui-ci comme dans le précédent l'épreuve n'est qu'une lecture sur l'échelle graduée de l'instrument.

234. Les liqueurs sirupeuses y compris les essences, la glycérine, etc., doivent outre leur composition sui generis être à un degré de concentration déterminé qui est la valeur de leur richesse dans l'eau dont elles sont mêlées. C'est comme ci-dessus un simple essai à faire à l'aréomètre spécial dit pèse-sirop dont le zéro en haut de l'échelle est le degré de l'eau pure.

L'huile est par excellence une liqueur sirupeuse, mais elle fait au n° 175 l'objet d'essais spéciaux dont on fera l'analogue quand il y aura lieu pour chaque liqueur intéressant l'industriel. On a vu que déjà le pétrole a son outillage d'essai approprié.

TROISIÈME PARTIE

APPENDICE ET RENSEIGNEMENTS DIVERS

§ I. Tableaux.

Nous réunissons d'abord les divers tableaux qui ont été relatés dans ce qui précède.

235. **TABLEAU A. — Des principaux corps simples** (Voir n° 7).

	DÉSIGNATION.	INDICE.	ÉQUIVALENT.	DENSITÉ.	CARACTÈRES.
Métalloïdes.	**Hydrogène**	H.	1,0	0,07	Gaz permanents, incolores, insolubles.
	Oxygène	O.	8,0	1,10	
	Azote	Az.	14,0	0,97	
	Chlore	Cl.	35,50	2,44	Gaz vert, soluble, odeur sui-generis.
	Brôme	Br.	80,0	2,97	Liquide brun puant, se solidifie à — 22°.
	Iode	I.	127,0	4,95	Solides, fusibles à la chaleur, insolubles dans l'eau, mais solubles dans les carbures d'hydrogène.
	Phosphore	Ph.	31	1,77	
	Soufre	S.	16	2,09	
	Arsenic	As.	75	5,80	Solides, infusibles, insolubles dans l'eau.
	Silicium	Si.	21	»	
	Carbone	C.	6	2,50	
Métaux.	Potassium	K.	39,14	0,87	Dits métaux alcalins ou alcalino-terreux, très-oxydables (avides d'oxygène), sauf le magnésium, importants surtout par leurs combinaisons, fusibles, solubles, ainsi que beaucoup de leurs sels.
	Sodium	Na.	23,00	0,97	
	Baryum	Ba.	68,50	»	
	Strontium	St.	43,75	2,54	
	Calcium	Ca.	20,00	1,58	
	Magnésium	Mg.	12,00	1,74	

TABLEAU A *(Suite).*

	DÉSIGNATION.	INDICE.	ÉQUIVALENT.	DENSITÉ.	CARACTÈRES.
Métaux.	Aluminium	Al.	13,75	2,56	»
	Manganèse	Mn.	27,50	8,00	Métaux gris très-voisins, fusibles à haute température, oxydables à la chaleur et à l'humidité, solubles dans les acides forts.
	Fer	Fe.	28,00	7,70	
	Cobalt	Co.	29,50	7,80	
	Nickel	Ni.	29,50	8,50	
	Chrôme	Cr.	26,20	5,90	
	Tungstène ou Wolfram	W.	92,00	17,60	
	Zinc	Zn.	33,7	7,00	Métaux ayant chacun leur aspect et propriétés, plus fusibles et plus attaquables que les précédents, caractères variés.
	Cuivre	Cu.	31,75	8,80	
	Plomb	Pl.	103,50	11,44	
	Etain	Sn.	59,0	7,27	
	Antimoine ou stibium	St.	120	6,88	
	Mercure	Hg.	100	13,60	
	Argent	Ag.	108,80	10,50	
	Or	Au.	98,20	19,75	Très-difficiles à attaquer et à fondre, inoxydables.
	Platine	Pl.	98,50	21,50	

236. **TABLEAU B. — Division des bases en cinq groupes ou familles, d'après l'effet accusé par certains réactifs** (Voir nº 59).

	Réactifs	Effet	Bases
1°	Carbonate alcalin. . . . . . Sulfhydrate d'ammoniaque.	Ne précipitant ni l'un ni l'autre. . . La base est. . . .	Potassium. Sodium. Ammonium.
2°	Carbonate alcalin précipitant. . . . . Sulfhydrate d'ammoniaque étant sans effet. .		Magnésium. Calcium. Strontium. Baryum.
3°	Carbonate alcalin. . . . . . Sulfhydrate d'ammoniaque. Acide sulfhydrique ne précipitant pas. — Liqueur étant acide.	Précipitant tous deux	Aluminium. Chrôme. Nickel. Manganèse. Fer. Zinc.
4°	Carbonate alcalin. . . . . Sulfhydrate d'ammoniaque. . . . . Acide sulfhydrique, même la liqueur n'*étant pas acide*	Précipitent, mais si le précipité est *insoluble* dans le sulfhydrate d'ammoniaque, la base est	Cadmium. Bismuth. Plomb. Mercure. Argent.
5°	Même précipité que dans le cas précédent mais il est *soluble* dans le sulfhydrate d'ammoniaque, la base est alors.		Arsenic. Étain. Antimoine. Platine. Or.

Ainsi, les deux derniers groupes ne se distinguent que par la solubilité des précipités que déterminent les trois réactifs dont les 2ᵉ et 3ᵉ se caractérisent par l'effet desdits réactifs, les uns précipitant, les autres ne précipitant pas. Dans le premier, aucun réactif ne précipite.

237. **TABLEAU C. — Division des acides en trois familles ou groupes.**

1°	Azotate de baryte. . . . Azotate d'argent.	Précipitant l'acide est.. .	Arsénique. Chromique. Carbonique. Oxalique. Silicique.
2°	Azotate de baryte, ne précipite pas . . . . Azotate d'argent précipite l'acide est. . . .		Sulfhydrique. Chlorhydrique. Bromhydrique. Iodhydrique. Cyanhydrique.
3°	Azotate de baryte. . . . Azotate d'argent	Ne précipitent pas l'acide est.. . .	Azotique. Chlorique.

4° L'acide sulfurique précipite par les sels de baryte et l'azotate d'argent comme les acides du n° 1. Mais ses précipités se distinguent par leur insolubilité absolue.

238. **TABLEAU D. — De la décomposition de l'eau par les métaux principaux.**

DÉCOMPOSANT à froid. 1	DÉCOMPOSANT à chaleur seule de 100 à 200°. 2	DÉCOMPOSANT à chaleur rouge ou par acides. 3	DÉCOMPOSANT à chaleur rouge ou par alcali. 4	DÉCOMPOSANT à chaleur blanche. 5	DÉCOMPOSITION nulle. 6
Potassium. Sodium. Baryum. Strontium. Calcium.	Aluminium. Magnésium. Manganèse. Zinc.	Fer. Nickel. Cobalt.	Étain. Antimoine.	Bismuth. Plomb. Cuivre.	Mercure. Argent, Platine. Or.

239. **TABLEAU E. — Résumant l'analyse de l'eau** (Voir nos 69 et suivants).

		SUBSTANCES dissoutes.	RÉACTIFS ou procédés.	PRÉCIPITÉS. COULEURS.	NATURE.	CARACTÈRES.
Préliminaires.	*a*	Filtrage de l'eau				
	b	Alcalinité. . . .	Tournesol rougi. Sirop de violette.	Bleuit. Verdit.		
	c	Acidité	Tournesol bleu. . Campêche.	Rougit. Violet.		
Bases en général. — Les quatre premières seules sont ordinairement dominantes.	*a*	Chaux.	Oxalate d'ammoniaque.	Blanc pulvérul.	Oxalate de chaux.	Pulvérulent léger, soluble par l'acide chlorhyd. et nitriq., insoluble par l'acide acétiq.
	b	Magnésie. . . .	Chlorhyd. d'ammoniaque phosphate de soude.	Blanc cristallin.	Phosphate ammoniaco-magnésie.	Blanc cristallin, soluble dans l'acide, insoluble dans l'ammoniaq., lent à paraître, agité, raie le verre.
	c	Alumine	Carbonate de soude	Blanc gélatin.	Aluminate de soude	Lent à paraître, soluble dans acide, dans soude ou potasse caustique, insoluble dans chlorhydr. d'ammoniaque, poudre sèche imbibée d'az. cobalt, bleuit au chalumeau.
	d	Silice.	Acide chlorhydrique, carbonate de soude.	Blanc gélatin.	Silicate de soude.	Insoluble dans l'acide chlorhyd. soluble seulement dans la soude caustique bouillante, pas de coloration au chalum.

Bases en général. — Les quatre premières seules sont ordinairement dominantes.	*e*	*Soude, sodium.*	*Évaporation à sec.*	*Blanc cristallin.*	*Chlorure de sodium. . . . . . .*	*Saveur salée et soluble dans l'eau.*
	f	Potasse.	Chlorure de platine.	Jaune.	»	»
	g	Fer.	Prussiate de potasse jaune. . . .	Bleu.	»	»
	h	Cuivre	Prussiate de potasse jaune.. . .	Marron.	»	»
	j	Manganèse. . .	Sulfhydrate d'ammoniaque. . . .	Chair.	Sulfure de manganèse.	Brunit à la lumière, insoluble dans les alcalis, soluble dans les acides.
	k	Iode	Amidon purifié. .	Bleu.	Sulfure d'argent.	
	l	Soufre..	Plaque d'argent..	Noircit.		
	m	Carbonate de chaux.	Ébullition.	Boueux.	Carbonate de chaux	Soluble avec effervescence dans les acides.
	n	Sulfates.	Chlorure de baryum.	Blanc pulvérul.	Sulfate de baryte.	Insoluble même dans les acides.
	o	Azotates.	Évaporation à sec, se dissout par alcool, acide chlorhydrique, feuille d'or.	Jaune.	Eau régale dissolvant l'or.	»
	p	Chlorures. . . .	Acide nitrique, nitrate d'argent . .	Blanc cailleb.	Chlorure d'argent	Brunit à la lumière, soluble dans l'ammoniaq.
	q	Matières organiques.	Permanganate de potasse.	2 gouttes.		Décolorée s'il y a matières organiques, sinon donne couleur rose.
			Chlorure d'or. . .	2 gouttes.		Ébullition, couleur violette s'il y a matières organiques, sinon jaune subsiste.

240. **TABLEAU F. — État des incinérations de briquettes, livrées à La Villette, par M. X..., dans le mois de mars 1874** (Voir n° 122).

LIVRAISONS.				RENDEMENT DE CENDRES.			OBSERVATIONS.
NUMÉROS d'ordre.	DATES.	DÉSIGNATION des wagons ou bateaux.	TONNAGE a	POUR 2 grammes b	POUR cent. c	POUR toute la livraison $d \times b$	
1	4 mars.	L. 640 — H. 870	20	0,140	7,00	1t,400	Rendement moyen de cendres : $= \frac{d \times 100}{a} = \frac{13,440 \times 100}{200} = 6,72$ %. Prime — 7,5 — 6,72 = 8/10 en nombre rond × 0,5 = 4 fr. par tonne, soit pour tonnage total, 200 × 4 = 800 fr. prime.
2	10 —	H. 520 — D. 340	20	130	6,50	1,300	
3	14 —	L. 220 — 281	20	130	6,50	1,300	
4	17 —	L. 807 — 25	20	150	7,50	1,500	
5	20 —	L. 912 — 408	20	142	7,10	1,420	
6	22 —	D. 812 — 900	20	142	7,10	1,420	
7	24 —	D. 930 — 940	20	134	6,70	1,340	
8	26 —	L. 309 — 710	20	118	5.90	1,180	
9	29 —	H. 1218 — L. 58	20	122	6,10	1,220	
10	30 —	D. 294 — H. 29	20	136	6,80	1,360	
		Totaux.	200			13t,440	
			a	b	c	d	

241. TABLEAU G comparatif des degrés oléométriques des huiles brutes.

TEMPÉRATURE.	HUILES DE :							
	COLZA. NAVETTE.	PIEDS de bœuf.	OLIVE. ARACHIDE.	RAVISON.	BALEINE.	ŒILLETTE.	POISSON.	LIN.
+30°	5,7	6,0	7,0	11,0	14,0	15,3	17,0	25,0
29	6,4	6,7	7,7	11,7	14,7	16,0	17,7	25,7
28	7,1	7,4	8,4	12,4	15,4	16,7	18,4	26,4
27	7.7	8,0	9,0	13,0	16,9	17.3	19,0	27,0
26	8,4	8,7	9,7	13,7	16,7	18,0	19,7	27,7
25	9,1	9,4	10,4	14,4	17,4	18,7	20,4	28,4
24	9,7	10,0	11,0	15,0	18,0	19,3	21,0	29,0
23	10,4	10,7	11,7	15,7	18,7	20,0	31,7	29,7
22	11,1	11,4	12,4	16,4	19.4	20,7	22,4	30,4
21	11,7	12,0	13,0	17,0	20,0	21,3	23,0	31,0
20	12,4	12,7	13,7	17,7	20,7	22,0	23,7	31,7
19	13,1	13,4	14,4	18,4	21,4	22,7	24,4	32,4
18	13,7	14.0	15,0	19,0	22,0	23,3	25,0	33,0
17	14,4	14,7	15,7	19,7	22,7	24,0	25,7	33,7
16	15,1	15.4	16,4	20,4	23,4	24,7	26,4	34,4
15	15,7	16,0	17,0	21,0	24,0	25,3	27,0	35,0
14	16,4	16,7	17,7	21,7	24,7	26,0	27,7	35,7
13	17,1	17,4	18,4	22,4	25,4	26,7	28,4	36,4
12	17,7	18,0	19,0	23,0	26,0	27,3	29,0	37,0
11	18,4	18,5	19,7	23,7	26,7	28,0	29,7	37,7
10	19,1	19,4	20,4	24,4	27,4	28,7	30,4	38,4
9	19,7	20,0	21,0	25,0	28,0	29,3	32,2	39,0
8	20,4	20,7	21,7	25,7	28,7	30,0	32,9	39,7
7	21,1	21,4	22.4	26,4	29,4	30,7	33,6	40,4
6	21,7	22	23,0	27,0	30,0	31,3	34,2	41,0
5	22,4	»	»	27,7	30,7	32,0	34,9	41,7
4	23.1	»	»	28,4	31,4	32,7	35,6	42,4
3	23,7	»	»	29,0	»	33,3	36,2	43,0
2	»	»	»	29,7	»	34,0	36,9	43,7
1	»	»	»	30,4	»	34,7	37,6	44,4
0	»	»	»	31	»	35,3	38,2	45,0
−1	»	»	»	»	»	36,0	38,9	45,7
2	»	»	»	»	»	36,7	39,6	46,4
3	»	»	»	»	»	37,3	40.2	47,0
4	»	»	»	»	»	38,0	40,9	47,7
5	»	»	»	»	»	»	41,6	48,4

§ II. Appareils divers.

Suivent la description et le mode d'emploi de quatre appareils classiques et dont l'usage est continuel dans les essais chimiques, ils sont d'ailleurs aussi simples que peu dispendieux, savoir : l'appareil à gaz hydrogène, l'appareil de Marsh, l'appareil à chlore, l'appareil à hydrogène sulfuré.

242. *Appareil à gaz hydrogène.* Celui-ci s'obtient au laboratoire par la décomposition de l'eau au contact du zinc, avec addition d'acide sulfurique. (Voir ci-contre l'appareil réduit à sa plus simple expression, suffisante dans beaucoup de cas.) Dans un flacon à 2 bouchons ou même dans un simple bocal avec bouchon à 2 trous descend un tube à entonnoir servant à la fois comme tube de sûreté et pour verser le liquide ; un autre tube arasant le dessous du bouchon sert au dégagement du gaz en *a*. S'il est besoin, au bout de ce tube, on ajoute un conduit de caoutchouc muni lui-même d'une buse de verre effilé qui permet de diriger à volonté le courant du gaz.

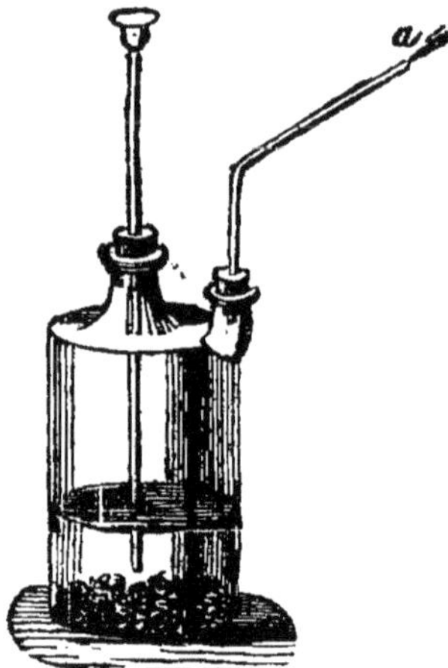

Fig. 35.

Dans un bocal d'un litre, on met environ 500 grammes de zinc en grenaille ou rognures, on ajoute de l'eau jusqu'à remplir le flacon à moitié au plus ; on met les bouchons munis de leurs tubes et tout est prêt pour verser dans l'entonnoir l'acide sulfurique peu à peu et par petite quantité, sinon il y aurait grand échauffement et peut-être explosion du vase ; dès qu'il y a effervescence sensible annonçant la décomposition et le dégagement de l'hydrogène, c'est suffisant et on n'ajoute de l'acide à nouveau que pour activer ce dégagement quand il se ralentit. Il faut d'abord laisser expulser l'air qui, au début, remplissait le flaçon et les tubes, et attendre à cet effet environ 5 minutes avant d'utiliser aux essais le courant d'hydrogène et surtout se garder d'allumer ce gaz à la buse de décharge.

Au n° 159, on voit une installation complète de gazogènes avec flacon laveur à l'eau et flacon dessiccateur au chlorure de calcium pour avoir de l'hydrogène pur et sec.

Le gaz des becs d'éclairage est de l'hydrogène, mais un hydrogène impur qu'on ne peut pas toujours employer aux opérations chimiques.

Enfin, on peut avoir du gaz pur en magasin, dans des réservoirs dits *gazomètres*, qui existent tout préparés chez les fabricants d'appareils de chimie.

243. *Appareil de Marsh.* Cet appareil sert à manifester l'arsenic et l'antimoine. Ce qui va suivre du premier s'applique au second, sous la réserve d'une distinction qui aura ci-après sa place. Ne parlons donc que de l'arsenic.

Le principe de l'appareil est l'affinité que le gaz hydrogène a pour l'arsenic. Ayant donc préalablement dissous et amené à l'état de liqueur la substance arsénicale donnée, on l'introduit dans un flacon avec de l'eau, de l'acide sulfurique et du zinc, qui par la décomposition de l'eau, produisent de l'hydrogène, lequel s'empare de l'arsenic, et ils donnent ensemble une arséniure d'hydrogène gazeux. Celui-ci à son tour se décompose à la chaleur et l'arsenic métallique mis en liberté se dépose sur les parois du verre ou de la plaque de porcelaine sur laquelle on reçoit le courant gazeux.

Suivent la marche assez délicate de l'opération et la disposition de l'appareil réduit à son maximum de simplicité. Il n'est autre que l'appareil à hydrogène du numéro précédent, et il se vend tout préparé chez les fournisseurs d'instruments de chimie, pour le prix de 2 à 3 francs.

La figure ci-dessous donne un appareil de Marsh, plus complet et non moins classique ; le tube de sortie du gaz replié en équerre, porte une boule de sûreté, puis un renflement contenant de l'amiante. Le prolongement du tube est mis sur un réchaud au charbon ou chauffé par une lampe à alcool ou un bec de gaz, à douce température. Un écran protecteur suit pour que le reste du tube effilé reste tiède. On reçoit le jet du gaz arsénié sur une soucoupe ou une assiette de porcelaine froide

Fig. 36.

qu'on tient à la main. Ayant mis dans le flacon, comme il précède, le zinc, l'eau distillée et l'acide sulfurique pour produire l'hydrogène, on attend environ 10 minutes pour que l'air contenu dans l'appareil soit expurgé, alors on chauffe, puis on allume le gaz à l'extrémité du tube ; le gaz qui brûle lui-même comme une petite lampe avec sa flamme ordinaire d'hydrogène, bleue, peu lumineuse et inodore. Tout est prêt pour l'essai de la substance arséniée, qui a dû être préalablement dissoute à l'acide azotique, si elle n'est pas elle-même à l'état de liqueur.

On la verse par l'entonnoir, et s'il y a réellement de l'arsenic comme on le suppose, bientôt la flamme change d'aspect; elle devient plus brillante et livide, il se dégage une odeur d'ail qu'il faut éviter de respirer. En présentant une assiette de porcelaine blanche à la flamme, l'arsenic métallique se déposera en taches caractéristiques d'un noir brunâtre très-brillant et miroitant; par l'intensité et l'étendue de ces taches qu'on répète sur l'assiette ou sur des assiettes, à des places différentes, tant qu'elles se produisent, on apprécie à l'œil la proportion plus ou moins grande d'arsenic.

L'antimoine se traite et se décèle exactement de même et on peut aisément prendre l'un pour l'autre. Mais l'antimoine donne une flamme plus brillante, très-blanche et sans odeur d'ail. Ses taches sur l'assiette sont d'un noir franc, terne et sans miroitage.

244. Suivent diverses précautions dans la marche de l'opération :

1° Le flacon ne doit être rempli en tout qu'à la moitié au plus, à cause de la dilatation et de la tuméfaction, le zinc et l'eau acidulée n'occupent au plus qu'un tiers.

2° Quelque précaution qu'on prenne, on peut redouter l'explosion du flacon ; le tube de sûreté et les deux boules ne suffisent pas toujours, il faut donc retenir ses débris en l'entourant d'un linge qui sera sacrifié et se précautionner contre l'écoulement de l'eau acidulée.

3° L'amiante du manchon a pour but de retenir les gouttelettes liquides qui pourraient être entraînées hors du flacon par le courant du gaz. Il faut en mettre assez pour que le but soit atteint, mais éviter de trop remplir et de trop tasser pour qu'il n'y ait pas obstruction.

4° La liqueur arsénicale se verse par le tube à entonnoir, peu à peu et par petites quantités suscessives, avec temps d'arrêt.

5° Comme il importe d'être bien certain que l'arsenic ne provient que de la substance essayée, il faut d'abord n'employer à la production de l'hydrogène que des substances et vases dont on soit sûr : 1° flacon et tubes, ou bien neufs, ou bien parfaitement rincés à l'eau distillée; 2° amiante neuve et n'ayant pas déjà servi à des expériences où l'arsenic peut être resté; 3° eau distillée, zinc et acide sulfurique purs demandés à cet effet, avec recommandation spéciale chez le fournisseur.

6° Enfin, on présente l'assiette à la flamme et c'est seulement lorsqu'on aura constaté l'absence de toute tache qu'on versera la liqueur arsénicale destinée à l'essai. Cette absence absolue est assez rare, car on trouve presque partout des traces d'arsenic.

Avec ce qui précède, on manifeste qualitativement l'arsenic ou l'antimoine; on ne les dose pas.

Cependant, par les dispositions indiquées dans tous les livres de chimie, on conserve l'arsenic dans l'ajutage *g* fait suffisamment long, au-delà de la partie du tube que chauffe une lampe à alcool. Un appareil perfectionné du même principe existant chez MM. Flandin et Danger, fabricants d'instruments de chimie, permet aussi le dosage.

245. *Appareil à chlore.* Un courant de chlore gazeux est un des réactifs habituels. Redouté par ses émanations on le produit au-dehors, en plein air ou dans une *chambre à chlore,* vitrine énergiquement ventilée *ad hoc.* Le chlore se dégage par la décomposition, soit du chlorure de sodium attaqué par l'acide sulfurique qui lui prend sa soude, soit de l'acide chlorhydrique mis en contact avec l'oxyde de manganèse qui élimine l'hydrogène, et dans les deux cas le chlore est mis en liberté. On peut prendre l'une ou l'autre de ces deux méthodes; par exemple, traiter dans un ballon du manganèse en menus morceaux par l'acide chlorhydrique, mais généralement selon la recette Wiggers, on fait un mélange de :

9	parties en poids	de gros sel de cuisine	
7	—	—	de manganèse (sans chaux).
10	—	—	d'eau.
20	—	—	d'acide sulfurique.

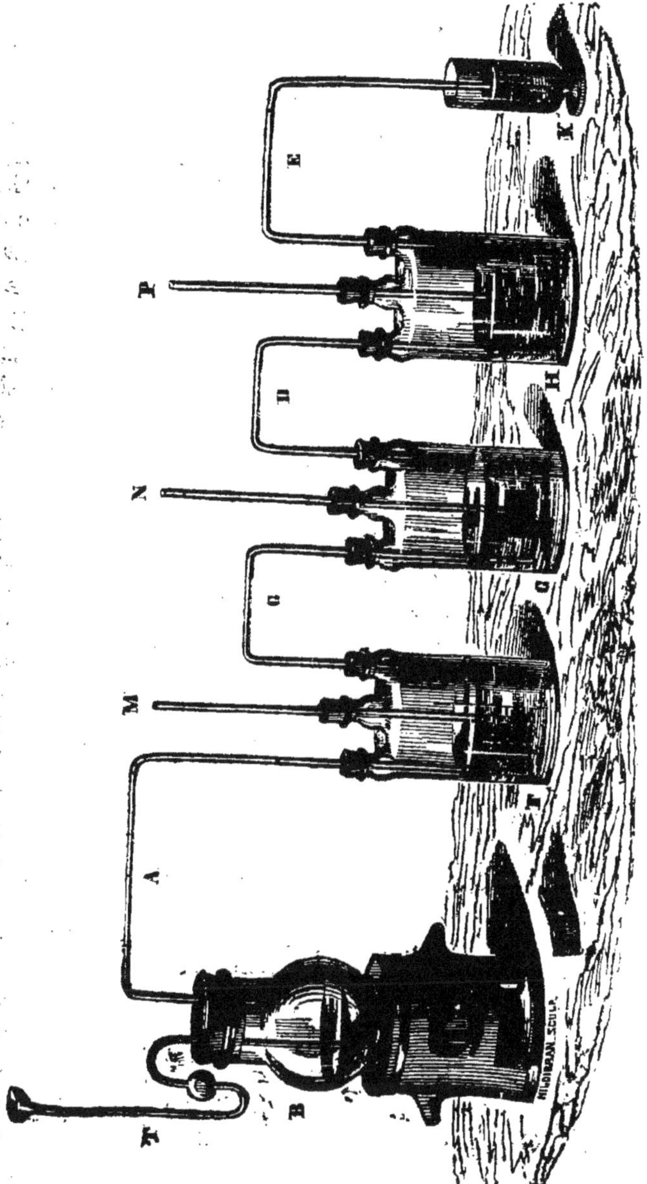

Fig. 37.

On voit fig. 37 un grand appareil à chlore avec flacon laveur, mais il pourra être simplifié dans beaucoup de cas. Le ballon B chauffé doucement sur un fourneau, ou avec une lampe comme la figure du n° 87, est muni du tube T à entonnoir, boule et coude de sûreté. On y met avant de le boucher, le manganèse et le sel, pilés et triturés ensemble avec le mortier du n° 39. On ajoute l'eau, et après la fermeture du bouchon on verse l'acide sulfurique par l'entonnoir du tube T. Le chlore gazeux s'échappe par le tube en double équerre A et traverse successivement les trois flacons laveurs F, G, H, qui ont aussi leur tube de sûreté M, N, P. Souvent on pourra n'avoir qu'un seul flacon laveur. Le vase *k* est celui où l'on suppose mettre la liqueur que doit traverser le courant gazeux du chlore.

Suivent diverses observations :

1° L'eau des flacons laveurs doit être conservée, car elle contient du chlore dissous qui constitue un des réactifs ordinaires du laboratoire, qu'on emploie souvent au lieu de courant gazeux, mais il s'altère vite et doit être conservé dans l'obscurité, le bouchon renversé dans un verre d'eau.

2° Pour lancer le courant du chlore dans l'éprouvette R, attendez quelques minutes pour laisser évacuer l'air de l'appareil. Le chlore lui-même d'abord, dissous dans l'eau, n'arrivera que lorsque cette eau en sera saturée et par conséquent il faut éviter la multiplicité des laveurs et leur excès de dimension.

3° Le chlore est délétère, suffocant, susceptible de détoner violemment avec l'hydrogène et impropre à la combustion. En présentant au bout du tube une allumette en ignition, on la voit s'éteindre, et on juge ainsi que le chlore attendu sort enfin.

246. *Appareil à hydrogène sulfuré.* Le courant de ce gaz qui s'emploie pour précipiter un si grand nombre de métaux est une des opérations les plus redoutées par sa

puanteur et ses émanations. On la pratique au-dehors en plein air ou sous la hotte bien ventilée du laboratoire. L'hydrogène sulfuré ou acide sulfhydrique HS se dégage en attaquant par l'acide sulfurique, un sulfure métallique, ordinairement le sulfure de fer. Ci-contre est l'appareil réduit à sa plus grande simplicité, mais auquel on peut ajouter un ou plusieurs flacons laveurs comme au numéro précédent. Dans un flacon générateur ou bocal E, muni d'un tube à entonnoir et de celui qui donne essor au gaz, on met le sulfure de fer en menus morceaux et l'eau. puis ayant bouché, on verse l'acide sulfurique avec les précautions ci-dessus. L'acide sulfhydrique se dégage bientôt; soit qu'on lui fasse traverser un laveur, soit qu'on le reçoive directement, on voit sur la figure comment il plonge dans le verre à pied V contenant la liqueur à précipiter par le passage du courant. On substitue si on veut, au verre, une éprouvette ou tout autre vase.

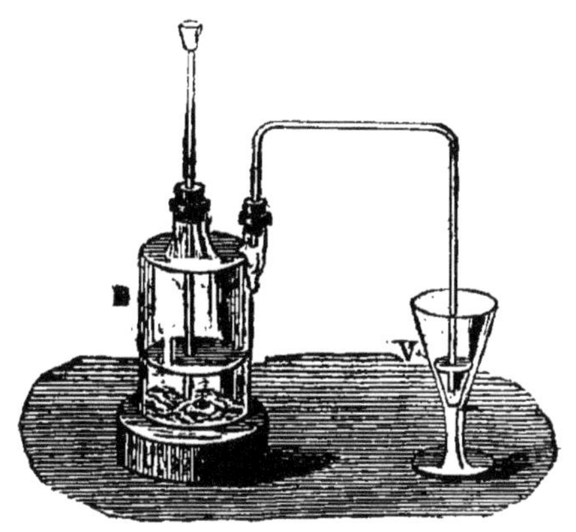

Fig. 38.

Rien de nouveau à dire pour les précautions dans le versage de l'acide sufurique; c'est suffisant dès qu'il y a effervescence sensible, mais on ajoute à nouveau quand celle-ci cesse. Disons enfin que si on fait passer le gaz sulfhydrique par des laveurs, il faut conserver l'eau imprégnée de ce gaz soluble, car cette dissolution est un réactif qui dispensera souvent de recourir à l'emploi du courant de gaz.

VOCABULAIRE

DES

MOTS TECHNIQUES

ACÉTATES. — Combinaisons d'une base avec l'acide acétique, qui n'est autre que le vinaigre.

ACÉTATE DE PLOMB. — P*b* O, $C^4 H^3 O^3$, sel ou extrait de Saturne des pharmaciens, (4 fr. 50 le kil.) — Sel neutre cristallisé vénéneux, dont on fait une dissolution à 10 % dans l'eau distillée pour servir de réactif. Autour du flacon s'amasse un dépôt blanc de carbonate de plomb par emprunt de l'acide carbonique à l'air ; essayer le réactif avant d'employer, réactif spécial de l'acide phosphorique et de l'hydrogène sulfuré.

ACIDES. — Substances, les unes liquides, les autres solides ou gazeuses, qui, unies aux bases forment des sels, rougissent généralement les teintures végétales. — Voir n. 11, 27, 196, 230, 237.

ACIDE ACÉTIQUE. — $C^4 H^3 O^3 HO$. L'acide monohydraté est cristallisé ou du moins facilement cristallisable. L'acide acétique moins concentré n'est autre que le vinaigre, c'est-à-dire vin aigri au contact de l'air. L'acide acétique forme les acétates. Voir n. 27. Prix ordinaire 3 fr. le kilog. pur. Cristallisable 6 fr.

ACIDE AZOTIQUE OU NITRIQUE. — Voir n. 27, 34, 76 *bis*. L'acide ordinaire du commerce marquant 36° au pèse-acide coûte 0 fr. 70 le kilog., l'acide pur concentré et fumant coûte 3 fr. 50.

ACIDE CARBONIQUE. — CO^2 formant avec les bases les carbonnates. Acide faible, naturellement gazeux ; mais soluble dans l'eau, facilement chassé par la chaleur, n. 75, 89, 100.

ACIDE CHLORHYDRIQUE, n. 27, 231, prix ordinaire 0 fr. 20 le kil. ; pur 1 fr. 30.

ACIDE HYPONITRIQUE OU HYPO-AZOTIQUE. $Az\,O^4$ énergique, liquide orangé, répandant des vapeurs rutilantes ou rouges très-délétères, bout à 28° : prix 1 fr. 80 le kil.

ACIDE NITRIQUE. Voir *Acide azotique.*

ACIDE OLÉIQUE. — Résidu de la fabrication des bougies stéariques, liquide sirupeux à la température ordinaire, fige en hiver, prix : 1 fr. 50 le kil.

ACIDE PHOSPHORIQUE. — $Ph\,O^3$, solide blanc floconneux qu'on produit en brûlant du phosphore, très-déliquescant et avide d'eau. La liqueur employée au laboratoire sous le nom d'acide phosphorique, est une dissolution de celui-ci, et elle est sirupeuse lorsqu'elle est suffisamment concentrée, ce qu'on peut toujours faire en chauffant. En chassant ainsi presque toute l'eau on obtient une substance vitreuse. Prix : 20 fr. le kil.

ACIDE TARTRIQUE. — $C^h\,H^2\,O^5$ en cristaux blancs, inaltérable à l'air, fusible en dégageant une odeur de sucre brûlé, soluble dans l'eau et l'alcool; forme avec les bases des tartrates. Pour l'usage du laboratoire on en fait une solution dans l'eau. Prix ordinaire : 6 fr. le kil., pur 10 fr.

ACIDE SULFHYDRIQUE. — HS ou hydrogène sulfuré, n. 58, 91, 247. Gaz incolore, vénéneux, puant, liquéfiable sous une très-grande pression et un très-grand froid, soluble dans l'eau, réactif précipitant d'un grand nombre de métaux avec des couleurs caractéristiques. Voir n. 58, 91, prix : 1 fr. le kil.

ACIDE SULFUREUX. — SO^2 gaz obtenu en brûlant du soufre dont il a l'odeur, liquéfiable par le froid et la pression; mais en un liquide très-volatile et très-instable qu'on ne conserve qu'en un tube fermé au chalumeau.

Voir n. 119, prix en liquide ordinaire : 0,30 le kil., pur 4 fr.

ACIDE SULFURIQUE, huile de vitriol du commerce. — SO^3. Voir n. 34, 76, 102, 187. Liquide huileux, dense, ne bout qu'à 300 degrès, très-difficile à chasser de ses combinaisons, actif et dangereux corrosif, très-avide d'eau, ne jamais y verser d'ean et ne verser que lentement et avec précaution l'acide lui-même dans l'eau où il produit une grande chaleur. Prix : l'acide ordinaire du commerce marquant 66° au pèse-acide, coûte 0 fr. 30 le kil., l'acide purifié 1 fr. 25, l'acide concentré fumant 2 fr.

ACIDIFIER, n. 51.

ACIER, n. 142.

AGGLOMÉRÉ. — Voir *Combustibles*.

AIR, n. 86.

ALCALI, n. 17, 24, 233.

ALCALISER, n. 51.

ALCOOL. — Voir n. 20 et 233. Prix : alcool ordinaire du commerce, marquant 36° à l'alcoolomètre, coûte 4 fr. 50 le litre ; l'alcool concentré à 40° coûte 5 fr. 20.

ALLIAGES, n. 8, 153. 171.

ALUMINE. n. 71, 106, 126.

AMIDON. — Substance végétale blanche, solide, réactif par excellence de l'iode qu'il trahit par une coloration violette caractéristique. L'amidon commun est impur, et parfois inefficace, il faut acheter chez le marchand de produits chimiques de l'*amidon sensible* et purifié. On le broie au petit mortier avec de l'eau distillée, on fait bouillir en remuant sans cesse et on a, sans avoir besoin de filtrer, une liqueur incolore et limpide légèrement sirupeuse, quand elle est vieille elle n'opère plus. Prix : 1 fr. 60 le kil.

AMMONIAQUE n. 24, 88. Prix : l'ordinaire à 22° 0 fr. 90 le kil. ; pur et concentré à 28°, 2 fr. 70.

AMMONIACAUX (Sels). — Combinaisons très-nombreuses de l'ammoniaque avec diverses bases, existant au préalable ou se formant dans les manipulations chimiques où ils empêchent parfois les précipités qu'on veut produire. Presque tous les sels ammoniacaux sont solubles dans l'eau.

ANALYSES, n. 13.

ANTIMOINE, n. 152, 172, 176 ; prix : 2 fr. le kil.

AREOMÈTRE, n. 20.

ARGILE. Voir *Alumine*.

ARSENIC, n. 34, 146, 149, 176, 244.

AZOTATE, n. 76 *bis*.

AZOTATE D'ARGENT $Ag\,O.\ Az\,O^5$. — Sel blanc cristallisé caustique (c'est la pierre infernale des pharmaciens), soluble dans l'eau, la solution à 10 % dans l'eau distillée est le réactif des chlorures et des iodures qu'il précipite en blanc insoluble, caséeu et noircissant à la lumière, c'est aussi un précipitant des phosphates, carbonates, arseniates, sulfates, etc., qui sont au contraire solubles dans les acides. Prix du sel 15 cent. le gramme.

AZOTATE DE COBALT $C_o\,O,\ Az\,O^5$. — Sel rose qu'on pulvérise ou dont on fait dans l'eau une dissolution rose à 10 %. Prix 40 fr. le kilog.

BASES, n. 11, 58, 236.

BAIN-MARIE, bain d'huile, bain de sable, n. 48.

BEC A GAZ, n. 37.

BENZINE, n. 21. Prix ordinaire : du commerce 2 fr. 50 le kil.; concentré cristallisable, 10 fr.

BI-CHLORURE. — Voir *Chlorure*.

BLANC. — Voir *Chaux, zinc, plomb*.

BORAX, n. 37, prix: 2 fr. le kil.

BRONZE. — Voir *Alliages*.

BROYAGE, n. 39.

CALCINATION, n. 40.

CAOUTCHOUC, n. 228,

CAMPÊCHE (bois de). — Arbre exotique importé pour la teinture et couleur rouge qu'il doit à une substance dite hématine ; l'ayant râpé ou haché ou pilé, on le fait bouillir dans l'eau pendant environ une heure, et on a une infusion jaune quand elle est froide, qui sert comme réactif pour déceler l'ammoniaque, la potasse, la chaux, la baryte et la strontiane, dans les liqueurs qui donnent une teinte rouge pourpre si l'alcali est en petite quantité et violet s'il y a excès.

CAMÉLÉON. — Voir *Permanganate de potasse.*

CARBONATES, n. 12, 69, 75.

CARBONATES ALCALINS. — Noms génériques donnés aux carbonates d'ammoniaque, de potasse et de soude dont la réaction est généralement à peu près la même quoiqu'à des degrés variables. Sels blancs cristallins très-solubles dans l'eau où on y fait des solutions incolores à 10 %.

CARBONATE DE CHAUX, n. 75, 89, 98, 106.

CARBONATE DE POTASSE KO, CO^2. — Sel neutre cristallisé, blanc très-soluble dans l'eau, assez peu employé, on lui préfère le carbonate de soude. Prix : ordinaire 1 fr. 25, celui qui est purifié à la chaux coûte 6 fr.

CARBONATE DE SOUDE $NO\,CO^2$. — Sel blanc cristallisé, soluble dans l'eau et fusible, absorbant beaucoup d'eau, *desséché* à feu doux dans une capsule pour certaine opération il devient anhydre et opaque. Le carbonate de soude pur vaut le quadruple de celui du commerce qui suffit ordinairement. La dissolution aqueuse à 10 % est un réactif très-usuel comme précipitant de métaux, la dissolution à 5 ou 6 % s'appelle une lessive de soude. Prix : ordinaire 0 fr. 35 le kil., fondu et purifié à la chaux 6 fr.

CARBURE, n. 10.

CARBURE D'HYDROGÈNE. — Nom générique des essences, matières grasses, alcool, éther, etc., qui sont composés de carbone et d'hydrogène avec ou sans autres corps. N. 178.

CENDRES. — Voir *Incinération.*

CÉRUSE, n. 217.

CHARBON. — Voir *Combutibles.*

CHAUX, n. 75, 106, 116.

CHLORE, n. 34, 77, 246. — Corps simple métalloïde, gaz vert, puant, délétère, soluble dans l'eau, voir au n. 246. Sa préparation; l'eau chlorée ou dissolution de chlore dite vulgairement chlore liquide, n'est autre que l'eau distillée traversée par un courant de chlore; elle remplace souvent le courant comme réactif.

CHLORATES EN GÉNÉRAL. — Sels formés par une base et l'acide chlorhydrique.

CHLORATE DE POTASSE. KO. ClO^3. — Sel blanc cristallisé en paillettes, très-soluble dans l'eau chaude, fusible à 400°, fuse vivement sur charbon allumé, donne lieu à des mélanges détonants par la percussion (poudre fulminante), ne doit donc être manié qu'avec prudence, oxydant très-énergique. Prix : ordinaire 3 fr. le kil., pur et fondu 7 fr.

CHLORYDRATE D'AMMONIAQUE. — $AzH^3 + HCl = 34.80 + 68.20 = 100$. Sel ammoniaque du commerce, gris à texture fibreuse, blanc quand il est purifié, difficile à pulvériser, c'est le plus employé des sels ammoniacaux comme réactifs, très-soluble dans l'eau dont on fait des dissolutions à 10 %. Prix : qualité blanche 2 fr. 50 le kil.

CHLORURES, n. 10, 25, 77.

CHLORURE DE BARYUM. — $BaCl$. Sel blanc cristallisé, la dissolution aqueuse à 5 % est le réactif par excellence de l'acide sulfurique avec lequel il se forme un précipité blanc et lourd de sulfate de baryte insoluble même dans les acides. Voir n. 76. Prix : ordinaire 1 fr. le kil., pur 3 fr.

CHLORURE DE CALCIUM. — $CaCl + 6HO$, solide, blanc, très-déliquescent, très-soluble en produisant le froid, fusible; à conserver dans une boîte ou au pot de grès à l'abri de l'humidité. Le chlorure de calcium desséché est très-avide d'humidité; il est employé pour faire les dessiccations radicales. La solution aqueuse à 10 % est neutre et incolore. Prix desséché 1 fr. le kil.

CHLORURE D'OR, ou sesqui-chlorure d'or. — Au^2Cl^3. Solide jaune ou brun, vert si on le dessèche, très-déliquescent et très-soluble dans l'eau; solution jaune d'or; tache la peau, colore en pourpre les matières animales et végétales. Prix : 2 fr. 50 le gramme.

CHLORURE DE MANGANÈSE. — $MnCl = 43,7 + 56,3$ en cristaux roses ou bruns, contient beaucoup d'eau si on n'a pas desséché, déliquescent et soluble dans l'eau, solution rouge. Prix : ordinaire 4 fr. le kil.

CHLORURE DE SODIUM. — $NaCl + 4HO$, n'est autre que le vulgaire sel de ménage, gris s'il est impur, blanc cristallisé quand il est purifié, très-aqueux s'il n'est desséché, fusible, soluble dans l'eau et déliquescent. Voir n. 74; prix : fondu pur et cristallisé 6 fr. le kil.; ordinaire 0 f. 25.

CHLORURE et BICHLORURE DE PLATINE $PlCl^2$. — Acheté en solide rouge et amorphe, d'un prix élevé, la dissolution aqueuse à 10 % est jaune limpide : c'est le réactif des sels d'ammoniaque et sels de potasse avec lesquels se produisent des chloro-platinates de potasse ou d'ammoniaque de couleur caractéristique. Prix du sel 80 cent. le gramme.

CHLORURE D'ÉTAIN $SnCl$ et Bichlorure $SnCl^2$. — Le premier est un solide cristallisé blanc, oxydant énergique, soluble dans un peu d'eau, décomposé au contraire par l'eau en excès.

Le bichlorure ou perchlorure d'étain, ancienne liqueur de Libavius ou chlorure d'étain fumant est un liquide dense, sirupeux, incolore, répandant à l'air d'épaisses fumées blanches très-désagréables, dégageant avec l'eau une grande chaleur à la façon de l'acide sulfurique. En somme c'est un réactif dangereux mais parfois très-caractéristique. Prix : 3 fr. le kil.

CHLORURE DE ZINC. — Matière blanche pâteuse qu'on appelait jadis beurre de zinc. Elle est fusible, déliquescente et très-soluble, on ne la vend guère qu'en liquide, lequel n'est autre qu'une solution aqueuse; quand elle est suffisamment concentrée elle est sirupeuse comme l'huile et ne bout qu'à 400° sans donner de vapeur sensible Prix : 1 fr. 50 le kil.

COKE. — Voir *Combustibles*.

COLCOTHAR, n. 217, 220.

COLZA. — Voir *Huiles*.

COMBUSTIBLES, n. 119.

CONCENTRATION, n. 48.

CORDAGES, n. 221.

CREUSETS, n. 28, 43.

CRISTALLISATION, n. 50.

CUIVRE, n. 78, 145, 159.

CUIR, n. 214.

DÉCATISSAGE, n. 222.

DÉSAGRÉGER, n. 45.

DESSICCATION, n. 48 *bis*.

DISSOLUTION, n. 45, 49.

DISTILLATION, n. 49 *bis*.

DÉCAPAGE. — Mise à vif d'une surface métallique par la lime, par un frottage, par un acide, etc.

EAU, n. 2, 19, 63, 108, 112, 216, 238, 239.

EAU DE CHAUX. — Eau qui a séjourné sur la chaux vive et dont celle-ci s'est, en petite partie, dissoute à la faveur de l'acide carbonique qu'elle contient ou qu'elle a emprunté à l'air ; étant clarifiée et filtrée elle sert comme réactifs en certain cas. Prix ; 0 fr. 50 le litre.

EAU RÉGALE, n. 27.

violettes, se volatilise aussi à la température ambiante, brunit le papier et la peau, peu soluble dans l'eau, très soluble au contraire dans l'alcool et l'acide sulfurique, la *teinture alcoolique* et la *teinture sulfurique* d'iode sont rouges. Le moindre atome d'amidon donne par l'iode une belle coloration violette. Avec divers corps, notamment l'ammoniaque et le chlore, il se fait des mélanges détonants terribles; l'iode est en somme un réactif dangereux et d'un prix élevé qu'il ne faut employer qu'avec réserve et précaution. Prix : 50 fr. le kil.

IODURE DE POTASSIUM, de sodium, d'ammonium, etc. — Sels blancs cristallisés, solubles dans l'eau avec laquelle on fait des solutions incolores à 10 %, dissolvant de l'iode. Prix du sel ordinaire 30 fr. le kil.

LABORATOIRE, n. 2.

LAITON. Voir *Alliages*.

LAVAGE, n. 53, 114, 126.

LESSIVE, n. 222.

LÉVIGATION, n. 114.

LIQUEUR HYDROTIMÉTRIQUE, n. 94; prix 3 fr. 50 le kil.

LIQUEURS TITRÉES, n. 35, 94, 146 *bis*, 150.

LIQUEUR ALCALIMÉTRIQUE. 2 fr. le kil.

LITHARGE, oxyde rouge de plomb. 1 fr. le kil.

MACÉRER, n. 222.

MAGNÉSIE, n. 70, 99. Voir *Sulfates*.

MANGANÈSE, n. 9, 78, 144. Voir *Chlorures*.

MARSH (appareil de). n. 176, 244.

MATIÈRES ORGANIQUES, n. 80.

MATIÈRES VOLATILES. Voir *Gaz*.

MERCURE. — Métal liquide d'une grande densité; précaution dans l'emploi. Prix : 10 fr. le kil. en moyenne.

MÉTALLOIDES, n. 7, 235.

MÉTAUX, n. 7, 132, 235, 241.

MINIUM, n. 217.

MORTIER, n. 39.

MOUFFLE, n. 37.

NAPHTE, n. 211.

NEUTRE-NEUTRALISER, 51.

NITRATES. Voir *Azotates.*

OCRE, n. 217, 220.

OLÉINE, n. 171.

OXIDES, n. 10.

OXALIQUE (acide). $C^2O^3 + HO$. — Cristaux blancs qui perdent leur eau en chauffant. Acide énergique, vénéneux, sel d'oseille des épiciers). Prix : 2 fr. 50 le kil.

OXALATE D'AMMONIAQUE. $Az\,H^3, HO + C^2O^2$. — Sel blanc cristallisé, neutre, solution incolore à 5 % dans l'eau, réactif par excellence de la chaux et du plomb. Prix : 6 fr. le kil., purifié 20 fr.

PERMANGANATE DE POTASSE. — Sel cristallisé rouge, soluble dans l'eau avec laquelle il fait une belle solution carmin, jaunit par les matières organiques. Prix : ordinaire 14 fr. le kil.

PESÉE, n. 55.

PÉTROLE, n. 211.

PHOSPHATE, n. 12.

PHOSPHATE DE SOUDE. — $Ph\,O^5$. $2\,Na\,O, HO$. Sel blanc cristallisé neutre, solution incolore dans l'eau à 6 %. Prix : ordinaire 1 fr. 20 le kil., purifié 4 fr.

PHOSPHORE, n. 29, 34, 175. Voir *Acide phosphorique.*

PHOTOMÈTRE, n. 195.

PIERRE, n. 85, 106.

PLATINE. — Métal le plus lourd et d'un prix presque égal à l'or, inaltérable à l'air, infusible si ce n'est à la pile, n'est dissout que par l'eau régale, attaqué par les alcalis, le soufre et l'arsenic. Voir *Chlorure de platine.* Prix : 90 cent. le gramme.

PLOMB, n. 149, 157, 217.

POTASSE, n. 25, 75. — Alcali solide en cristaux blancs, base énergique, avide d'oxygène et d'eau, la potasse pure et caustique ordinaire épurée à la chaux vaut 5 fr. le kil., la potasse épurée à l'alcool plus pure encore, vaut parfois 15 à 20 fr. le kil. La potasse commune dite potasse d'Amérique est une pâte brune corrosive. Voir *Carbonate de potasse.*

PRÉCIPITÉS, n. 30, 51 *bis*.

PRISE D'ESSAI, n. 38, 68.

PRUSSIATE DE POTASSE. — Sel en beaux cristaux dont il y a deux natures. Le ferro-cyanure de potassium jaune $Fe\,Cy + 4\,K\,Cy$, et le ferri-cyanure de potassium rouge $Fe^2\,Cy^3 + 3\,K\,Cy$, dont le prix est beaucoup plus élevé. Les solutions aqueuses à 10 % de ces sels qui sont des poisons dangereux, servent à déceler la plupart des métaux par des colorations ou précipités caractéristiques; ne pas oublier qu'ils se décomposent à chaud au contact des acides et qu'ils donnent des colorations bleues comme s'il y avait toujours du fer, dans les liqueurs essayées. Prix : ordinaire prussiate jaune 4 fr. 25 le kil.; prussiate rouge, le double.

PULVÉRISATION. Voir *Broyage.*

RÉGULE. Voir *Antimoine.*

RÉDUCTION, n. 42.

SABLE, n. 113.

SAVONS, n. 181, 205, 210.

SCHISTE, n 211. Voir *Combustibles* et *Pierres.*

SELS, n. 11, 58.

SELS AMMONIACAUX, n. 160.

SEL DE PHOSPHORE, n. 37.

SILICE-SILICIUM, n. 72, 106, 126, 173.

SIROPS, n. 234.

SOUDE. — Caustique, alcali pur. Voir n. 25 et 74. Sel

blanc cristallisé, fusible et très-soluble; celui qui est épuré à la chaux coûte 3 à 4 fr.; celui qui est épuré à l'alcool coûte le quadruple.

SOUFRE. — Métalloïde jaune, fusible, insoluble dans l'eau, soluble éminemment dans le sulfure de carbone et la liqueur d'iode. Distinguer le soufre en canon, c'est-à-dire coulé après fusion, et la fleur de soufre, pulvérulente, recueillie après sublimation. Voir n. 79, 86, 129, 174. Prix : en canon, 50 cent. le kil., en fleur, lavé 1 fr. 25.

SUIF, n. 177, 205.

SULFATES, n. 12, 69.

SULFATE D'ALUMINE $Al^2 O^3$. — Sel neutre cristallisé blanc, solution à 10 % dans l'eau, incolore. Prix : 0 fr. 60 le kil.

SULFATE DE CHAUX, n. 76, 106. On fait de l'eau de sulfate de chaux comme on a vu l'eau de chaux ci-dessus. Prix : pur 4 fr. le kil.

SULFATE DE FER. — Sel acide cristallisé, vert quand il est hydraté, blanc jaunâtre quand il est anhydre, solution incolore dans l'eau et les acides. Le sulfate de fer pur est vert clair. Prix : ordinaire 0 fr. 25 le kil.; pur, 0 fr. 50.

SULFATE DE CUIVRE. — Sel acide cristallisé bleu quand il est hydraté et blanc quand il est anhydre, solution bleue dans l'eau et les acides. Prix : ordinaire 1 fr. 20 le kil.; pur 3 fr.

SULFATE DE MAGNÉSIE. — Sel cristallisé blanc, neutre, de saveur amère, solution incolore dans l'eau. Prix : ordinaire 0 fr. 50 le kil.

SULFATE DE SOUDE ou de potasse, n. 112. — Sel blanc cristallisé, solution incolore dans l'eau. Prix ordinaire du sulfate de soude 0 fr. 35 le kil.; pur 2 fr. sulfate de potasse 1 fr. 20 et 3 fr. 50.

SULFHYDRATE D'AMMONIAQUE Az H. HS. — Liqueur d'ammoniaque saturée de gaz-acide-sulfhydrique; blanc quand il vient d'être fait, jaunit bientôt; d'une grande puanteur, délétère, précipitant caractéristique de la plupart des métaux. Voir n. 58; prix : pur 5 fr. le kil.

SULFO-CYANURE DE POTASSIUM $CyS^2 + K$. — Cristaux incolores, vénéneux; solution à 10 % dans l'eau, incolore. Prix : ordinaire 12 fr. le kil.

SULFURES, n. 10, 15.

SULFURE DE CARBONE, n. 17, 23; prix : 1 fr. 50 le kil.

SULFURES DE SODIUM ou de potassium, calcium, baryum, etc. Solides gris ou jaune, âcres, puants, solubles dans l'eau. Prix : 3 à 4 fr. le kil.

TARTRE. Voir *Pierres*.

TISSUS, n. 221.

TOURNESOL. — Substance végétale en pain, dont on fait dans l'eau bouillante une liqueur bleue qui est rougie par les acides, en y ajoutant une goutte d'acide la liqueur est rouge et les bases ou alcalis ramènent la couleur bleue. Prix : 3 fr. le kil.

TRACTION DES MÉTAUX, n. 222.

VOIE HUMIDE. Voir *Analyse*.

VOIE SÈCHE, n. 13, 36, 61, 170.

ZINC, n. 51, 160, 218. Prix : le kil. 0 fr. 80.

TABLE DES MATIÈRES

INTRODUCTION.

PREMIÈRE PARTIE

Principes généraux de l'essai chimique

I. COMPOSITION ET DÉCOMPOSITION DES CORPS.

II. PRINCIPES FONDAMENTAUX DE L'ANALYSE.

III. MANIPULATIONS CHIMIQUES.

IV. MARCHE DE L'ANALYSE.

IIe PARTIE

Méthode d'essai des principales substances d'emploi courant

§ I. — ESSAI DE L'EAU.

1° Analyse directe de l'eau.

2° *Essai de l'eau par évaporation et analyse du résidu.*

3° *Analyse des gaz de l'eau.*

4° *Hydrotimétrie.*

§ II. — ESSAI DES PIERRES.

§ II. — APPAREILS DIVERS POUR LES ESSAIS.

241. TABLEAU B. — Comparatif des principaux métaux industriels (Voir nos 140 et suiv.)

	ÉTAIN.	PLOMB.	CUIVRE.	FER.	ZINC.	ANTIMOINE.
Formule	Sn.	Pb.	Cu.	Fe.	Zn.	Sb.
Équivalent. Ox. = 100	735	1294	395	250	414	806
Équivalent. Hyd. = 1	58,8	100,5	31,6	28	33,1	64,4
Densité (fondu)	7,3	11,35	8,95	7,20	7,20	6,7
Fusible à degrés	230°	325	1100 (au rouge).	1500 (à la pile).	360 à 500	430
Résist. à traction par m/m de section	3 à 6 k.	0k,6 à 2,5	20 à 35	30 à 50	(En fil) 4 k.	»
Résist. à compress. par m/m (un cubé) minimum	10 k.	5,5	16	25	»	»
Malléabilité	Très-mall. à 100°.	Très-malléable.	Malléable.	Malléable à chaud.	A 15° cassant, à 100° malléable, à 200° se pulvérise.	Pulvérise.
Cristallisation	Aiguille ou prisme.	Arbre de saturne.	Cubique.	Cubique.	»	Rhomboïde.
Cassure	Blanc vif, odeur en frottant, cri caractéristique.	Coupure blanc livide, se ternit vite.	Fibres, rose franc.	Fibres ou grains, blanc vif.	Lamelles brillantes, gris plomb.	Feuillets ou fougères, blanc-bleuâtre très-brillant.
Dureté (rayure par)	Épingle (plantée).	L'ongle.	Pointe de fer.	Pointe d'acier.	Épingle (legerem.).	Pointe de fer.
Action des acides : Chlorhydrique	Diss. à chaud.	Attaque peu.	En masse attaque peu, en limaille dissout vivement.	Dissout en limaille.	Dissout vivement.	O.
Action des acides : Azotique	Transforme en poudre blanche d'ac. staniq.	Dissout vivement.	Dissout vivement.	Dissout vivement.	Dissout vivement.	Transf. en poudre blanche d'ac. antim.
Action des acides : Sulfurique	Diss. à chaud.	Attaque peu.	Attaq. concentré bouillant.	Dissout vivement.	Dissout vivement.	O.
Principales combinaisons avec : Oxygène	$SnO = 88 + 12$.	$PbO = 93 + 7$ (litharge).	$Cu^2O = 89 + 11$ (oxydule)	$FeO = 77,8 + 22,2$.	$ZnO = 80,26 + 19,74$.	$Sb^2O^3 = 84,3 + 15,7$.
Principales combinaisons avec : Oxygène	$SnO^2 = 78,6 + 21,4$. Acide stanique.	$PbO^2 = 86,6 + 13,4$ (puce).	$CuO = 79,86 + 20,14$,	$Fe^2O^3 = 70 + 30$ (perox.) $Fe^3O^4 = 72,4 + 27,6$ magnétique.	»	$Sb^2O^5 = 76,4 + 23,6$ Ac. antimoniq.
Principales combinaisons avec : Chlore	$SnCl = 62,39 + 31,60$.	$PbCl = 74,5 + 25,6$.	$Cu^2Cl = 64,15 + 35,95$.	$FeCl = 44,2 + 56,8$.	$ZnCl = 47,8 + 52,2$.	$Sb^2Cl^3 = 54,8 + 45,2$.
Principales combinaisons avec : Chlore	$SnCl^2 = 45,40 + 54,60$.	»	$CuCl = 47,2 + 52,8$.	$Fe^2Cl^3 = 34,6 + 65,4$.	»	»
Principales combinaisons avec : Soufre	$SnS = 78,6 + 21,4$.	$PbS = 86,6 + 13,4$.	$Cu^2S = 80 + 20$.	$FeS^2 = 47 + 53$ (pyrite).	$ZnS = 67 + 33$.	$Sb^2S^3 = 73 + 27$.
Principales combinaisons avec : Soufre	$SnS = 64,8 + 35,2$.	»	»	»	»	»
Couleur de solution	Incolore.	Incolore.	Bleue.	Sel protox. Acide. incolore. Sel perox. Acide. jaune.	Incolore.	Incolore.
Lame précipitante	Zinc (poudre grise).	Zinc (arbre de saturne)	Fer, poudre, cuivre.	»	»	Zinc ou fer. poudre noire.

ENSEIGNEMENT PROFESSIONNEL

BIBLIOTHÈQUE

DES

PROFESSIONS INDUSTRIELLES ET AGRICOLES

FONDÉE PAR

E. LACROIX ❄

Ex-Officier d'infanterie de marine, Ingénieur civil
Membre de la Société industrielle de Mulhouse, de l'Institut royal des Ingénieurs hollandais
de la Société des Ingénieurs de Hongrie, etc.

AVEC LA COLLABORATION

de MM. les Rédacteurs des *Annales du Génie civil*

ET CELLE

d'Ingénieurs, de Professeurs et de Savants français et étrangers,

PARIS
LIBRAIRIE SCIENTIFIQUE, INDUSTRIELLE ET AGRICOLE
EUGÈNE LACROIX, IMPRIMEUR-ÉDITEUR
Du Bulletin officiel de la Marine et de plusieurs Sociétés savantes
54, RUE DES SAINTS-PÈRES, 54

TABLE DES MATIERES.

BIBLIOTHÈQUE

DES

PROFESSIONS INDUSTRIELLES ET AGRICOLES

AVERTISSEMENT

Depuis 1816, c'est-à-dire depuis soixante ans que notre maison est fondée (1), nos prédécesseurs ont publié, et nous continuons à publier des ouvrages sur les sciences appliquées à l'industrie, aux arts et métiers, à 'agriculture. L'ensemble de ces publications forme une collection très-variée : donc, nous avions créé par le fait une *Bibliothèque des professions industrielles et agricoles*. Mais l'étendue de quelques-uns de ces ouvrages, l'enseignement plus ou moins scientifique ou plus particulièrement pratique qu'ils contiennent, la forme typographique, différente pour le plus grand nombre, et enfin le prix élevé de quelques-uns ne permettaient pas de les com-

(1) Réunion (en 1856) des anciennes maisons Malher et Ce (fondée en 1816), Aug. Mathias (fondée en 1827), Comptoir des Imprimeurs-unis (fondé en 1842), C. Comon (fondée en 1848).

prendre par séries dans une encyclopédie accessible, par la forme, par le fond et par le prix, aux personnes qui ont le plus souvent besoin d'indications pratiques sur la profession dont elles font l'apprentisage, ou dans laquelle elles veulent devenir plus intelligemment habiles.

A ces personnes, dont le nombre est très-grand, il faut des *guides pratiques* exacts, d'un format commode, d'un prix modéré, rédigés avec clarté et méthode, comme est clair et méthodique l'enseignement direct du professeur à l'élève ou celui du maître à l'apprenti. Telle a été notre pensée en commençant, en 1863, la publication de la *Bibliothèque des professions industrielles et agricoles*.

Nous atteindrons le but que nous nous sommes proposé, nous en avons aujourd'hui l'assurance, par la vente soutenue des séries déjà publiées, par le nombre et le mérite, soit comme savants, soit comme praticiens, des collaborateurs acquis à l'œuvre, et par les adhésions qui nous arrivent de tous côtés et sous toutes les formes.

Notre publication s'adresse à l'ingénieur, à l'industriel, à l'ouvrier mécanicien, dans chacune des professions spéciales, à l'artisan de tous les métiers, à l'instituteur, à l'agriculteur; certaines séries conviennent à l'homme du monde qui désire satisfaire utilement sa curiosité, ou qui veut augmenter les notions déjà acquises, par des connaissances particulières sur les professions qui procurent à la société entière les éléments du bien-être matériel, base indispensable du progrès moral.

C'est donc à un très-grand nombre de lecteurs ou plutôt de travailleurs que nous offrons un concours efficace pour l'étude et les applications des questions d'utilité privée ou publique. Nous leur faisons un appel direct, en leur rappelant qu'il n'y a pas possibilité d'abaisser le prix de vente d'un livre qu'à la condition de pouvoir imprimer ce livre à un très-grand nombre d'exemplaires, en prévision d'un grand nombre d'acheteurs : en effet les premières dépenses, c'est-à-dire la gravure des bois et des planches, la composition typographique du texte et le travail de l'auteur sont les mêmes pour un exemplaire que pour mille, dix mille, etc. Dans l'espoir que le nombre des adhérents à notre œuvre ne cessera pas d'augmenter, — que rédacteurs et souscripteurs nous prêteront leur appui, de plus en plus efficace, — nous continuerons à publier les volumes annoncés, le plus promptement qu'il nous sera possible.

Le prix de vente de chacun d'eux est fixé d'après le chiffre des frais occasionnés par sa fabrication.

CATALOGUE

PAR ORDRE MÉTHODIQUE DES MATIÈRES, AVEC RENVOI AUX PAGES POUR LES RENSEIGNEMENTS COMPLETS, TITRES, NOMS DES AUTEURS, PRIX ET ANALYSES DES OUVRAGES PUBLIÉS JUSQU'A CE JOUR.

CATALOGUE

DES OUVRAGES DE LA *BIBLIOTHÈQUE*

des professions industrielles et agricoles

PUBLIÉS JUSQU'A CE JOUR

et classés par ordre de séries

SÉRIE A.

Sciences exactes.

1. Théorie et pratique de la Règle à calcul, par Q. Sella. 4 fr.
2. Calculs et comptes-faits à l'usage des industriels, par Vinot. 1 vol. 4 fr.
3. Leçons de Géométrie élémentaire, par M. Ch. Rozan. 1 vol. et 1 atlas. 6 fr.
6. Guide pratique pour l'étude du Dessin linéaire, par MM. A. Ortolan et J. Mesta, 1 vol. et 1 atlas. 6 fr.

En préparation : Arithmétique. — Algèbre. — Trigonométrie. — Géométrie descriptive. — Perspective. — Connaissance et pratique des Logarithmes[1].

[1] Nous recommandons spécialement un travail sur les logarithmes qui vient de paraître à notre librairie *Tables des logarithmes* à sept décimales, par Jean Luvini : ces tables sont très-complètes, et ce volume comprend plusieurs autres tables usuelles son format ne nous a pas permis de l'intercaler dans notre bibliothèque mais son utilité nous dispense de publier un nouveau travail sur ce sujet. Prix : 4 francs.

SÉRIE B.

Sciences d'observation, chimie, physique, électricité, etc.

1. Eléments de Chimie, par le Dr Sacc. 2 vol. 7 fr.
4. Télégraphie électrique ou *Vade mecum* pratique de télégraphie. par B. Miège. 1 vol. 3 fr.
5. L'Etudiant photographe, par A. Chevalier. 1 vol. 4 fr.

9. Analyse qualitative, par H. Will. 1 vol. 3 fr.
10. Guide pour reconnaître le titre et la valeur des Potasses, des Soudes, des Cendres, des Acides et des Manganèses, par le Dr R. Frésénius et le Dr Will. 1 vol. 3 fr.
11. Introduction à l'étude de la Chimie, par J. Liebig. 1 vol. 2 fr. 0
12. Guide pratique pour reconnaître et corriger les Fraudes et maladies du vin, par Jacques Brun. 1 vol. 3 fr.
14. Guide pratique de Minéralogie appliquée, par A. F. Noguès. 2 vol. 12 fr.
17. Leçons élémentaires d'Électricité, par E. Garnault. 1 vol. 3 fr.
Dictionnaire des falsifications, par B. Lunel (*sous presse*).

En préparation : Physique. — Galvanoplastie. — Astronomie. — Chimie industrielle. — Géologie. — Vinaigrier et moutardier. — Météorologie. — Anatomie. — Zoologie.

SÉRIE C.

Art de l'ingénieur, ponts et chaussées, constructions civiles.

1. Guide pratique du Géomètre arpenteur, par P.-G. Gay. 1 vol. 4 fr.
2. Guide pratique du Conducteur des ponts et chaussées et de l'Agent voyer, par Birot. 1 vol. et 1 atlas. 10 fr.
3. Carnet de l'Ingénieur, recueil de tables, de formules et de renseignements usuels et pratiques. 1 vol. 5 fr.
3 *bis*. Carnet de papier quadrillé à l'usage des ingénieurs et des architectes. 1 vol. 4 fr.
4. Album des chemins de fer, par G. Cornet. 1 vol. 10 fr.
8. Tarif du Cubage des bois équarris et ronds, par J.-A. Françon. 1 vol. 4 fr.
10. Guide pratique du Constructeur. — Maçonnerie, par A. Demanet. 1 vol. 6 fr.
17. Tracé des Courbes sur le terrain, par E. Perronne. 1 vol. 3 fr.
20. Constructions à la mer, par Bouniceau. 1 vol. et atlas. 18 fr.
21. Traité de l'Exploitation des chemins de fer, par V. Emion. 1 vol. 8 fr.
25. Manuel calculateur du Poids des métaux employés dans les constructions, par Van Alphen. 1 vol. 5 fr.

26. Guide pratique du Constructeur. Dictionnaire des mots techniques employés dans la construction, par L.-P. Pernot. 1 vol. 6 fr.

27. Notions générales sur les chemins de fer, par A. Perdonnet. 1 vol. 15 fr.

En préparation : Métreur vérificateur. — Fabrication des briques. — Architecte. — Tailleur de pierre. — Construction des escaliers. — Fumisterie. — Chaufournier et plâtrier, ciments et mortiers. — Marbrier. — Peintre en bâtiments. — Constructions en fer. — Architecture religieuse. — Chauffage et ventilation. — Tables de cubages pour les matériaux de toutes natures. — Tables pour les poids des matériaux de toutes natures. — Terrassier. — L'appareilleur.

SÉRIE D.

Mines et métallurgie, géologie, histoire naturelle.

1. Gisement, extraction et exploitation des Mines de houille, par Demanet. 1 vol. 6 fr.

4. Guide pratique du métallurgiste. Le fer, ses propriétés et ses différents procédés de fabrication, par William Fairbairn. 1 vol. 6 fr.

5. Emploi de l'acier, par J.-B.-J. Dessoye. 1. vol. 4 fr.

11. Recherche, extraction et fabrication de l'Aluminium et des Métaux alcalins, par MM. Tissier. 1 vol. 5 fr.

12. Guide pratique de l'Alliage des métaux, par A. Guettier. 1 vol. 4 fr.

15. Minéralogie usuelle, par Drapiez. 1 vol. en réimpression.

17. Traité des Roches simples et composées, par Marcel de Serres. 1 vol. 5 fr.

18. Fabrication et application de l'Asphalte et des bitumes, par Léon Malo. 1 vol. 5 fr.

19. Pétrole (le), ses gisements, son exploitation, par E. Soulié. 1 vol. 4 fr.

En préparation : Recherche et exploitation des mines métalliques. — Sondeur. — Le zinc. — Le cuivre. — Le plomb. — L'étain. — L'argent. — L'or. — Essayeur. — Extraction de la tourbe.

SÉRIE E.

Machines motrices.

1. Traité de la construction des Roues hydrauliques, par Jules Laffineur. 1 vol. 3 fr. 50

6. Tracé et construction des Engrenages, par Dinée. 1 vol. 5 fr.

En préparation : Conduite, chauffage et entretien des machines fixes et locomobiles. — Construction des machines locomotives. — Des machinies à vapeur marines. — Construction des moulins à vent.

(Voir série G, n° 6, le guide de l'ouvrier mécanicien.)
— n° 7, le Guide du chauffeur.

SÉRIE F.

Professions militaires et maritimes.

1. Droit maritime international et commercial, par A. Doneaud. 3 fr.

2. Architecture navale, par G. Bousquet. 1 vol. 3 fr.

3. Nouveau code des bris et naufrages ou sûreté et sauvetage, par J. Tartara. 1 vol. 7 fr.

4. Fabrication des Poudres et salpêtres, par le major Steerk. 1 vol. 6 fr.

6. Guide pratique du Commandant de navires à vapeur, par A. Vincent. 5 fr.

En préparation : Topographie militaire.— Pontonnier. — Capitaine au long cours. — Maître au cabotage. — Topographie marine, le lever du plan d'une côte ou d'une baie. — Instruments et calculs nautiques.

SÉRIE G.

Arts et Métiers, professions industrielles.

1. Traité pratique de la Culture et de l'Alcoolisation de la Betterave, par N. Basset. 1 vol. 4 fr.

2. Traité de Tissage, par T. Bona. 1 vol. et 1 atlas. 10 fr.

5. Traité des Matières résineuses, par E. Dromart. 1 vol. 4 fr.

6. Guide pratique de l'Ouvrier Mécanicien ou mécanique de l'atelier, par A Ortolan. 1 vol. et 1 atlas. 12 fr.

7. Manuel du Chauffeur, par Jaunez. 1 vol. 3 fr.

8. Guide pratique de la Fabrication des vernis, par H. Violette, 1 vol. 6 fr.

9. Connaissance et Exploitation des Corps gras industriels, par Th. Chateau. 1 vol. 5 fr.

10. Guide du Brasseur, par Mulder. 1 vol. 6 fr.

11. Armes et poudres de chasse, par L. Roux. 3 fr.

12. Guide pratique du Constructeur d'appareils économiques de chauffage, par P. Flamm. 1 vol. 4 fr.

13. Le Livre de poche du Charpentier, par J.-F. Merly. 1 vol. 6 fr.

14. Guide du Teinturier, par Fol. 1 vol. 8 fr.

15. Manuel de Télégraphie sous-marine, par A.-L. Ternant 1 vol. 4 fr.

16. Traité pratique de la filature de la laine peignée, cardée, peinée et cardée, par Ch. Leroux. 1 vol. 15 fr.

23. Guide pratique du Bijoutier, par L. Moreau. 1 vol. 3 fr.

26. Guide pratique du Joaillier, ou Traité complet des pierres précieuses, par Ch. Barbot. 1 vol. 10 fr.

35. Fabrication du Papier et du Carton, par A. Prouteaux. 1 vol, 5 fr.

43. Guide pratique du Parfumeur. Dictionnaire raisonné des Cosmétiques et Parfums, par B. Lunel. 1 vol. 5 fr.

44. Guide pratique de l'Epicerie, par B. Lunel. 1 vol. 3 fr.

48. Essai et analyse des Sucres, par E. Monier. 1 vol. 3 fr.

(Pour la culture de *la Canne à sucre*, voir série H, nº 50.)

(Pour *la Culture et l'alcoolisation de la Betterave*, voir série G, nº 1.)

48 *bis*. Guide pratique du Féculier et de l'Amidonnier, par L.-F. Dubief. 1 vol. 5 fr.

50. Fabrication des Liqueurs françaises et étrangères sans distillation, par L.-F. Dubief. 1 vol. 5 fr.

60. Essai et dosage des huiles, par Cailletet. 1 vol. 4 fr.

En préparation : Fabrication des couleurs. — Forgeron. — Menuisier modeleur. — Ebéniste. — Tourneur en bois. — Sculpteur. — Tapissier, ameublement, etc. — Serrurier. — Ajusteur et tourneur en métaux. — Fondeur et mouleur. — Ferblantier. — Marqueteur. — Chaudronnier. — Horloger-mécanicien. — Graveur. — Luthier. — Brocheur, relieur et cartonnier. — Vitrification et fabrication des glaces. — Porcelaines (Fabrication des). — Faïencier. — Peinture sur verre et sur porcelaine. — Imprimeur typographe. — Imprimeur-lithographe et en taille douce. — Charbonnage, coke, tourbe. — Fabrication du gaz. — Huiles. — Bougies et chandelles. — Fabrication des savons. — Meunerie et Boulangerie. — Cuisinier. — Sommelier. — Pâtissier. — Distillation. — Pharmacien. — Fabrication du sucre et raffinage. — Distillateur. — Chocolatier, confiseur, etc. — Pharmacien-droguiste. — Instruments de précision. — Préparation et filature du chanvre et du lin. — Blanchiment. — Blanchissage et buanderie. — Naturaliste préparateur. — Herboriste. — Conservation des bois.

SÉRIE H.

Agriculture, jardinage, horticulture, eaux et forêts, cultures industrielles, animaux domestiques, apiculture, pisciculture, etc.

1. Guide pratique d'Agriculture générale, par A. Gobin. 1 vol. 4 fr.
2. Taille du Rosier, sa culture, etc., par Forney. 1 vol. 3 fr.
3. Ingénieur agricole (L'), hydraulique, dessèchement, drainage, irrigations, etc., par J. Laffineur. 1 vol. 6 fr.
4. Constructions et aménagement des Habitations des animaux, par Eug. Gayot. 1 vol. 8 fr.

6 et 7. Eléments des Sciences physiques appliquées à l'agriculture, par A.-F. Pouriau. 2 vol. 14 fr.

8. Drainage, par C.-E. Kielmann. 1 vol. 2 fr. 50
9. Chimie agricole, par N. Basset. 1 vol. 5 fr.
11. Conférences agricoles, par L. Gossin. 1 vol. 2 fr.
14. Choix de la Vache laitière, par E. Dubos. 1 vol. 3 fr.
17. Education lucrative des lapins, par Mariot-Didieux, 1 vol. 2 fr. 50
18. Basse-cour, Education lucrative des poules, des oies, des canards, par *le même*. 1 vol. 6 fr.
20. Guide pratique du Pisciculteur, par P. Carbonnier. 1 vol. 3 fr.
21. Traité complet des maladies du chien, par Francis Clater. 1 vol. 3 fr.
22. Elevage et éducation du Chien, par E. de Tarade. 1 vol. 4 fr.
25. Apiculture (Culture des abeilles), par H. Hamet. 1 vol. 5 fr.
28. Culture maraîchère, par Courtois-Gérard. 1 vol. 5 fr.
31. Hydraulique urbaine et agricole, par Jules Laffineur. 1 vol. 3 fr.

32. Culture des plantes fourragères, par M. A. Gobin. 1 vol. 8 fr.
38. Culture de l'Olivier, par J. Reynaud. 1 vol. 4 fr.
40. Guide pratique du Vigneron, par Fleury-Lacoste. 1 vol. 3 fr.
41. Manuel pratique de Jardinage, par Courtois-Gérard. 1 vol. 5 fr.
42. Culture du Saule et du Roseau, par M.-J. Koltz. 1 vol. 3 fr.
43. Culture du cotonnier, par A. Sicard. 1 vol. 3 fr.
45. Tracé et ornementation des Jardins d'agrément, par T. Bona. 1 vol. 4 fr.
46. Culture du caféier et du cacaoyer, suivi de la fabrication du chocolat, par Bourgoin d'Orli. 1 vol. 3 fr.
46 et 50. Le Caféier et la Canne à sucre. 1 vol. ensemble. 5 fr.
48. Acclimatation des animaux domestiques, par B. Lunel. 1 vol. 3 fr.
49. Entomologie agricole, par H. Gobin. 1 vol. 4 fr.
50. Culture de la canne à sucre, par Bourgoin d'Orli. 1 vol. de 256 pages. 3 fr.
52. Guide pratique de l'Ostréiculteur ou Culture des huîtres, par Fraiche. 1 vol. 4 fr.
52 *bis*. Vidange agricole, par J.-H. Touchet. 1 vol. 2 fr.
53. Fumiers de ferme et engrais en général, par E. Wolff. 1 vol. 3 fr.
55. Manuel du Chimiste-Agriculteur, par A.-F. Pouriau. 1 vol. 7 fr.
56. Botanique et Traité de Physiologie végétale, par L. Lerolle. 1 vol. 6 fr.
57. Manuel des Constructions rurales, par T. Bona. 1 vol. 5 fr.

En préparation : Guide pratique de l'éleveur du cheval (production, élevage et utilisation). — Elevage des bœufs. — Elevage des moutons. — Elevage des porcs. — Elevage et entretien des oiseaux de volière. — Le berger. — Sériciculture. — Fabrication du fromage. — Laiterie et fabrication du beurre. — Culture des céréales. — Défrichement des landes et des bruyères. — Culture du tabac. — Culture du mûrier. — Culture du houblon. — De la culture et de l'aménagement des forêts. — Pépiniériste. — Arboriculture.

SÉRIE I.

Économie domestique, comptabilité, législation, mélanges.

1. Fabrication des vins factices et des boissons vineuses en général, par L.-F. Dubief. 1 vol. 2 fr.

2. Economie domestique, par B. Lunel. 1 vol. 3 fr.
4. Le Liquoriste des Dames ou l'art de préparer en quelques instants toutes sortes de liqueurs de tables, etc., par L.-F. Dubief. 1 vol. 3 fr.
5. Dictionnaire industriel à l'usage de tout le monde ou les 100,000 secrets et recettes de l'industrie moderne, par MM. les rédacteurs des *Annales du Génie civil*. E. Lacroix, directeur de la publication. 2 vol. 20 fr.
6. Les droits des inventeurs en France et à l'étranger, par H. Dufrené. 1 vol. 3 fr.
7. La liberté et le courtage des marchandises, par V. Emion. 1 vol. 2 fr.
8. Leçons de sténographie, par Tondeur. 1 vol. 1 fr.
9. Géographie, par O. Lescure. 1 vol. 3 fr.
10. La Science populaire ou choix de lectures instructives, par Rambosson. 2 vol. 16 fr.
11. Manuel des Conseillers généraux, par J. Albiot. 1 vol. 4 fr.
12. Manuel des Expropriés pour cause d'utilité publique, par V. Emion. 1 vol. 2 fr.
14. Guide pratique d'Hygiène et de Médecine usuelle, par B. Lunel. 1 vol. 2 fr.
16. Manuel pratique d'Ethnographie, par J. d'Omalius d'Halloy. 1 vol. 4 fr.
21. L'immense trésor des vignerons et des marchands de vin, par L.-F. Dubief. 1 vol. 5 fr.
25. Administration des entreprises industrielles et commerciales, par Lincol. 1 vol. 5 fr.

En préparation : Comptabilité manufacturière et agricole. — Géographie commerciale et industrielle. — Droit usuel. — Créancier hypothécaire. — Economie industrielle. — Maires et adjoints. — Pêcheur. — Conservation des substances alimentaires. — Chimie amusante. — Physique amusante. — Extinction des incendies, ou Guide du sapeur-pompier. — Personnel des chemins de fer.

BIBLIOGRAPHIE INDUSTRIELLE

TITRES DES OUVRAGES

QUI COMPOSENT LA BIBLIOTHÈQUE

DES PROFESSIONS INDUSTRIELLES ET AGRICOLES

Collection de volumes grand in-18

PUBLIÉ PAR

E. LACROIX ❋

Ingénieur civil, membre de l'Institut royal des Ingénieurs de Hollande, etc.

Le premier mérite des volumes qui composent cette ENCYCLOPÉDIE c'est d'être accessibles par la forme, par le fond et par leur prix, aux personnes qui ont le plus souvent besoin d'indications pratiques sur la profession dont elles font l'apprentissage, ou dans laquelle elles veulent devenir plus intelligemment habiles.

A ces personnes, dont le nombre est très-grand, il faut des *guides pratiques exacts*, d'un format commode, d'un prix modéré, rédigés avec clarté et méthode, comme est clair et méthodique l'enseignement direct du professeur à l'élève ou celui du maître à l'apprenti. Telle a été la pensée de l'éditeur (1) lorsque, dans ces dernières années, il a commencé la publication de la *Bibliothèque des professions industrielles et agricoles*.

Elle se compose de *neuf séries*, qui se subdivisent comme suit :

A. **Sciences exactes.** — B. **Sciences d'observations.** — C. **Constructions civiles.** — D. **Mines et Métallurgie.** — E. **Machines motrices.** — F. **Professions militaires et maritimes.** — G. **Professions industrielles.** — H. **Agriculture, Jardinage,** etc. — I. **Économie domestique, Comptabilité, Législation, Mélanges.**

(1) Paris, Eugène Lacroix, imprimeur-éditeur, 54, rue des Saints-Pères.

Les volumes de cette collection sont publiés dans le format grand in-18, la plupart d'entre eux sont illustrés de gravures qui viennent mieux faire comprendre le texte; des atlas renferment les dessins qui exigent d'être représentés à grandes échelles et avec plus de détails; les volumes et les atlas sont reliés très-solidement à la manière anglaise, avec toute leur marge, de telle façon qu'après avoir été fatigués par la lecture, ils puissent encore supporter une deuxième reliure conforme au goût de chacun.

Nous publions cette Bibliographie raisonnée, d'abord par ordre alphabétique des noms d'auteur, nous donnons les titres au complet et après avoir analysé succintement chaque ouvrage, nous donnons par un extrait de la table des matières la méthode suivie par chacun des rédacteurs, ce qui est, croyons-nous, le meilleur mode pour donner une idée de la valeur d'un livre.

Nous avons fait suivre ce catalogue d'une nomenclature méthodique qui évitera les recherches.

E. Lacroix.

Directeur, imprimeur et éditeur de la Bibliothèque.

BIBLIOGRAPHIE RAISONNÉE

A

1. — Albiot (J.) (*Code départemental*). — **Manuel des Conseillers généraux.** Loi organique des conseils généraux, avec les commentaires officiels, suivie de la loi prévoyant le cas où l'Assemblée nationale viendrait à être dissoute par la force et autorisant les conseils généraux à se réunir pour prendre en mains les pouvoirs législatifs. 1 vol. rel. de 152 pages. . 4 fr.

Cet ouvrage peut être considéré comme un aide-mémoire à l'aide duquel les personnes notables appelées, en qualité de conseillers généraux, à discuter les intérêts de leur département, trouveront de nombreux renseignements relatifs à la législation qu'ils auront à appliquer.

CONSTRUCTIONS RURALES

BONA. Constructions rurales.
Bergerie de Daubenton, munie de paillassons.

B

2. — BARBOT (CH.), ancien joaillier, inventeur du procédé de décoloration du diamant brut, membre de plusieurs sociétés savantes. — Guide pratique du **Joaillier, ou Traité complet des pierres précieuses,** leur étude chimique et minéralogique, les moyens de les reconnaître sûrement, leur valeur approximative et raisonnée, leur emploi, la description des plus extraordinaires et des chefs-d'œuvres anciens et modernes auxquels elles ont concouru. 1 vol. rel., 567 pages, 3 planches renfermant 178 figures représentant les diamants les plus célèbres de l'Inde, du Brésil et de l'Europe, bruts et taillés, et les dimensions exactes des brillants et roses en rapport avec leur poids, depuis un carat jusqu'à cent carats............ 10 fr.

Ecrit tout à la fois pour les praticiens et les gens du monde, ce guide donne, par ordre alphabétique, la description de toutes les pierres précieuses, il en indique l'aspect, la couleur, la dureté, l'éclat, la pesanteur spécifique, la composition chimique, la forme géométrique, le gisement, l'abondance et la rareté, l'emploi et le prix. — Un article spécial a été consacré au diamant, la pierre de prédilection de nos jours.

3. — BASSET (N.), chimiste, auteur de plusieurs ouvrages d'agriculture, etc. — **Chimie agricole.** Leçons familières sur les notions de chimie élémentaire utiles au cultivateur et sur les opérations chimiques les plus nécessaires à la pratique agricole. 1 vol. rel., 336 pages avec figures dans le texte........ 5 fr.

L'auteur, négligeant les formules scientifiques, a cherché, avant tout, à se rendre intelligible à tous. Dans une série de leçons familières, après avoir prouvé la nécessité des connaissances chimiques en agriculture, il a successivement traité de l'analyse des sels, des amendements, de la composition des plantes, des animaux, de quelques industries agricoles, etc.

4. — Traité pratique de la **Culture** et de l'**Alcoolisation de la Betterave.** Résumé complet des meilleurs travaux faits jusqu'à ce jour sur la betterave et son alcoolisation, renfermant toutes les notions nécessaires au cultivateur et au distillateur, ainsi que l'examen des méthodes de pulpation, de macération, de fermentation et de distillation employées aujourd'hui. 3e édition, corrigée et considérablement augmentée, 1 vol. rel. de 284 pages avec figures dans le texte.................. 4 fr.

Avant de donner au public cette nouvelle édition, l'auteur avait étudié à fond les principales questions relatives à la culture, à la distillation de la betterave, afin d'apporter son contingent à la grande question de la transformation agricole, par les données que l'expérience lui a fournies. Il a voulu mettre sous les yeux des agriculteurs et des distillateurs, les faits techniques, scientifiques et pratiques, dans la plus grande simplicité d'expression. Il examine avec impartialité les différents systèmes : Champenois, Kessler, Dubrunfaut, etc.

5. — Birot (F.), ingénieur civil, ancien conducteur des ponts et chaussées. — Guide pratique du **Conducteur des ponts et chaussées** et de l'**Agent voyer.** Principes de l'art de l'ingénieur, comprenant : plans et nivellements, routes et chemins, ponts et aqueducs, travaux de construction en général et devis. 3e édition, revue et augmentée. 1 vol. rel., 545 pages, avec un atlas de 19 planches doubles, rel. contenant 144 figures. 10 fr.

Nous allons donner un extrait de la table des matières de cet ouvrage devenu le *vade-mecum* des agents secondaires des ponts et chaussées.

Chap. Ier. — Tracé et mesure des lignes. Arpentage proprement dit. Mesure des angles. Lever à l'échelle. Instruments. *Chap. II.* — Objets du nivellement. Niveaux de différents systèmes. Stadia. — *Chap. III.* Classification des routes. Projets. De la forme générale des routes. Tracé des courbes. Tables diverses. — *Chap. IV.* Construction des chaussées. Entretien des routes. Déblais et remblais. — *Chap. V.* Ponts et aqueducs. Ponceaux. Murs de soutènement. Parapets. Voûtes biaises. Sondages. Pieux. Pilotis. Palplanches. Enrochements. — *Chap. VI.* Des cintres et des ponts en charpente. — *Chap. VII.* Etudes des matériaux employés dans les constructions. — *Chap. VIII.* Du métrage et du devis. Avant-métré d'un aqueduc, d'un ponceau, etc.

L'auteur a terminé par le programme d'admission pour l'emploi de conducteurs.

6. — Bona (T.), ancien architecte, directeur de l'Ecole de tissage et de dessin industriel de Verviers, membre de la Société industrielle, etc. — Manuel des **Constructions rurales.** 4e édition, complétement refondue. 1 vol. rel., 300 pages avec un très-grand nombre de figures dans le texte......... 5 fr.

Les ouvrages sur les constructions rurales sont rares; après le traité de M. Bouchard-Huzard, qui forme 3 vol. du prix de 30 fr., celui de Duvinage qui n'existe plus et qui coûtait 25 fr., on ne trouvera pas d'autres livres qui puissent remplacer celui de

M. Bona. C'est un ouvrage à la portée de tout le monde; nous ne dirons pas qu'il est un travail original, mais c'est un choix très-bien compris de nombreux renseignements puisés dans les meilleurs ouvrages et qui évitera aux cultivateurs et aux propriétaires ruraux de longues études, parce que l'auteur a condensé dans ce volume tout ce qu'il est nécessaire de savoir pour faire de l'architecture pratique dans les campagnes.

Il est l'œuvre consciencieuse d'un homme qui connaît parfaitement son sujet. Il est écrit de façon à être compris par tout le monde, contre-maîtres, propriétaires ruraux, etc.; Le chapitre 1er traite des différents matériaux de construction, le chapitre 2 donne les éléments ou les notions indispensables de l'art de construire : terrassements, fondations, charpente, maçonnerie, menuiserie, serrurerie, peinture, etc.; dans le chapitre 3, l'auteur s'occupe de l'érection du bâtiment proprement dit : l'habitation du fermier, la petite maison de campagne, etc.; puis dans le chapitre 4, il donne des devis, des estimations, des états de marchés, etc., et enfin, dans le 5e chapitre, il donne un aperçu pratique des connaissances indispensables de la jurisprudence du bâtiment, mitoyenneté, servitudes, etc.

7. — Guide pratique du tracé et de l'ornementation des **Jardins d'agrément.** 1 vol. rel., 304 pages. 4e éd., complétement refondue et ornée de 238 figures dans le texte..... 4 fr.

Il existe quelques ouvrages spéciaux sur la composition et l'ornementation des jardins : malheureusement, ils sont généralement d'un prix élevé, et puis la plupart des auteurs arborent des prétentions qui se traduisent par la classification qu'ils ont adoptée : ils ont, en fait de jardins, des genres *graves, terribles, mélancoliques, riants, lugubres*, etc.; M. Bona pense qu'il faut embellir le terrain dont on dispose par des créations conformes à sa situation.

8. — **Traité de Tissage.** Manuel complet de la fabrication, de la composition des tissus, et spécialement de la draperie nouveautés, par T. Bona.

Cet ouvrage se compose de deux parties et de deux atlas.

La première partie, renfermant 192 pages de texte avec un atlas de 137 planches; traite des opérations préparatoires du tissage et des tissus; c'est le résumé de tout ce qu'il est utile de connaître pour la pratique du tissage.

La deuxième partie, de 171 pages avec un atlas de 56 planches, traite de la classification des tissus. « Il ne suffit plus, dit l'auteur, de produire bien et économiquement, il faut aussi savoir *créer*, et pour cela des études spéciales sont indispensales. » C'est dans le but de faciliter ces études et de les popu-lariser, que M. Bona a entrepris la rédaction de cette deuxième partie.

Les deux parties reliées ensemble forment un volume de texte un atlas, rel.. 10 fr.

La deuxième partie, dont il a été imprimé un grand nombre exemplaires, se vend séparément .... 4 fr.

9. — Bouniceau, ingénieur en chef des ponts et chaussées. — ...des et notions sur les **Constructions à la mer**, 1 vol. in-8 421 pages et atlas de 44 pl. in-4°, dont plusieurs dou-... .... 18 fr.

Cet ouvrage est le résumé d'études longues et consciencieuses un des ingénieurs en chef les plus distingués du corps natio-... des ponts et chaussées. M. Bouniceau a attaché son nom à ... travaux d'une haute importance. Son travail devra être mé-... par tous ceux qu'intéressent les nouveaux développements ... doivent prendre les constructions conçues en vue d'améliorer ... ports de mer et des ouvrages nécessaires à la préservation ... côtes. L'atlas qui accompagne ces Etudes est remarquable ... le rapport du choix des planches et de leur exécution. ...teur dans sa préface dit : « Notre livre n'est pas un guide ...tique, il est composé de notions et d'études, c'est un en-...ble qui présente un programme complet sur la matière. » Nous qui analysons le livre de M. Bouniceau, nous croyons ... il est trop modeste et que certainement il n'y a pas un ...nieur chargé de travaux à la mer qui n'aura intérêt ... profit à consulter cet ouvrage dont nous nous contenterons ... donner le sommaire des chapitres pour en mieux faire ...naître la portée.

Définitions et préliminaires. — Avant-ports. Bassins. Darses. *Môles ou brise-lames.* Môles à claire-voies. Môles anciens. Môles modernes. — *Jetées.* Ports à marée. Chéneaux. Dragues. ...soirs. Remorquage à vapeur dans les chenaux. — *Ports d'échouage* : Epaisseur des quais. Ecluses. Portes d'ebbe et de ... Manœuvre des portes. Pose des portes. Ponts sur les écluses. *Bassins à flot* : Leur forme, leur largeur, leur superficie. ...eur des places à quai. — *Nettoyage des ports.* — *Ouvrages pour la construction et le radoubage des navires* : Cales de cons-truction. Cales de débarquement. Machines élévatoires. — *Ports dans les rivières à marée.* — *Canaux maritimes.* — *Ouvrages ...issue des ports de commerce.* Phares. Phares en fer sur pieux à vis. Phares flottants. Feux de port. Bouées, balises. — *Maté-riaux de construction. Mortiers.* Pierres, sables, chaux et cements. Fabrication des mortiers. Briques, bois. Fondations par épuisement. Fondations mixtes sur pilotis. Fondations en rade.

10. — Bourgoin d'Orli (P.-H.-F.). — Guide pratique de la **Culture de la canne à sucre** et Traité de la sucrerie exotique, suivi de la **Culture du caféier et du cacaoyer** et de la **Fabrication du chocolat.** 1 vol. en 2 parties rel., ensemble 256 pages........................ 5 fr.

M. Bourgoin d'Orli s'est, pendant de longues années, livré à une étude toute spéciale de la canne à sucre et de sa culture dans plusieurs contrées équatoriales et tropicales. Il a réuni dans ce volume le résultat de son expérience et de ses observations personnelles. La manipulation du sucre est complétement traitée dans cet ouvrage, indispensable aux propriétaires et aux cultivateurs qui veulent mettre en sucreries tout ou partie de leurs possessions dans les colonies.

Ce que nous disons pour le sucre il en a été de même pour le caféier et le cacaoyer, cultures pour lesquelles M. Bourgoin d'Orli par ses longues stations sous les tropiques a été mis à même d'étudier les différentes méthodes, il a voulu compléter cet ouvrage par un chapitre sur la fabrication du chocolat.

11. — Bousquet (Gustave), capitaine au long cours, ingénieur. — Guide pratique d'**architecture navale** à l'usage des capitaines de la marine du commerce, appelés à surveiller les constructions et les réparations de leurs navires. 1 vol. rel., vi-103 pages, avec figures dans le texte.............. 3 fr.

Dans la *première partie* l'auteur traite de la connaissance des cales, c'est-à-dire l'endroit où doit être réparé le navire. — Droit et tour d'une pièce. — Écarts. — Quille. — L'étrave. — L'étambot. — L'assemblage des couples, etc.

Dans la *deuxième partie,* nous avons les revêtements intérieurs. — La lisse. — Les carlingues. — Les livets. — Banquières. — Barrots. — Epontilles, etc.

Puis les revêtements extérieurs. Précintes, bordées, bois étuvés, chevillage, clous, calfatage, panneaux ou écoutilles, etc.

Cet abrégé très-sommaire des matières contenues dans ce volume suffira pour faire comprendre au commandant d'un navire marchand que sa lecture ne lui en sera que très-profitable.

12. — Brun (Jacques), vice-président de la Société suisse des pharmaciens. — Guide pratique pour reconnaître et corriger les **Fraudes et maladies du vin,** suivi d'un traité d'**Analyse**

chimique de tous les vins. 2e éd., 1 vol. rel., 191 p., avec de nombreux tableaux.. 3 fr.

L'art de falsifier les vins a fait ces dernières années de rapides progrès. La chimie ne doit pas se laisser devancer par la fraude : elle doit lui tenir tête et pouvoir toujours montrer du doigt la substance étrangère. Cette tâche, dit M. Brun, incombe surtout aux pharmaciens. Son livre est le résumé des différents traitements qn'il a trouvés réellement utiles, et qui, dans sa longue pratique, lui ont le mieux réussi pour l'examen chimique des vins suspects.

JARDINAGE

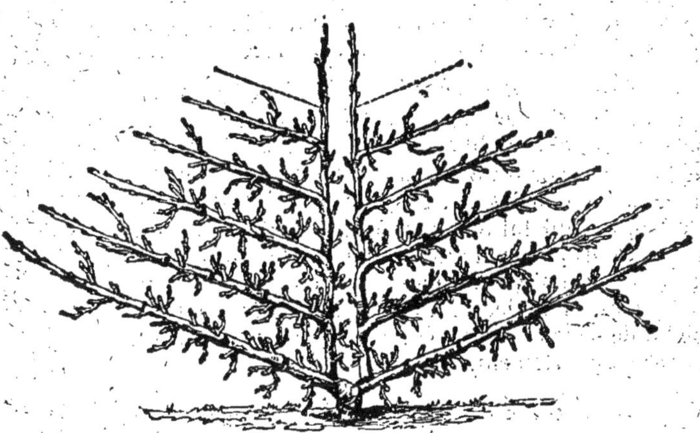

COURTIS-GIRARD (page 221 du *Traité de jardinage*).

Poirier en palmette à double tige, forme adoptée maintenant par le plus grand nombre de cultivateurs de poiriers.

C

13. — Cailletet (Cyrille), pharmacien de première classe. — Guide pratique de l'**Essai et du dosage des huiles** employées dans le commerce ou servant à l'alimentation. — Procédés : les diverses essences d'huiles, savons, savonimétrie, essai de la farine de blé de seigle, etc. ; manuel pratique à l'usage des commerçants et des manufacturiers. 1 vol. rel., 104 pages. 4 fr.

Ce guide décrit avec clarté des procédés nouveaux et pratiques pour découvrir la sophistication des huiles, pour l'analyse prompte des savons et pour l'essai commercial de la farine de blé. Les procédés de M. Cailletet ont à leur tour subi la pierre de touche de l'expérience ; la Société industrielle de Mulhouse a couronné en 1857 et en 1859, le dosage des huiles mélangées et celui des savons. La Société des arts, sciences et belles-lettres de Paris a couronné en 1855 l'essai de la farine de blé.

14. — Carbonnier (Pierre), pisciculteur, fabricant d'appareils à éclosion, membre de la section des poissons de la Société d'acclimatation et de plusieurs sociétés savantes. — Guide pratique du **Pisciculteur**. 1 vol. rel., 200 pages, avec de nombreuses figures dans le texte.......................... 3 f.

Ce n'est pas comme un théoricien ou un savant systématique que M. Carbonnier se présente à ses lecteurs : ce sont les résultats pratiques qu'il a obtenus dans la *piscifacture* construite et exploitée par lui à *Champigny*, qui lui donne le droit d'indiquer les méthodes et les systèmes qui lui ont le mieux réussi, c'est-à-dire qui lui ont donné les résultats les plus profitables. Le *traité de pisciculture* est suivi d'une notice sur les poissons d'eau douce qui vivent dans nos climats, leurs formes, leurs habitudes, enfin les particularités relatives à la culture artificielle de chacun d'eux. Un appendice est consacré aux *aquariums* d'appartement.

15. — **Carnet de l'ingénieur**, recueil de tables, de formules et de renseignements usuels et pratiques sur les sciences appliquées à l'industrie, chimie, physique, mécanique, machines à vapeur, hydraulique, résistance, frottements, etc., à l'usage des ingénieurs-constructeurs, des architectes, des chefs d'usines industrielles, des mécaniciens, des directeurs et conducteurs de travaux, des agents-voyers, des manufacturiers et des industriels, publié par les rédacteurs des *Annales du génie civil*, avec la

collaboration d'ingénieurs et de savants français et étrangers, 1 vol. relié avec fig. dans le texte........................ 5 fr.

Relié sous forme de portefeuille, en peau de chagrin... 10 fr.

Le carnet de l'ingénieur peut être considéré comme la quintessence de tous les travaux publiés par la *librairie Lacroix*, ancienne maison Mathias. C'est sous un petit volume imprimé en caractères compactes, la matière condensée de toutes les connaissances nécessaires pour exécuter dans le cabinet ou sur le terrain, des calculs rapides sans avoir à recourir à de longues recherches. Voici les principales divisions de l'ouvrage :

Tables usuelles. — Notions usuelles. — Algèbre, géométrie. — Géométrie analytique. — Mécanique. — Machines simples. — Résistance des matériaux. — Hydraulique. — Documents relatifs aux constructions. — Matières premières servant aux constructions. — Physique et chimie. — Chaleur et combustibles. — Machines à vapeur. — Géologie. — Données économiques.

16. — **Carnet de papier quadrillé** à l'usage des ingénieurs et des architectes, 150 pages de papier quadrillé précédées de renseignements usuels et pratiques. 1 vol. relié...... 4 fr.

17. — CHATEAU (TH.), chimiste, ex-préparateur au Muséum d'histoire naturelle. — **Guide populaire de la Connaissance et de l'Exploitation des Corps gras industriels**, contenant l'histoire des provenances, des modes d'extraction, des propriétés physiques et chimiques, du commerce des corps gras, des altérations et des falsifications dont ils sont l'objet, et des moyens anciens et nouveaux de reconnaître ces sophistications. Ouvrage à l'usage des chimistes, des pharmaciens, des parfumeurs, des fabricants d'huiles, etc., des épurateurs, des fondeurs de suif, des fabricants de savon, de bougie, de chandelle, d'huiles et de graisses pour machines, des entrepositaires de graines oléagineuses et de corps gras, etc. 2e édition, augmentée d'un appendice. 1 vol. relié, 413 pages ou tableaux.. 5 fr.

M. Chateau, en publiant la première édition de cet ouvrage, avait eu pour but de donner aux chimistes et aux manufacturiers une histoire aussi complète que possible des corps gras industriels employés tant en France qu'à l'étranger, et considérés au point de vue de leur provenance, de leur extraction, de leur composition, de leurs propriétés physiques et chimiques, de leur commerce et de leurs altérations spontanées ou frauduleuses.

Dans la nouvelle édition, M. Chateau a ajouté à sa monographie des corps gras un appendice renfermant quelques corrections indispensables et d'importantes additions.

18. — CHAUVAC DE LA PLACE, chef de section au chemin de fer de l'Est. — Nouvelles tables pour le tracé des **Courbes de raccordement** (chemins de fer, routes et chemins). 1 vol. rel. de 120 pages, avec une planche et un supplément de 64 pages.. 6 fr.

19.— CHEVALIER (A.), auteur de l'*Hygiène de la vue, de l'étudiant micrographe*, etc. — **L'Étudiant photographe**, traité pratique de photographie à l'usage des amateurs, avec les procédés de MM. Civiale, Bacot, Cavelier, Robert. 1 vol. relié, 216 pages, avec 68 figures.. 4 fr.

Ce livre est un manuel simplifié de photographie. Il sera utile à tous ceux qui voudront s'occuper des moyens de reproduire la nature à l'aide de la lumière. Comme son titre l'indique, c'est le livre de l'étudiant, et certes nous n'avons en le livrant à la publicité, qu'un seul désir, celui d'être utile. Nous sommes sûrs des procédés indiqués, car nous avons dû expérimenter nous-mêmes celui relatif au collodion humide.

(Extrait de la Préface.)

Pour mieux faire comprendre la portée de cet ouvrage, nous allons donner la table des principaux chapitres :

Des instruments employés en photographie. — Des substances chimiques employées en photographie. — Du laboratoire et de l'atelier. — Règles sur les reproductions. — Procédé au collodion humide. — Procédé au collodion sec, par M. J. Robert (de Sèvres). — Procédé sec au tannin. — Procédé sur albumine, par M. Bacot (de Caen). — Procédé sur papier sec, ciré à l'aide de la parafine et de la cire vierge, de M. A. Civiale. — Description de la chambre noire de voyage, de M. Civiale. — Description du nouveau châssis à portefeuille obturateur, permettant d'opérer en pleine lumière, sans tente ni abri. — Procédé sur papier, de M. Cavelier. — Des épreuves stéréoscopiques. — Des agrandissements.

20. — CLAUSIUS (R.), professeur à l'Université de Wurtzbourg. — **Théorie mécanique de la chaleur**, traduit de l'allemand par F. FOLIE, professeur à l'École industrielle et répétiteur à l'École des mines de Liége. 2 vol. reliés, XXX-748 pages.. 15 fr.

« Depuis que l'on a utilisé la chaleur comme force motrice au moyen des machines à vapeur, et que l'on a été ainsi amené pratiquement à regarder une certaine quantité de travail comme l'équivalent de la chaleur nécessaire pour le produire, il était naturel de rechercher théoriquement une relation déterminée entre une quantité de chaleur et le travail qu'il est possible de lui faire produire, et d'utiliser cette relation pour en déduire des conclusions sur l'essence et les lois de la chaleur elle-même. » (CLAUSIUS.)

Par le titre des chapitres nous allons indiquer le mode de démonstration de l'auteur.

Introduction mathématique. — Principe fondamental de la théorie mécanique de la chaleur. — Second principe. — Influence de la pression et de la congélation des liquides. — Dépendance théorique qui existe entre deux lois empiriques relatives à la tension et à la chaleur latente de différentes vapeurs. — Équivalence des transformations au travail intérieur. — Axiome de la théorie mécanique de la chaleur. — Concentration de rayons de chaleur et de lumière, et les limites de son effet. — Mémoires sur les mouvements moléculaires admis pour l'explication de la chaleur. — Sur la conductibilité des corps gazeux pour la chaleur.

21. — CORNET (G.), répétiteur à l'École centrale des arts et manufactures de Paris. — **Album des chemins de fer,** résumé graphique du cours professé à l'École centrale des arts et manufactures. 4e édition, 1 vol. relié, texte et 74 planches gravées sur acier.............................. 10 fr.

Le titre de l'ouvrage indique suffisamment que c'est le cours des chemins de fer professé à l'École centrale que l'auteur a publié. Toutes les planches gravées sur acier sont dessinées à de petites échelles pour rendre l'ouvrage plus portatif.

22. — COURTEN (Comte LUDOVICO DE), photographe. — Manuel pratique de **Collodion sec au tannin** et de tirage économique des épreuves positives, suivi d'une étude sur la rectitude et le parallélisme des lignes en photographie. 1 vol. rel., 150 p., avec fig. dans le texte et une très-belle photographie. 4 fr.

23. — COURTOIS-GÉRARD, marchand grainier, horticulteur. — Manuel pratique de **Jardinage,** contenant la manière de cultiver soi-même un jardin ou d'en diriger la culture, 7e édition, 1 vol. relié, 410 pages, 1 planche et de nombreuses figures dans le texte.................................. 5 fr.

Nous renvoyons à la note ci-dessous accompagnant le *Manuel de culture maraîchère* pour les titres de M. Courtois-Gérard à la confiance publique. Dans le *Manuel du jardinier*, les jardiniers de profession trouveront des conseils, des détails nouveaux et des renseignements pratiques qu'ils peuvent ignorer ; le propriétaire et l'amateur de jardin y puiseront des instructions précises et claires qui leur éviteront toute espèce de méprises et d'erreurs.

Sommaire des principaux chapitres :

Dispositions générales d'un jardin potager. — Calendrier. — Travaux de chaque mois. — Les outils. — Les défoncements. — Les fumiers. — Les arrosements. — Les couches. — Semis. — Repicages. — Marcottes. — Boutures. — De la greffe. — De la conservation des plantes. — Les maladies des plantes potagères. — La culture des arbres fruitiers. — La culture des arbres d'agrément. — Destruction des animaux nuisibles, etc.

24. — Manuel pratique de **Culture maraîchère.** 5e éd., augmentée d'un grand nombre de figures et de plusieurs articles nouveaux. Ouvrage couronné d'une médaille d'or par la Société centrale d'agriculture, d'une grande médaille de vermeil par la Société centrale d'horticulture. 1 vol. relié, 440 pages, 89 figures dans le texte.............................. 5 fr.

Outre les récompenses honorifiques qui viennent d'être mentionnées, l'auteur de ce manuel a obtenu une attestation qui garantit la valeur de son travail aux yeux du public, en même temps qu'elle constate l'exactitude de ses recherches et l'utilité des notions renfermées dans son ouvrage. Cette attestation émane de vingt-cinq jardiniers maraîchers de la ville de Paris qui, après avoir entendu la lecture du travail de M. Courtois-Gérard, déclarent qu'ils lui donnent toute leur approbation, comme étant conforme aux bonnes méthodes de culture en usage parmi eux et autorisent l'auteur à le publier sous leur patronage.

Cet ouvrage est officiellement recommandé pour les écoles normales, etc. Cette nouvelle édition a été augmentée d'un chapitre sur la culture des portes-graines et d'un vocabulaire maraîcher.

Table des principaux chapitres :

Marais pour culture de pleine terre. — Marais pour culture de primeurs. — Analyse des terres. De l'établissement d'un jardin maraîcher. — Engrais et pailles. — Outillage. — Diverses opérations. — La culture des porte-graines. — Destruction des insectes. — Des maladies des plantes. — Calendrier du maraîcher ou travaux manuels. — Vocabulaire du maraîcher.

D

25. — Demanet (A.), lieutenant-colonel honoraire du génie, membre de l'Académie royale de Belgique, etc. — Guide pratique du **Constructeur**. Maçonnerie, 1 vol. relié, 252 pages, avec tableaux, accompagné de 20 planches doubles renfermant 137 figures, gravées sur acier par Chaumont...... 6 fr.

Ce guide, écrit par M. Demanet, qui a professé un cours de construction à l'École militaire de Bruxelles, emprunte une grande autorité à l'expérience et à la position qu'occupait l'auteur. Les 20 planches qui accompagnent le texte sont gravées avec une grande exactitude.

Nous rappellerons que M. le lieutenant-colonel Demanet est auteur d'un *Cours de construction* qui a eu très-rapidement trois éditions et qui embrasse la connaissance des matériaux et leur emploi, la théorie des constructions, l'établissement des fondations, l'économie des travaux, leur entretien, etc., etc. Cet ouvrage coûte, avec l'atlas, 80 fr., et ne pouvait, par conséquent, entrer dans le cadre de la *Bibliothèque des professions industrielle et agricoles*. Le *Guide pratique du constructeur* (maçonnerie) a été extrait de cette œuvre si estimée de M. Demanet, il forme, comme maçonnerie, un tout complet et un ouvrage pratique qui dispense d'acheter le précédent ouvrage, pour les personnes qui n'ont pas à étudier toutes les industries du bâtiment.

Extrait de la table des matières :

Des tracés. — Des mortiers et mastics. — Des pierres. — Des appareils. — De l'exécution des maçonneries. — Échafaudages et cintres. — Outils et appareils. — Décintrements, charges, jointoiement. — Des épaisseurs à donner aux maçonneries. — Évaluations des travaux de maçonnerie. — Travaux divers. — Travaux d'entretien et de restauration. — De l'organisation des chantiers, etc.

26. — Demanet, ingénieur, fils du précédent. — Gisement, extraction et exploitation des **Mines de houille**, traité pratique à l'usage des ingénieurs, des contre-maîtres, ouvriers mineurs, etc. *Véritable guide du mineur*. 1 vol. relié de 404 pages, avec 126 figures dans le texte et 9 tableaux............ 6 fr.

Il existe plusieurs traités sur l'exploitation des houillères, mais ces ouvrages remplis de détails considérables sont fort volumineux et fort coûteux et par conséquent en dehors de la portée des ouvriers mineurs, M. Demanet, ingénieur des mines a voulu en publiant cet ouvrage le mettre à la portée de tout le monde; c'est pourquoi au lieu de décrire tous les engins qui constituent le matériel considérable des houillères, il n'a voulu qu'examiner les conditions générales, les cas particuliers, et donner des principes invariables qui devront servir de guide dans les différents cas qui se présentent.

Dans le chapitre premier il s'occupe des bassins et des considérations générales. — Le creusement des galeries et des puits fait l'objet du chapitre deux. — L'exploitation proprement dite celui du chapitre trois; puis les différents modes et les différents engins de transports; les applications de ces modes aux différentes couches. — La grande question de l'aérage des travaux, celle de l'extraction des produits au jour et l'épuisement des eaux, sont l'objet des chapitres six, sept et huit. Dans le chapitre neuvième et dernier, M. Demanet s'occupe de l'organisation des divers services.

27. — Dessoye (J.-B.-J.), ancien manufacturier. — Guide pratique de l'**Emploi de l'acier**, ses propriétés, avec une introduction et des notes par Ed. Grateau, ingénieur civil des mines. 1 vol. relié de 303 pages.................... 4 fr.

Ce livre constitue une véritable monographie de l'acier, M. Dessoye prend l'art de fabriquer l'acier à son origine et nous montre ses progrès. Il signale la nature et les propriétés natives de l'acier, en indique les différents modes d'élaboration et termine son guide par une étude sur l'emploi de l'acier dans les manipulations qu'on lui fait subir. Comme le fait remarquer M. Grateau dans sa savante introduction, ce livre s'adresse à tous ceux qui sont appelés à acheter et à consommer de l'acier d'une qualité quelconque, sous toute forme, et il devra être consulté par tous les praticiens.

Extrait de la table : — Considérations préliminaires. — Etudes historiques sur la fabrication de l'acier. — Etudes générales sur l'existence des propriétés natives. — Etudes sur l'emploi de l'acier, considéré dans ses propriétés caractéristiques. — De l'emploi de l'acier considéré dans les manipulations qu'on lui fait subir.

Cet ouvrage est en quelque sorte complété par un volume de M. Landrin fils, intitulé *Traité de l'acier*. 1 vol. de 315 pages avec figures dans le texte, dont nous parlons plus loin.

Dictionnaire industriel à l'usage de tout le monde, (Voir E. Lacroix) 2 vol.................................. 20 fr.

28. — Dinée (F.-G.), mécanicien de la marine, ex-élève de l'École des arts et métiers de Châlons-sur-Marne. — Traité pra-

tique du tracé et de la construction des **Engrenages**, de la vis sans fin et des cames. 1 vol., 80 p. et 17 pl. Relié. 5 fr.

Ce livre répond à un besoin, car depuis longtemps il manquait à toute bibliothèque industrielle; c'est une œuvre de mécanique véritablement pratique.

Il se divise en trois chapitres :

1° Des courbes en usage dans la construction des engrenages; 2° dimensions des détails et de l'ensemble des engrenages ; 3° tracé des engrenages, des vis sans fin, des cames.

29. — Dubos (Ernest), vétérinaire de l'arrondissement de Beauvais, professeur de zootechnie à l'institut agricole de la même ville, — Guide pratique pour le choix de la **Vache laitière**, 1 vol. rel., 132 p. et 7 pl. .... 3 fr.

Les diverses méthodes pour le choix des vaches laitières sont résumées dans ce livre. Les agriculteurs et les éleveurs y trouveront l'indication des signes qui peuvent les guider pour la conservation et l'acquisition des animaux qui conviennent le mieux à leurs exploitations. — Les figures représentant les diverses races de vaches laitières qui sont remarquables.

Dans le chapitre premier l'auteur s'occupe de la stabulation, de l'alimentation et du rendement. — Le chapitre deuxième est consacré à l'étude du lait, ses modifications et ses altérations. —Dans les autres chapitres l'auteur donne des renseignements pour reconnaître les propriétés du lait, le moyen de reconnaître les falsifications, les qualités exigées de la servante de ferme et la manière de traire. — Dans les chapitres sixième et septième, il indique les caractères et les méthodes qui peuvent guider dans le choix des meilleures vaches laitières. Enfin il termine par un chapitre sur la castration des vaches.

30. — D'Omalius d'Halloy (le baron J.). — Manuel pratique d'**Ethnographie**, ou description des races humaines; les différents peuples, leurs caractères naturels, leurs caractères sociaux, divisions et subdivisions des différentes races humaines. 5e édition. 1 vol., rel., 127 pages, avec une planche coloriée représentant les principaux types.................... 4 fr.

Après avoir exposé les principes généraux de l'ethnographie, l'auteur décrit les races, rameaux, familles et peuples que l'on distingue dans le genre humain. Le *Manuel d'ethnographie* est terminé par des tableaux synoptiques représentant les diverses divisions, avec l'indication approximative de la force de chaque peuple et de la distribution des familles dans les cinq parties de la terre. Cet ouvrage est accompagné de nombreuses notes dans lesquelles l'auteur discute les diverses questions sur lesquelles il ne partage pas les opinions de la plupart des ethnographes.

Extrait de la table des matières : — De l'ethnographie en général. — De la race blanche. — du rameau européen, du rameau arménien, du rameau scytique, — De la race brune, du rameau éthiopien, du rameau indou, du rameau indochinois, du rameau malais. — De la race rouge, du rameau hyperboréen, du rameau mongol, du rameau sinique. — De la race noire. — Des hybrides. — Tableaux de la division du genre humain, en races, rameaux, familles et peuples.

31. — Doneaud (Alp.) professeur à l'école navale. — Aide-mémoire de l'officier de marine (marine militaire et marine marchande). Notions pratiques de **Droit maritime international et commercial.** 1 vol. rel., 155 pages...

Les derniers traités de commerce ont augmenté dans des proportions considérables les relations internationales. L'ouvrage de M. Doneaud devient donc d'une grande utilité pratique. Nous ajouterons que ce livre commence une série de volumes dont l'ensemble formera, dans notre bibliothèque, l'Aide-mémoire de l'officier de marine.

Extrait de la table des matières : — De la mer et des fleuves. — Droit international en temps de paix. — Droit commercial. — Droit maritime international en temps de guerre. — Documents officiels. — Bibliographie des principaux ouvrages à consulter, pour le droit des gens en général, le droit international maritime et le droit commercial.

32. — Drapiez (M.). — Guide pratique de **Minéralogie usuelle.** Exposition succincte et méthodique des minéraux, de leurs caractère, de leur composition chimique, de leurs gisements, de leur application aux arts et à l'industrie. 1 vol. relié, 504 pages...

A la lucidité des définitions et à la simplicité de la méthode d'exposition, ce guide joint un mérite qui n'échappera pas aux hommes pratiques; il contient la description des 1500 espèces minérales dont il analyse les caractères distinctifs, la forme régulière et la forme irrégulière, les propriétés particulières, les compositions chimiques et les synonymies, les gisements, les applications dans les arts, dans l'industrie, etc.

33. — Dromart (E.), ingénieur civil. — Traité théorique et pratique de la recherche, du travail et de l'exploitation commerciale des **Matières résineuses** provenant du pin maritime. 1 vol. viii-96 pages, 3 planches doubles...

Après quelques mots sur le pin en général, M. Dromart donne les caractères chimiques de la gemme qui en découle, ainsi que ceux des essences de térébenthine et de la colophane qui en dérivent. Il compare les deux systèmes de gemmage usités dans les Landes et décrit tous les appareils nécessaires à la fabrication des produits résineux, avec les perfectionnements qu'on y a apportés. Le livre se termine par un aperçu de l'emploi des essences et des colophanes dans les principales industries.

34. — Dubief (L.-F.), chimiste œnologue. — Traité de la fabrication des **Liqueurs** françaises et étrangères sans distillation, 4ᵉ édition, augmentée de développements plus étendus, de nouvelles recettes pour la fabrication des liqueurs, du kirsch, du rhum, du bitter, la préparation et la bonification des eaux-de-vie et l'imitation de celles de Cognac, de différentes provenances, de la fabrication des sirops, etc., etc. 1 vol. rel., 228 pages. .... 5 fr.

Ce traité est formulé en termes clairs et familiers ; la personne la moins expérimentée dans l'art du distillateur qui en lira attentivement les préceptes pourra, sans aucun guide, devenir un bon fabricant après quelques essais.

Sommaire de quelques chapitres : — De la composition des liqueurs. — Quantités d'alcool, de sucre et d'eau, pour les différentes classes de liqueurs. — Des teintures aromatiques. — Des infusions. — De la coloration des liqueurs. — Du mélange. — Du perfectionnement des liqueurs par le tranchage. — Du collage des liqueurs. — De la filtration. — De la conservation des liqueurs. — Règle générale pour bien opérer la fabrication des liqueurs. — Considérations à observer. — Des spiritueux aromatiques non sucrés. — Emploi des écumes et des eaux provenant du lavage des filtres. — Formules et préparations des sirops. — De l'alcool. — Du coupage ou mouillage des alcools. — Des eaux-de-vie. — Opérations d'eaux-de-vies à tous les titres avec les alcools d'industrie. — Résumé pour les liqueurs, les eaux-de-vie et les alcools. — Appendice. — L'auteur termine cet ouvrage par une liste des principaux marchés des eaux-de-vie esprits, etc.

35. — Guide pratique de la **Fabrication des vins factices** et des boissons vineuses en général, ou manière de fabriquer soi-même les vins, cidres, poirés, bières, hydromels, piquettes et toutes sortes de boissons vineuses, par des procédés faciles, économiques et des plus hygiéniques. 1 vol.... 2 fr.

M. Dubief a publié ce petit ouvrage, non-seulement pour venir en aide aux personnes économes, mais encore, et plus, pour celles dont l'économie est une nécessité. Si elles suivent les prescriptions qui y sont indiquées, elles peuvent être assurées de bien fabriquer elles-mêmes et avec facilité toutes sortes de vins, bières, cidres, etc. Ainsi, il traite la cuvée des vins de raisin fabriqués avec le marc, avec sirop de sucre, de fécule. — Vin rouge de sucre. — Vin mousseux, de fruits : cerises, prunes, groseilles, etc., etc. — Vins de grains, céréales, etc. — Toutes les formules et les procédés indiqués par l'auteur sont simples et faciles, et il suffit de les avoir lus pour les mettre en pratique.

36. — **L'immense trésor des vignerons et des marchands de vin,** indiquant des moyens inédits pour vieillir instantanément les vins, leur enlever les mauvais goûts même celui de terroir, colorer les vins blancs en rouge Narbonne, même d'une manière hygiénique et sans aucun coupage, éviter leur dégénérescence, partant, plus de vins aigres, amers, gras ou poussés ; découverte d'un agent supérieur à l'alcool pour le maintien, la conservation et l'expédition lointaine des vins. 3e édition revue, corrigée et considérablement augmentée, 1 vol. rel. de 196 pages.. 5 fr.

Extrait de la table des matières : — De la connaissance des vins. — Appréciation et dégustation. — De la distinction. — Du mélange ou du coupage. — Du vinage. — Amélioration des vins. — De l'imitation des vins. — De la confection des vins mousseux. — Du vin muet et de ses avantages. — Des vins de liqueurs et de leurs imitations. — Recettes et opérations des vins de liqueurs. — *Méthode du midi.* — *Méthode de Paris.* — De la conservation des vins en fûts pleins et en vidange. — Du soufrage ou méchage. — Du collage pour la clarification. — Arôme, sève, bouquet et goût de terroir. — Du gouvernement et de la conservation des vins. — De la mise en bouteilles. — Des altérations. — Moyen de les prévenir et de les corriger. — Des altérations accidentelles et moyen de les guérir. — Disposition et conservation des tonneaux. — Contenance des fûts. — L'auteur termine son livre par une série de renseignements très-utiles.

37. — Le **Liquoriste des Dames** ou l'art de préparer en quelques instants toutes sortes de liqueurs de table et des parfums de toilette avec toutes les fleurs cultivées dans les jardins, suivi de procédés très-simples et expérimentés pour mettre les fruits à l'eau-de-vie, faire des liqueurs et des ratafias, des

vins de dessert, mousseux et non mousseux, des sirops rafraîchissants, etc., 1 vol., 120 pages avec figures dans le texte, 3 fr.

Ce que nous avons dit des précédents ouvrages de M. Dubief nous dispense de nous étendre sur celui-ci. C'est aux dames qu'il s'est adressé et l'accueil qu'il en a obtenu prouve suffisamment combien il est utile dans toute bibliothèque de ménage.

38. — Guide pratique du **Féculier** et de l'**Amidonnier**, suivi de la conversion de la fécule et de l'amidon en dextrine sèche et liquide, en sirop de glucose, sirop de froment, sirop impondérable ; en sucre de raisin, sucre massé, sucre granulé et cassonade, en vin, bière, cidre, alcool et vinaigre, ainsi que leur application dans beaucoup d'autres industries. 2e édition, 1 vol. de 267 pages, avec gravures dans le texte, ... 5 fr.

Extrait de la table des matières : — Première partie. — Aperçu historique. — Des substances qui contiennent la fécule. — Composition et conservation de la pomme de terre. — Extraction de la fécule. — Lavage, rapage, tamisage, épuration, séchage, blutage. — Des résidus de la pomme de terre. — Du blanchiment de la fécule. — Rendement de la pomme de terre en fécule. — Perfectionnements importants apportés au lavage, etc. — Conservation, vente et falsification. — Caractères et propriétés de la fécule.

Dans la deuxième partie, l'auteur donne la description des procédés à suivre pour fabriquer les amidons.

La troisième et dernière partie vient compléter les deux premières par les renseignements les plus récents.

Dans cet ouvrage, l'auteur s'est appliqué à dégager son texte de toute gêne scientifique; il a été clair et précis pour mettre son enseignement à la portée de toutes les instructions et de toutes les intelligences. Pour chaque sujet, il est entré dans des développements minutieux en indiquant souvent ces tours de mains si indispensables, et que seule, la pratique ordinairement peut apprendre.

— L'art de faire la **Bière** (Voir Mülder).

39. — Dufréné (H.), ingénieur civil, ancien élève de l'École des arts et manufactures. — Les droits des **inventeurs en France et à l'étranger**. — Conseils généraux. — Brevets d'invention. — Péremption. — Vente. — Licences. — Exploitation. — Géographie industrielle. — Marques de fabrique. — Dessins. — Objets d'utilité. 1 vol. de 108 pages........ 3 fr.

Cet ouvrage peut être considéré comme un guide des inventeurs. — L'auteur, dans son premier chapitre, leur donne les premières connaissances nécessaires pour l'obtention d'un brevet d'invention.

Dans le deuxième, il fait un résumé des lois en vigueur dans les principaux pays industriels et il indique le tarif des sommes à verser pour obtenir un brevet dans ces différents pays.

La troisième partie est une répartition géographique de l'industrie et la quatrième, la protection des dessins ou marques de fabriques également dans les différents pays.

PISCICULTURE

CARBONNIER (page 29 du *Traité de pisciculture.*)

Fécondation artificielle des poissons; dans un vase on fait tomber les œufs de la femelle, puis immédiatement et par le même procédé indiqué par la figure, une quantité de laite suffisante prise à un mâle, on agite le tout et la fécondation est terminée. Il faut agir avec une grande rapidité.

E

41. — Émion (Victor), avocat à la cour de Paris, ancien sous-préfet. — Manuel pratique et juridique des **Expropriés pour cause d'utilité publique**, suivi de deux tableaux donnant le chiffre de la valeur du mètre de terrain dans Paris, et faisant connaître les principales indemnités accordées aux industriels, négociants et commerçants expropriés. 1 vol. rel., 125 pages.. 2 fr.

Ce manuel est un résumé des règles pratiques que les expropriés ont intérêt à connaître pour se diriger dans la défense de leurs droits. En étudiant ce manuel, les expropriés sauront qu'avant de se présenter devant le jury, ils n'ont que peu ou point de formalités à remplir et *pas de frais* à débourser. Ils y apprendront encore qu'en général les traités souscrits d'avance avec des intermédiaires ne sont *habituellement* avantageux *que pour ceux qui contractent avec l'exproprié.*

Les tableaux de la valeur du mètre dans les différents arrondissements de Paris et des principales indemnités accordées par le jury offrent un très-grand intérêt pour les propriétaires et les locataires.

42. — **La liberté et le courtage des marchandises**, commentaire pratique de la loi du 18 juillet 1866. 1 vol. rel., 142 pages.. 2 fr.

L'application pratique de la nouvelle loi sur le courtage des marchandises devait donner lieu à de nombreuses difficultés; ce sont ces difficultés que M. V. Émion s'est étudié à prévoir et à résoudre dans son commentaire, suivi d'un appendice qui renferme de nombreux documents intéressant tous les commerçants.

43. — Traité de l'**Exploitation des chemins de fer**, ouvrage composé de deux parties reliées en un seul volume et précédé d'une préface par M. Jules Favre, ensemble 787 pages.. 8 fr.

Première partie : — Voyageurs et bagages. — *Deuxième partie :* Marchandises.

Aujourd'hui que tout le monde voyage, le manuel de M. V. Émion est devenu un guide indispensable. Il fait connaître à chacun ses droits et ses devoirs vis-à-vis des compagnies;

il prend le voyageur chez lui, le mène à la gare, le suit à son départ, pendant sa route, à son arrivée et le ramène à son domicile : il prévoit toutes les difficultés, toutes les contestations et en donne la solution fondée sur la loi, les règlements, la jurisprudence et l'équité.

Dans la seconde partie, M. Émion traite avec beaucoup de détails l'organisation du service des marchandises, les tarifs, les formalités exigées pour la remise des marchandises en gare, l'expédition, la livraison, enfin tout ce qui concerne les actions à intenter aux compagnies, soit pour avaries, soit pour retard, perte, négligence, etc.

Études sur l'Exposition de 1867, par MM. les rédacteurs des *Annales du Génie civil* (Locomotives, par Gaudry, fig. 37, page 18).

F

44. — Fairbairn (William), ingénieur civil, membre de la Société royale de Londres, correspondant de l'Institut de France, etc. — *Guide pratique du métallurgiste.* **Le fer,** son histoire, ses propriétés et ses différents procédés de fabrication, ouvrage traduit de l'anglais, avec l'approbation de l'auteur, et augmenté de notes et d'un appendice, par M. Gustave Maurice, ingénieur civil des mines, secrétaire de la rédaction du Bulletin de la Société d'encouragement. 1 vol. rel., 331 pages et 68 figures dans le texte.. 6 fr.

Depuis longtemps, le nom de M. Fairbairn fait autorité dans l'industrie du fer. Après avoir tracé l'histoire des progrès de la fabrication du fer, l'auteur donne les analyses des minerais et des combustibles dans leurs rapports avec les résultats des différents procédés de fabrication : il saisit cette occasion pour donner la description des fourneaux, machines, etc., employés dans la métallurgie du fer.

M. Maurice a complété cette traduction par des notes et un appendice. Il a éliminé tout ce que le texte original pouvait présenter de trop laconique ou de trop exclusivement rédigé en vue de la métallurgie anglaise. Parmi ces appendices, on remarquera ceux concernant les procédés Bessemer et les notes sur la résistance des tubes à l'écrasement.

Extrait de la table des matières : — Histoire de la fabrication du fer. — Les minerais des différentes parties du monde. — Les combustibles : charbon de bois, tourbe, coke, houille. — Production des combustibles dans le monde entier. — Réduction des minerais. — Transformation de la fonte en fer. — Des machines employées pour forger le fer. — La forge. — Le procédé Bessemer. — Fabrication de l'acier. — Trempe et recuite de l'acier. — De la résistance et des autres propriétés mécaniques de la fonte, du fer et de l'acier. — Composition chimique de la fonte. — Statistique de l'industrie sidérurgique, etc.

45. — Flamm (Pierre), manufacturier, auteur d'un ouvrage qui a pour titre : *Le Verrier au dix-neuvième siècle,* ancien directeur de verrerie. — Trois sources d'économie de combustible. Guide pratique du **Constructeur d'appareils économiques de chauffage** pour les combustibles solides et

gazeux, traitant des générateurs à gaz fixes et locomobiles, de l'application de la chaleur concentrée et du calorique perdu aux chaudières à vapeur et aux fours de toute espèce, à l'usage des ingénieurs, architectes, fumistes, verriers, briquetiers, maîtres de forges, fabriques de zinc, de porcelaine, de faïence, d'acier, de produits chimiques; des raffineries de sucre, de sel; des industries métallurgiques et autres employant la chaleur. 1 vol. rel., 157 pages et 4 planches.................... 4 fr.

M. Flamm a pris pour épigraphe de son livre : *Non multa, Sed multum.* Jamais devise n'a été plus fidèlement respectée. Dans ce traité, tout est substantiel, rien n'est inutile. Les constructeurs y trouveront des données pratiques, et les grands industriels pourront, après l'avoir lu, se rendre compte des qualités que doivent posséder les appareils qu'ils font établir dans leurs usines ou dans leurs fabriques.

Le même auteur a publié dans le même format une excellente petite brochure qui a pour titre : Un chapitre sur la *verrerie*, ou transformation complète de la *fabrication* actuelle du *verre* donnant les méthodes du chauffage aux gaz combustibles, les modes nouveaux de *couler les glaces*, le *cristal*, le *flint* et le *crown-glass*; de travailler le *verre à vitres*, la *gobeletterie* et les *bouteilles*, de supprimer les creusets et le cueillage du *verre* sur les *pots*. 1 vol., 44 pages et 1 planche...... 1 fr. 50

46. — Fleury-Lacoste, président de la Société centrale d'agriculture du département de la Savoie, membre de plusieurs sociétés savantes. — Guide pratique du **Vigneron** culture, vendange et vinification. 1 vol. rel., 137 pages. 3 fr.

M. Fleury-Lacoste est à la fois un homme instruit et un homme pratique. Son *Guide du Vigneron* sera consulté avec fruit, et l'on peut avec confiance en adopter les préceptes. S. Exc. M. le ministre de l'agriculture, certes plus compétent que nous, vient d'engager M. Fleury-Lacoste à poursuivre ses études en souscrivant à cet excellent petit traité. C'est bien là le meilleur éloge que l'on puisse faire de cet ouvrage.

Dans la première partie, l'auteur donne les principes généraux pour la culture de la vigne basse : culture en ligne, orientation, la taille, le pinçage, les engrais, choix des cépages, 1re, 2e, 3e et 4e années.

La seconde partie, intitulée : *Calendrier du Vigneron*, lui indique les travaux qu'il a à faire mensuellement. La culture des hautains sur treillages élevés dans les champs, remplit la troisième partie. — Quatrième partie : Nouvelles observations pratiques sur les phénomènes de la végétation de la vigne. — Cinquième partie : De la vendange et de la vinification : degré de maturité. — Du ban des vendanges. — Personnel. — Le nettoyage et l'écrasement des grains. — La cuve. — Le décuvage. — Enfin l'auteur termine en indiquant les soins à donner aux vins nouveaux et vieux.

47. — FOL (Frédéric), chimiste. — **Guide du Teinturier.** Manuel complet des connaissances chimiques indispensables à la pratique de la teinture. 1 vol. rel., 430 pages et 90 figures dans le texte.......................... 8 fr.

En publiant cet ouvrage, l'auteur s'est proposé de répandre dans la population ouvrière qui s'occupe des travaux de teinture les connaissances nécessaires des sciences sur lesquelles est basée cette industrie.

La teinture est aujourd'hui bien différente de ce qu'elle était il y a vingt ans. La chimie, en envahissant les usines, a chassé l'ancienne routine; la mécanique, la physique et les sciences naturelles, de leur côté, ont aussi fait de grands progrès, il est donc nécessaire que l'ouvrier et le contre-maître, qui souvent n'ont pas reçu une instruction suffisante, puissent se mettre au niveau des connaissances nécessaires pour bien exercer leur industrie, c'est ce qu'a voulu faire l'auteur en publiant ce livre; il est dicté dans un style simple et facile à comprendre. Répandre les notions les plus importantes sous la forme la plus facile à saisir, telle a été la préoccupation constante de l'auteur.

48. — FORNEY (Eugène), professeur d'arboriculture à l'amphithéâtre de l'École de Médecine, membre de plusieurs sociétés savantes. — **La Taille du Rosier**, sa culture et ses belles variétés. 1 vol. rel., 208 pages et 52 fig.......... 3 fr.

Dans cet ouvrage, M. Forney a reproduit le cours qu'il fait à ses nombreux auditeurs; c'est donc une série d'instructions plus complètes même que ses leçons orales.

Ce livre doit servir de guide et d'aide-mémoire dans la pratique. Les nombreuses figures qui l'enrichissent en rendent l'intelligence encore bien plus facile.

49. — FRAICHE (Félix), professeur de sciences mathématiques et naturelles. — Guide pratique de l'**Ostréiculteur**, ou Culture des huîtres et procédés d'élevage et de multiplication des **Races marines comestibles**, histoire naturelle des mollusques et des crustacées, — Causes du dépeuplement progressif des bancs d'huîtres. — Industrie et procédés actuels. — Construction des claires, parcs, viviers, etc. — Exploitation des claires. — Culture des moules. — Élevage des homards,

langoustes, etc. 1 vol. rel., 175 pages, avec figures dans le texte.. 4 fr.

Les chemins de fer et la navigation, en diminuant les distances, ont créé pour les races marines comestibles des débouchés qui leur avaient manqué jusqu'alors. De là et d'autres causes que M. Fraiche indique, l'appauvrissement des bancs d'huîtres. L'auteur, qui s'est inspiré des travaux de M. Coste, démontre que l'ostréiculture est une industrie facile à créer et à développer, et qui donne des résultats rémunérateurs à ceux qui savent l'exploiter.

50. — Francon (J.-A.), cubeur juré de la ville de Lyon. — Tarif de **Cubage des bois** équarris et ronds évalués en stères et fractions décimales du stère. 1 vol. rel., 402 p. 4 fr.

Toutes les tables que renferme cet ouvrage ont été calculées avec la plus grande précision ; on pourra donc s'en servir avec grande assurance sans crainte d'erreur.

51. — Frésénius (R.) et le Dr Will, docteurs, assistants et préparateurs au laboratoire de Giessen. — Guide pratique pour reconnaître et pour déterminer le titre véritable et la valeur commerciale des **Potasses,** des **Soudes,** des **Cendres,** des **Acides** et des **Manganèses,** avec neuf tables de déterminations, traduit de l'allemand par le Dr G.-W. Bichon, ancien élève de M. Justus Liebig, nouvelle édition, augmentée de notes, tables et documents puisés dans les *Annales du Génie civil.* 1 vol. rel., vi-229 pages avec fig................. 3 fr.

Le livre de MM. Frésénius et Will est le résultat des précieuses recherches auxquelles se sont livrés ces deux savants chimistes étrangers ; c'est avec beaucoup de pénétration et de succès qu'ils sont parvenus à perfectionner les méthodes d'essais relatifs aux potasses, soudes, acides et manganèses.

G

52. — Garnault (E.), professeur de physique à l'École navale. — Leçons élémentaires d'**Électricité** ou exposition concise des principes généraux de l'électricité et de ses applications, par Snow-Harris, de la Société royale de Londres, etc., annotées et traduites par E. Garnault. 1 vol., 264 pages, avec 72 figures dans le texte................................ 3 fr.

Les leçons de M. Snow-Harris ont eu un grand succès en Angleterre. L'auteur s'est surtout attaché à donner des idées saines, pratiques et théoriques sur les principes généraux de l'électricité et les faits les plus simples qu'il démontre à l'aide d'expériences faciles à répéter.

Le traducteur, qui est lui-même un professeur distingué, a ajouté à l'ouvrage anglais des notes dans lesquelles il donne surtout des aperçus sur les principales applications de l'électricité dans l'industrie.

53. — Gayot (E.), membre de la Société centrale d'agriculture de France. — Guide pratique pour le bon aménagement des **Habitations des animaux.**

Cet ouvrage se compose de 2 parties : 1re partie : les Écuries et les Étables, 208 pages et 63 fig. ; 2e partie, les Bergeries, les Porcheries, les Habitations des animaux de la basse-cour, Clapiers, Oiseleries et Colombiers, 355 pages et 65 fig. Le tout relié en 1 volume.. 8 fr.

Aucun animal ne saurait être développé dans ses facultés natives, dans ses aptitudes propres, et produire activement dans le sens de ces dernières, si on ne le place dans les meilleures conditions d'alimentation, de logement, de multiplication. M. Gayot, avec l'autorité d'une longue expérience, a réuni dans ces deux volumes les conditions générales d'établissement et les dispositions particulières aux diverses espèces d'animaux.

1re partie. — *Extrait de la table des matières :* — Le sujet à vol d'oiseau. — Des effets de l'air pur et de l'air vicié sur l'économie animale. — L'aération : les portes et fenêtres, barbacanes et ventilateurs. *Dispositions particulières aux diverses espèces :* les dimensions intérieures, encore les portes et fenêtres, de l'aire des écuries, le plancher supérieur des écuries, arrangement intérieur et ameublement des écuries, les séparations, les boxes, établissements spéciaux, la température des écuries. *Les étables de l'espèce bovine :* l'aération, l'aire des étables, les dimensions et l'aménagement intérieurs, les boxes, règles d'hygiène générale, établissements spéciaux.

2e PARTIE. — *Les Bergeries* : de l'habitation en plein air, le parc des champs, le parc domestique, les abris brise-vent. — DE L'HABITATION COUVERTE : conditions particulières à l'établissement des bergeries, les portes et fenêtres, l'aération, les bâtiments, les aménagements intérieurs, auges et râteliers. — LA PORCHERIE : les conditions spéciales, la construction, les portes et fenêtres, les aménagements essentiels, les auges, dispositions particulières de l'ensemble. — *Les habitations de la basse-cour* : l'habitation du dindon, l'habitation de l'oie, la demeure du canard, le colombier et la volière, la faisanderie, etc., etc.

54. — GOBIN (A.), ancien élève de l'École de Grand-Jouan, ancien directeur de la colonie pénitentiaire du Val-d'Yèvres (Cher). Guide pratique pour la **Culture des plantes fourragères.** 1 vol. relié composé de 2 parties, 680 p. avec 120 fig. dans le texte.. 8 fr.

1re *partie* : Prairies naturelles, pâturages, avec un appendice reproduisant la loi du 21 juin 1866 sur les associations agricoles, 284 pages, avec nombreuses figures,

2e *partie* : Prairies artificielles, plantes racines, 388 pages et 87 figures.

Les fourrages sont la base de toute culture, et il est admis aujourd'hui, par tous les agriculteurs intelligents, que pour avoir du blé il faut faire des prés. M. Gobin, guidé par sa grande expérience, a voulu rédiger un guide tout pratique indiquant tout ce qui doit être observé pour obtenir les meilleurs résultats et éviter les dépenses inutiles : mais, comme il le dit dans sa préface, si le titre même de son livre lui a fait une loi de se restreindre à la culture des plantes fourragères et de s'abstenir de considérations scientifiques inutiles au but qu'il poursuit, il ne s'est pas interdit les applications pratiques des sciences, en tant qu'elles se rapportent à l'explication des phénomènes ou à l'amélioration des méthodes de culture. « C'est là, en effet, dit-il, ce que nous entendons par la pratique, et non point seulement la routine manuelle, qui consiste à savoir tenir les mancherons de la charrue, charger une voiture de gerbes ou manier la faux, celle-ci suffit à un ouvrier, celle-là est nécessaire au moindre cultivateur intelligent. »

Ce guide peut être considéré comme le résumé des leçons professées avec tant de succès par M. Gobin à l'*École de Grignon.*

55. — Guide pratique d'**Agriculture générale.** 1 vol. rel., x-448 pages avec figures dans le texte.......................... 4 fr.

« L'agriculture est une industrie qui a pour but, tout en améliorant le sol, d'en tirer le produit net le plus élevé. »

Extrait de la table des matières : — *Chap. I*er. Considérations générales sur l'atmosphère et les climats : l'air, la lumière, l'électricité, la chaleur, le froid, la gelée, le dégel et la neige, les vents, les orages, la grêle, le brouillard, les nuages, la pluie, les différents climats. — *Chap. II.* Principes constituants du sol, analyse chimique des sols, des différentes formations géologiques. Des terres : terres calcaires, argileuses, siliceuses, etc. — *Chap. III.* Les instruments de l'agriculture. Les moteurs : l'eau, le vent, l'homme, le cheval, la vapeur. — *Chap. IV.* Engrais et amendements. — *Chap. V et VI.* Considérations générales sur la culture des plantes, la semaison, la récolte, l'emmagasinage, etc. Enfin l'auteur termine par des considérations et des renseignements sur l'administration rurale.

56. — Gobin (H.), frère du précédent. — Guide pratique d'**Entomologie agricole**, et petit traité de la destruction des insectes nuisibles. 1 vol., 279 p, avec fig. dans le texte. 4 fr.

Ce traité, d'une lecture attrayante, possède un grand fond de science. Il se compose de lettres familières adressées à un nouveau propriétaire rural. Tous les insectes qui s'attaquent aux champs et à leurs produits et aux animaux y sont passés en revue, et, ce qui est mieux encore, l'auteur a indiqué le moyen de se débarrasser de cette engeance envahissante. Le livre est terminé par des nomenclatures scientifiques avec les noms français.

57. — Gossin (L.), cultivateur, professeur d'agriculture dans l'Oise, etc. — Guide pratique des **Conférences agricoles**, accompagné d'un appendice comprenant des notes et des instructions pratiques puisées dans les Annales du Génie civil. 1 vol. relié, xii-138 pages........................... 2 fr.

(Ouvrage recommandé officiellement pour les écoles normales, etc.)

Dans les grandes villes, on tient des conférences ; M. Gossin a rêvé les conférences au village, des conversations intimes, familières, fructueuses. Dévoué depuis de longues années à l'enseignement rural, M. Gossin possède de plus l'art de la démonstration facile, et sa parole sympathique est écoutée avec plaisir et par conséquent, avec fruit.

58. — Guettier (A.), ingénieur, directeur de fonderies, etc. — Guide pratique des **Alliages métalliques.** 1 vol. rel.

VII-342 pages. . . . . 4 fr.

Après avoir donné quelques explications préliminaires sur les propriétés physiques et chimiques des métaux et des alliages, l'auteur examine au point de vue des alliages entre eux les métaux spécialement industriels, c'est-à-dire d'un usage vulgaire très-répandu (cuivre, étain, zinc, plomb, fer, fonte, acier). Il donne ensuite quelques indications générales sur les métaux appartenant aux autres industries, mais n'occupant qu'une place secondaire (bismuth, antimoine, nickel, arsenic, mercure), et sur des métaux riches appartenant aux arts ou aux industries de luxe (or, argent, aluminium, platine) ; enfin, il envisage les métaux d'un usage industriel restreint, au point de vue possible de leur association avec les alliages présentant quelque intérêt dans les arts industriels.

59. — Guy (P.-G.), ancien élève de l'École polytechnique, officier d'artillerie. — Guide pratique du **Géomètre arpenteur,** comprenant l'arpentage, le nivellement, la levée des plans et le partage des propriétés agricoles, avec un appendice sur le calcul des solides; 3e édition, entièrement refondue. 1 vol. rel. de 272 pages et 183 figures. . . . . 4 fr.

L'auteur, en publiant cet ouvrage, a eu pour intention d'en faire un *vade mecum* utile aux ingénieurs, aux conducteurs des ponts et chaussées, aux agents-voyers, géomètres arpenteurs, etc. Son format portatif permet de pouvoir le consulter sur le terrain; il est un abrégé d'un grand nombre d'ouvrages encombrants, dont il présente toutes les données nécessaires pour connaître et vérifier la contenance des pièces de terre pour en construire un plan exact, ce qui évitera aux propriétaires et aux fermiers des procès ruineux, et ce qui leur permettra aussi d'étudier avec fruit les améliorations qu'ils voudraient apporter dans la culture de leurs terres.

H

60. — Hamet, (H.), apiphile, directeur de l'*Apiculteur*, membre de plusieurs sociétés savantes. — Guide pratique d'**apiculture** (culture des abeilles), cours professé au jardin du Luxembourg, 1 vol. relié 336 pages, 110 figures dans le texte et 9 planches .... 5 fr.

Dans le vaste champ que nous ouvre l'histoire naturelle, rien n'est plus curieux que les mœurs et les travaux des abeilles. Que d'activité, d'industrie, d'ordre et d'harmonie parmi ce peuple d'insectes ! Que de leçons il peut nous donner.

Aussi, de tout temps, les philosophes et les agronomes se sont-ils occupés des abeilles. Beaucoup s'en sont faits les historiens ; mais beaucoup, comme Aristote et Virgile, ignorant une foule de secrets sur leurs instincts, leurs travaux et leur génération, ont fréquemment semé l'erreur à côté de la vérité. Il était réservé aux Swammerdam, aux Maraldi, aux Riem, aux Schirach, aux Réaumur et aux Huber de découvrir ces secrets, et d'être les historiens des abeilles. Les minutieuses et savantes observations de ce dernier ont surtout amené des découvertes aussi admirables par elles-mêmes que surprenantes à l'égard, de celui qui les a faites : car Huber était aveugle.

M. Hamet, par l'ouvrage dont nous donnons ci-dessus le titre, offre au public le résumé du cours public qu'il professe avec tant de succès depuis douze ans au Luxembourg, c'est l'exposé des meilleures méthodes employées par les bons praticiens. L'auteur ne préconise aucun système, aucune invention de ruche. Aussi la lecture de son livre a-t-elle pour résultat de faire disparaître de l'esprit toute incertitude et la confusion que la lecture des traités à systèmes exclusifs peut y jeter. Aussi ce livre forme-t-il le contraste le plus frappant avec la plupart des ouvrages qui traitent de l'apiculture.

J

61. — JAUNEZ, ingénieur civil. — Manuel **du Chauffeur.** Guide pratique à l'usage des mécaniciens, des chauffeurs et des propriétaires de machines à vapeur, exposé des connaissances nécessaires, suivi de conseils afin d'éviter les explosions des chaudières à vapeur, 1 vol. rel. 212 p., 37 fig. dans le texte et planches.. 3 fr.

Cet ouvrage est spécialement destiné aux chauffeurs, comme l'indique son titre. Les bons chauffeurs pour l'industrie privée sont rares et, par conséquent, recherchés. Les personnes qui ont des machines à vapeur ne sont que trop souvent obligées d'employer pour chauffeurs des hommes qui manquent non seulement des connaissances indispensables pour remplir un tel emploi, mais quelquefois même de la moindre instruction pratique. Dans de telles circonstances, il y a évidemment danger, et c'est pourquoi nous avons publié cet ouvrage afin qu'il soit mis dans les mains de tous les ouvriers qui, sans savoir le premier mot de la théorie de la chaleur ni de la mécanique seront à même, après l'avoir lu attentivement de conduire une machine à vapeur. Cet ouvrage doit être dans leurs mains comme un catéchisme qui viendra leur apprendre leur métier.

Extrait de la table des matières : — Pression de l'air. — Baromètre. — Compression de l'air. — Pompes. — Du calorique. — Thermomètre. — Quantité d'eau nécessaire à la condensation de l'eau. — De la vapeur d'eau. — Des moyens pour connaître la force de la vapeur. — Manomètre. — Soupapes de sûreté. — Conduite du feu. — Chaudière. — Giffard. — Incrustations et dépôts dans les chaudières. — Des soins et de l'entretien des machines à vapeur. — Résumé des moyens ayant pour but d'éviter les explosions. — Mise en marche des machines à vapeur. — Renseignements généraux, etc.

K

62. — Kielmann (C.-E.) directeur de l'Ecole agricole de Haasenfelde. — Guide pratique de **Drainage**, résultats d'observations et d'expériences pratiques, traduit pour l'usage des agriculteurs français par C. Hombourg. 1 vol. rel. 104 pages avec figures dans le texte.................................... 2 fr. 50

La plupart des ouvrages publiés sur le drainage sont le résultat d'études théoriques que l'expérience n'a pas encore sanctionnées. M. Kielmann est entré dans une autre voie : il n'a eu recours à la théorie qu'autant que cela était nécessaire pour expliquer certains phénomènes. Comme il le dit dans sa préface, il voulait offrir à ceux qui commencent à s'occuper du drainage, et même au plus petit cultivateur un livre à la lecture facile et surtout compréhensible.

Extrait de la table des matières : — Quels sont les terrains qui ont besoin d'être drainés. — De la fabrication des tuyaux, leur longueur, largeur et épaisseur. — Préparation d'une bonne matière pour la confection des tuyaux. — Machine à étirer les tuyaux, préparation de l'argile. — De la cuisson des tuyaux, des travaux préparatoires, nivellement des tranchées, circulation de l'air à travers les tuyaux. — De la quantité d'eau qui s'écoule par les drains, etc.

63. — Koltz (M.-J.) chevalier de l'ordre R. G. D. de la Couronne de chêne, agent des eaux et forêts, etc., etc. — Guide pratique de la **culture du Saule** et de son emploi en agriculture, notamment dans la création des oseraies et des saussaies, avec un appendice sur la **culture du Roseau.** 1 vol. rel. 144 pages et 35 figures dans le texte................ 3 fr.

Ce travail a pour objet de faire ressortir les avantages que procure la culture du saule dans les terrains qui lui conviennent, et qui, le plus souvent, ne peuvent être rendus productifs qu'à l'aide de cette essence; M. Koltz donne donc le moyen de mettre en produit des terrains vagues. Dans certains parages le roseau commun forme le complément obligé de l'osier ; l'appendice que M. Koltz a consacré à cette plante renferme des détails intéressants, surtout pour les propriétaires de terrains aujourd'hui tout à fait improductifs.

L

64. — Laffineur (Jules), ingénieur civil et agronome, membre de plusieurs sociétés savantes, rédacteur des *Annales du Génie civil*. — Guide pratique de l'**Ingénieur agricole.** — Première partie : Hydraulique, dessèchement, drainage, irrigations, etc.; suivi d'un appendice contenant les lois, décrets, règlements et instructions ministérielles qui régissent ces matières, etc. — Deuxième partie : Guide pratique d'hydraulique urbaine et agricole, ou traité complet de l'établissement des conduites d'eau pour l'alimentation des villes, des bourgs, châteaux, fermes, usines, etc comprenant les moyens de créer partout des sources abondantes d'eau potable. Les 2 parties reliées ensemble 1 vol., 396 p. avec fig. et 5 pl........ 6 fr.

La deuxième partie, seule, se vend séparément....... 3 fr.

La partie *hydraulique* s'adresse plus particulièrement aux habitants des villes, aux grands propriétaires, à ceux qui ont mission d'étudier ou d'établir des conduites d'eau. La première partie s'occupe plus spécialement des travaux de la campagne. Les agriculteurs y trouveront des notions précises sur les travaux qu'il est de leur intérêt de faire exécuter, et des renseignements exacts sur leurs droits et leurs devoirs.

Extrait de la table. — Première partie : Classification des terrains. — Travaux de dessèchement, évaporation, infiltration. — Jaugeage des sources, des ruisseaux et rivières. — Tracé des canaux. — Description des procédés de dessèchement, colmatage, limonage, du drainage. — Irrigation, établissement d'un système d'irrigation. — Murs de soutènement des canaux, revêtements, radiers, déversoirs, barrages, syphon. — Des diverses méthodes d'arrosage. — Mise en culture des terrains à grandes pentes. — Jurisprudence rurale.

Deuxième partie : Origine des fontaines. — La recherche des sources. — Les inondations. — Formules et applications. — Reboisement des montagnes. — Jets d'eau. — Projet d'établissement de conduites d'eau. — Nomenclature des plantes qui caractérisent les terrains humides. — Canaux en terre, aqueducs, conduites en tuyaux, tuyaux employés pour les conduites. — Bornes-fontaines, etc.

65. — Traité de la **Construction des roues hydrauliques,** contenant tous les systèmes de roues en usage, les renseignements pratiques sur les dimensions à adopter pour

les arbres tournants, les tourillons, les bras de roues hydrauliques, etc., etc. 1 vol. rel., 142 p., de nombreux tableaux et 8 pl.. 3 fr. 50

L'auteur démontre dans sa préface que le perfectionnement des machines motrices des usines est à la fois une nécessité d'intérêt général et privé. Dans son ouvrage, il recherche et il définit les principales conditions à remplir sous ce rapport, et il donne ensuite tous les détails relatifs à la construction des roues hydrauliques dans les meilleurs conditions possibles.

Fidèle à la méthode qui lui est propre, M. Laffineur s'est surtout attaché à se faire comprendre par la simplicité des termes employés et par les nombreux exemples qu'il donne.

Les planches sont d'une grande netteté, elles représentent tous les systèmes de roues en usage, roues à palettes, roues pendantes, roue en dessous et à aubes courbes, roues à augets, roues horizontales, roue à niveau constant, frein dynanométrique, etc.

66. — LANDRIN (H.-C. fils), ingénieur civil, **Traité de l'acier**, théorie métallurgique, travail pratique, propriétés et usages, 1 vol. rel., 312 p. avec fig.................... 5 fr.

Les deux ouvrages de MM. Landrin et Dessoye se complètent l'un par l'autre. Ils donnent au complet la fabrication et l'emploi de l'acier. Nous avons dit, en parlant de celui de M. Dessoye, en quoi consistait son étude, nous allons, par un extrait de la table des matières du livre de M. Landrin, indiquer en quoi il complète le précédent. — Histoire de l'acier, sa découverte, sa métallurgie dans l'antiquité, et dans les différentes contrées. — De la chaleur, de l'oxygène, du soufre, de la chaux, des minerais de fer, des combustibles. — De l'acier et de sa théorie. — Théorie de Réaumur, docimasie. — Métallurgie, acier naturel, acier de fonte, acier puddlé, acier cémenté, acier de fusion, acier du Wootz.

Nouveaux procédés : Procédé Chenot, procédé Bessemer, procédé Taylor, procédé Uchatuis, acier damassé. *Étoffes* : Travail de l'acier, raffinage soudure, recuit à la forge, trempe, recuit à la trempe, écrouissage. *Propriétés de l'acier* : Des limes, du fil d'acier, des aiguilles, tôle d'acier, des scies.

67. — LENOIR (A.), — **Calculs et comptes-faits** à l'usage des industriels en général et spécialement des mécaniciens, charpentiers, serruriers, chaudronniers, pompiers, toiseurs, arpenteurs, vérificateurs, etc. Nouvelle édition de l'ouvrage revue et complétée par Joseph VINOT. 1 vol. rel., 194 pages de texte et tableaux.. 4 fr.

Le but que je me suis proposé en publiant une nouvelle édition du travail de Lenoir, était de répondre aux nombreuses demandes qui m'étaient adressées au sujet de cet ouvrage devenu introuvable.

Son objet est d'éviter aux chefs d'atelier une foule de calculs souvent assez difficiles à résoudre ; enfin c'est un aide-mémoire qui est appelé à rendre de grands services par le temps qu'il fait économiser. Il se divise comme suit : 1° Arithmétique. — 2° Conversion. — 3° Physique. — 4° Mécanique. — 5° Frottements, résistances. — 6° Cubage des métaux. — 7° Cubage des bois. — 8° Tables commerciales.

68. — Lerolle (Léon), ancien élève de l'École d'agriculture de Grand-Jouan, membre de la Société d'horticulture de Marseille. — Traité pratique et élémentaire de **Botanique** appliquée à la culture des plantes. 1 vol. rel., VIII 464 p., 108 fig. dans le texte.. 6 fr.

L'étude de la vie des plantes et celle de leur culture ont pris un grand développement. L'auteur a voulu présenter au lecteur un traité de botanique, simple dans sa forme quoique rigoureusement exact au fond, afin d'instruire le cultivateur sur les phénomènes qui s'accomplissent chaque jour dans ses champs, ses forêts, ses jardins. On surcharge chaque jour le vocabulaire botanique : entre vingt noms différents servant à désigner le même organe, l'auteur a choisi ceux les plus vulgairement connus et s'est bien donné de garde surtout d'en inventer de nouveaux.

Extrait de la table : De la germination des graines, choix et conservation des graines. — De la végétation des plantes, des bourgeons. — Phénomènes souterrains, phénomènes aériens, phénomènes anatomiques de la végétation. — Nutrition des végétaux, nature des substances absorbées par les racines, sécrétion, transpiration. — Agents essentiels de la végétation. — De la reproduction des plantes, du périanthe, des étamines, du pistil, des ovules. — Floraison. — Fécondation. — Fructification. — Granification.

69. — Leroux (Charles) ingénieur mécanicien, directeur de filature. — Traité pratique de la **laine peignée, cardée, peignée et cardée**, contenant : 1re *partie*, mécanique pratique, formules et calculs appliqués à la filature ; 2e *partie*, filature de la laine peignée, cardée peignée, sur la Mull-Jenny ; 3e *partie*, filage anglais et français sur continu ; 4e *partie*, laine cardée. 1 vol. rel. 400 p., 35 fig. dans le texte et 4 pl... 15 fr.

Extrait de la table des matières. — Choix d'un moteur. —

Transmissions. — Arbres de couches. — Courroies. — Poulies. — Engrenages. — Frottements. — Force des moteurs. — Leviers. — Fabrication. — Triage des laines. — Caractères des laines. — Main-d'œuvre du triage. — Battage. — Nettoyage des laines. — Dessuintage. — Dégraissage. — Graissage des laines. — Disposition mécanique d'un assortiment de cardes. — Aiguisement des garnitures. — Bourrages des garnitures. — Cordages. — Passage au Gill-Box. — Lissage et dégraissage des rubans. — Peignage des laines. — Préparation des laines pour filage français. — Les différents passages. — Filage français sur Mull-Jenny.

70. — Lescure (O.), professeur à l'école centrale d'architecture. — **Traité de géographie**, physique, ethnographique et historique à l'usage des artistes, des écoles d'architecture et des gens du monde. 1 vol. rel. 351 pages.................. 3 fr.

Ce traité est le développement du programme de géographie sur lequel sont interrogés les candidats à l'École spéciale d'architecture. C'est un ouvrage adopté aujourd'hui pour toutes les écoles professionnelles.

71. — Liebig (J.) — **Introduction à l'étude de la Chimie**, contenant les principes généraux de cette science, les proportions chimiques, la théorie atomique, le rapport des poids atomatiques avec le volume des corps, l'isomorphisme, les usages des poids atomatiques et des formules chimiques, les combinaisons isomériques des corps catalyptiques, etc., accompagnée de considérations détaillées sur les acides, les bases et les sels, traduit de l'allemand par Ch. Gherhardt, augmentée d'une table alphabétique des matières présentant les définitions techniques et les relations des corps. 1 v., 248 pages... 3 fr.

L'accueil favorable que cette traduction a rencontré en France rappelle le succès obtenu en Allemagne par l'édition originale de l'illustre savant, considéré à juste titre comme l'un des princes de la chimie moderne.

72. — Lincol. — Essai sur **l'Administration des entreprises industrielles et commerciales**. — 1 vol. rel. 343 pages................................ 5 fr.

Il nous suffira de reproduire le titre de quelques chapitres pour faire juger l'importance de cet ouvrage et indiquer combien il présente d'intérêt pour les personnes qui s'occupent de commerce et d'industrie.

Constitution des entreprises. — Conception du capital et de ses emplois : 1° dans l'industrie; 2° dans le commerce. — Des ra... s entre entrepreneurs ou chefs de maison et leurs employés. — Des services administratifs (direction, secrétariat, correspondance, caisse, portefeuille, comptes courants, factures, main-d'œuvre, etc.). — De l'inventaire annuel. — De la liquidation.

73. — Lunel (le docteur B.) médecin-chimiste, membre des Académies des sciences de Caen, de Chambéry, etc., ancien professeur de chimie et d'histoire naturelle. — Guide pratique d'**Économie domestique**, publié sous forme de dictionnaire, contenant des notions d'une *application journalière* : chauffage, éclairage, blanchissage, dégraissage, préparation et conservation des substances alimentaires, boissons, liqueurs de toutes sortes, cosmétiques, soins hygiéniques, médecine, pharmacie etc., 1 vol. 227 pages.......................... 3 fr.

L'économie domestique, longtemps dédaignée, s'est élevée aujourd'hui au point de devenir elle-même une science. Le guide de M. le docteur Lunel, sous la forme commode de dictionnaire, constitue une véritable encyclopédie de cette science nouvelle.

74. — Guide pratique de l'**Épicerie** ou Dictionnaire des denrées indigènes et exotiques en usage dans l'économie domestique, comprenant : l'étude, la description des objets consommables ; les moyens de constater leurs qualités, leur nature, leur valeur réelle ; les procédés de préparation, d'amélioration et de conservation des denrées, etc., contenant, en outre, la fabrication des liqueurs, le collage des vins, les moyens de guérir leurs maladies, etc., enfin les procédés de fabrication d'une foule de produits que l'on peut ajouter au commerce de l'épicerie. 1 vol. rel. 256 p.......................... 3 fr.

Le commerce de l'épicerie et des denrées indigènes et exotiques d'un usage journalier, est l'un des plus importants et des plus utiles pour la Société. Il était regrettable que cette branche si étendue du commerce n'ait pas encore son livre spécial. Sans doute on trouve dans nombre d'ouvrages l'histoire des denrées indigènes et exotiques. Réunir sous forme de dictionnaire toutes ces données éparses afin de faciliter les renseignements, tel a été le but que s'est proposé le docteur Lunel en publiant son livre sur l'épicerie.

75. — Guide pratique du **Parfumeur.** Dictionnaire raisonné des **Cosmétiques** et **Parfums**, contenant : la description des substances employées en parfumerie, les altérations ou falsifications qui peuvent les dénaturer, etc., les formules de plus de 500 préparations cosmétiques, huiles parfumées, poudres

dentifrices dilatoires, eaux diverses, extraits, eaux distillées, essences, teintures, infusions, esprits aromatiques, vinaigres et savons de toilette, pastilles, crêmes, etc. avec des considérations hygiéniques sur les préparations cosmétiques qui peuvent offrir des dangers dans leur emploi. 1 vol. rel. rédigé sous forme de dictionnaire avec un appendice XXVII-340 pages....... 5 fr.

La parfumerie est une industrie qui, bien comprise et loyalement faite, se rattache d'un côté à l'hygiène et de l'autre est destinée à satisfaire des goûts et des sensations commandées par le luxe et une civilisation plus ou moins avancée.

M. Lunel divise la fabrication en trois classes : fabrique de parfumeries à bon marché, fabrique dont les produits sont coûteux et enfin les fabriques mixtes dans les vastes magasins desquelles on trouve aussi bien les produits ordinaires que les produits extra-fin.

M. Lunel donne des renseignements précieux sur toutes ces préparations et son livre a cela de précieux qu'il donne toutes les formules et les secrets de la fabrication.

76. — Guide pratique d'**Hygiène et de médecine usuelle** complété par le traitement du *choléra épidémique*. 1 vol. relié 209 pages .... 2 fr.

Ce livre ne s'adresse à aucune spécialité de lecteurs et convient à tout le monde. Il se subdivise en hygiène privée et en hygiène publique. Dans la première partie, l'auteur examine dans quelle mesure l'homme qui veut conserver sa santé doit, selon son âge, sa constitution et les circonstances dans lesquelles il se trouve, user des choses qui l'environnent et de ses propres facultés, soit pour ses besoins, soit pour ses plaisirs. Dans la seconde, il s'occupe de tout ce qui concerne la salubrité publique. Un chapitre spécial est consacré à la médecine des accidents.

77. — Guide pratique de l'**Acclimatation des animaux domestiques**, étude des animaux destinés à l'acclimatation, la naturalisation et la domestication : Animaux domestiques, méthodes de perfectionnement, mammifères, oiseaux, poissons, (*Pisciculture*), insectes, (vers à soie) ; précédée de considérations générales sur les climats, de l'Exposé des diverses classifications d'histoire naturelle, etc. 1 vol. rel. 188 pages, avec figures dans le texte.................................... 3 fr.

M. le docteur Lunel a résumé les notions concernant l'acclimatation disséminées dans un grand nombre d'ouvrages volumineux. Ce livre sera consulté avec fruit par toutes les personnes qu'intéresse la grande question de l'acclimatation. Il peut être considéré comme un guide sûr dans les jard[illegible] d'acclimatation où sont réunies toutes les races d'animaux in[illegible] gènes et étrangères. Ce livre donne d'une manière concise [illegible] substantielle les notions usuelles nécessaires pour l'étude d[illegible] animaux destinés à l'acclimatation, la naturalisation et [illegible] domestication. ....

78. — **Guide pratique pour reconnaître les falsificatio[illegible]** ou **Dictionnaire des falsifications** des substances [illegible] mentaires (aliments et boissons), contenant : La descriptio[illegible] *l'état naturel ou normal des substances alimentaires* et leur [illegible] *position chimique*, les moyens de constater leur nature, [illegible] valeur réelle ; les altérations spontanées, accidentelles, q[illegible] peuvent subir et les moyens de les prévenir ; les altératio[illegible] falsifications qui les dénaturent, c'est-à-dire qui en mo[illegible] l'aspect, la saveur, les propriétés nutritives et qui les [illegible] souvent dangereuses ; enfin, les moyens chimiques de [illegible] sensibles les altérations, falsifications et contrefaçons [illegible] verses substances alimentaires. 1 vol. rel. 200 pages...

COURTOIS-GÉRARD. — *Jardinage.*

M

79. — Malo (Léon), ingénieur civil, ancien élève de l'École centrale. — Guide pratique pour la fabrication et l'application de l'**Asphalte** et des **Bitumes**, 1 vol. rel., III-319 pages, 7 planches.. 5 fr.

L'usage de l'asphalte et des bitumes se généralise. L'asphalte après les ciments et les mortiers vient prendre immédiatement sa place dans les constructions, et cependant il n'existait pas de traité pratique sur la fabrication et l'emploi de ces substances. Le livre de M. Malo comble cette lacune. Il abonde en renseignements intéressants non-seulement pour les ingénieurs, mais aussi pour les autorités municipales. Il contient aussi des données d'un grand intérêt au point de vue historique, c'est-à-dire sur les origines de l'asphalte. Ce guide pratique est accompagné de sept planches, dont quelques-unes de très-grand format.

Extrait de la table des matières. — Définition, description historique de l'asphalte. — Nomenclature et régime des principales mines. — Extraction, préparation et cuisson. — Du bitume. — Manière d'employer l'asphalte. — Usages divers de l'asphalte. — Asphalte comprimé. — Notes et documents divers.

80. — Mariot-Didieux, vétérinaire en premier aux remontes de l'armée, membre et lauréat de plusieurs sociétés savantes. — **Éducation lucrative des poules**, ou Traité raisonné de gallinoculture, 444 pages; suivi du Guide pratique de l'éducation lucrative des **oies** et des **canards** 180 pages avec figures. — Les deux parties reliées ensemble en un seul volume.. 6 fr.

L'éducation, la multiplication et l'amélioration des animaux qui peuplent les basses-cours ont fait depuis une quinzaine d'années de notables progrès. Répondant à un besoin de l'économie domestique, l'auteur de ce guide pratique a voulu faire un traité complet de gallinoculture dans lequel, après des considérations historiques, anatomiques et physiologiques sur les poules, il décrit les caractères physiques et moraux de quarante-deux races, apprend à faire un choix parmi ces races si diverses et indique les moyens de conservation et de multiplication des individus. Des chapitres spéciaux sont consacrés aux maladies, à la pharmacie gallinée, à la statistique des poules et des œufs de la France, etc.

Dans la deuxième partie, l'auteur donne deux monographies à la fois utiles, instructives et amusantes. Il décrit les mœurs particulières de chaque espèce et indique le genre de nourriture favorable à leur multiplication et propre à donner des bénéfices aux éleveurs. Toutes ces notions, parsemées de données historiques, d'anecdotes, de réflexions philosophiques, offrent une lecture des plus attrayantes.

Les ouvrages de M. Mariot-Didieux sont au premier rang parmi ceux qui enrichissent notre bibliothèque. Aussi voulons-nous, pour en mieux faire ressortir le mérite, donner ici le sommaire des principaux chapitres :

1° *Gallinoculture.* — De la poule, son antiquité, son utilité, expositions, concours, anatomie, considérations physiologiques, des sensations, voix du coq, voix de la poule. — Choix des races. — Signes extérieurs de la ponte. — Considérations sur les races de poules. — Races françaises, hollandaises, belges, anglaises, espagnoles, italiennes, prussiennes. — Races asiatiques, indiennes, japonaises, indo-chinoises. — Races syriennes, africaines, américaines. — Races de l'Océanie. — Du croisement des races. — Dépenses et produits de la poule. — Du poulailler, de la cour, des œufs. — Moyens de reculer, d'augmenter ou d'avancer la ponte. — Fécondation du coq. — Castration ou chaponnage des coqs. — De l'incubation. — Elevage des poulets. — Maladies des poules. — De la saignée. — Pharmacie. — Vente des produits, etc.

2° L'*Oie.* — Histoire naturelle. — Races françaises, petite race, grosse race et leurs variétés au nombre de cinq. — Races étrangères, elles sont au nombre de douze. — Produits de l'oie, du plumage, de la multiplication, des accouplements, de la ponte, de l'incubation. — Eclosion, nourriture des oisons, nourriture ordinaire des oies. — Logement. — Engraissements. — Foies gras. — Manière de tuer les oies. — Commerce, vente, mégissage des peaux d'oies pour fourrures. — Maladies, hygiène.

3° *Du canard.* — Histoire naturelle, mœurs. — Races françaises, elles sont au nombre de quatre. — Races étrangères, on en compte onze principales. — De la ponte. Manière d'augmenter la ponte. — De l'incubation naturelle. — Des canards mulets. — Nourriture et élevage des canetons, engraissement. — Vente des canetons. — Comment on doit tuer le canard. — Du plumage. — Habitation. — Maladies. — Hygiène, etc.

La deuxième partie, **Oies et Canards**, 1 vol. rel., se vend séparément.. 3 fr.

81. — Guide pratique de l'**Éducateur des lapins, ou Traité de la race cuniculine**, suivi de l'**Art** de mégisser leurs peaux et d'en confectionner des fourrures. 1 vol., 156 p. 2 fr. 50.

L'industrie de l'éducation de la race cuniculine est créée et elle marche vers le progrès. C'est dans le but de la voir se propager dans les campagnes comme une des industries peut-être les plus propres à tarir les sources du paupérisme et de la misère que l'auteur a publié cette nouvelle édition de son *Guide pratique*, en l'enrichissant d'un grand nombre de données nouvelles. En résumé, l'auteur démontre qu'aucune viande ne peut être produite à aussi bon marché que celle du lapin. L'auteur, en terminant sa préface, adjure les habitants des campagnes de se livrer à l'éducation des lapins, parce qu'ils y trouveront sans beaucoup de soins une source abondante de bien-être.

82. — Le **Chasseur médecin**, ou traité complet sur les maladies du chien, par M. Francis CLATER, vétérinaire anglais, traduit de l'anglais sur la 27ᵉ édition. 3ᵉ édition française, corrigée et augmentée, par M. Mariot-Didieux. 1 vol., 189 p. 3 fr.

La mention que ce livre a eue en Angleterre (vingt-sept éditions) dispense de tout commentaire. Le guide que nous avons placé dans notre Bibliothèque en est la troisième édition française. M. Mariot-Didieux, le savant vétérinaire, en acceptant la révision de cette édition, s'est attaché à supprimer dans le texte original des formules trop compliquées, à en simplifier d'autres et à en ajouter de nouvelles. Ainsi entièrement refondu, l'ouvrage est véritablement un traité complet sur les maladies du chien, traité auquel un chapitre sur l'art de mégisser les peaux pour en faire des tapis sert de complément.

83. — MERLY (J.-F.), charpentier, entrepreneur de travaux publics, membre de la Société industrielle d'Angers, auteur de l'album du Trait théorique et pratique, etc. — Le **Livre de poche du Charpentier**, application pratique à l'usage des CHANTIERS, des ÉLÈVES DES ÉCOLES PROFESSIONNELLES, etc. Collection de 140 ÉPURES, 1 vol. relié, 287 pages de texte et planches en regard.. 6 fr.

A propos du *Livre de poche du Charpentier*, nous répétons ce qui a été dit d'un autre livre de M. Merly. Les deux ouvrages méritent les mêmes éloges :

M. Merly n'est pas un savant qui doit s'efforcer d'oublier la technologie de l'école pour parler le langage ordinaire de la plupart de ses auditeurs, M. Merly est, au contraire, un ouvrier, un homme pratique, qui a cherché à se faire comprendre par les compagnons de travail auxquels il s'adressait, et qui est arrivé à des démonstrations si claires, à des explications si naturelles, que les théoriciens eux-mêmes ont bientôt eu à s'inspirer de ses travaux. Rien de plus net que ses dessins, rien de plus simple que ses préceptes : c'est en quelque sorte en se jouant qu'il arrive aux épures les plus compliquées. L'*Album du Trait théorique et pratique* restera comme une preuve des résultats que peuvent donner l'intelligence, la persévérance et l'amour du travail. — Le *Livre de poche du Charpentier* est le résumé des cours faits par M. Merly à ses compagnons charpentiers. Il est écrit d'une façon tellement compréhensible que les propriétaires, à la campagne, pourront en prendre utilement connaissance et s'en servir pour diriger leurs travaux, lorsqu'ils ne trouveront pas sous la main des hommes de la profession.

84. — Miége (B.), directeur de lignes télégraphiques. — Guide pratique de **Télégraphie électrique**, ou *Vade mecum* pratique à l'usage des employés des lignes télégraphiques, suivi du programme des connaissances exigées pour être admis au surnumérariat dans l'administration des lignes télégraphiques. 1 vol. relié, XI-148 pages, avec 45 figures dans le texte.. 3 fr.

M. Miége n'a pas voulu faire seulement un livre utile, mais bien un guide indispensable. Aux notions préliminaires sur le magnétisme, les différentes sources d'électricité et les propriétés des courants, succède la description de tous les appareils usités, avec l'indication des signaux généralement adoptés. Des formules d'une grande simplicité permettent de se rendre compte de l'intensité des courants et de rechercher la cause des dérangements. L'ouvrage de M. Miége sera aussi d'une incontestable utilité pour toute personne qui veut acquérir la connaissance des lois de l'électricité appliquées à la télégraphie.

Principales divisions de l'ouvrage : — Magnétisme. — Électricité produite par le frottement. — Électricité due aux actions chimiques. — Propriétés des courants électriques. — Description des principaux appareils électriques, télégraphe à cadran, télégraphe à signaux, télégraphe Morse. — Description des appareils accessoires, dérangements. — Appareils divers. — Piles et courants.

85. — Monier (E.), ingénieur chimiste, ancien élève de l'École centrale des arts et manufactures. — Guide pour l'essai et l'**Analyse des Sucres** indigènes et exotiques, à l'usage des fabricants de sucre. Résultats de 200 analyses de sucre classés d'après leur nuance. 1 vol. relié, 96 pages, avec figures dans le texte et tableaux .... 2 fr.

L'auteur, après avoir rappelé les propriétés générales des substances saccharifères, donne les méthodes les plus simples qui permettent de doser avec précision ces mêmes substances. Quelques notes sur l'altération et le rendement des sucres soumis au raffinage terminent le travail de M. Monier, dont M. Payen a fait un éloge mérité devant l'Académie des sciences.

86. — MOREAU (L.), bijoutier et dessinateur. — Guide pratique du **Bijoutier**. Application de l'harmonie des couleurs dans la juxta-position des pierres précieuses, des émaux et de l'or de couleur. 1 vol. rel., 108 p., avec 2 planches col... 3 fr.

Ce petit livre est une protestation hardie contre l'esprit de routine. L'auteur a réuni les données fournies par la science sur l'harmonie et le contraste des couleurs, et comparant ces données aux observations faites dans la pratique du métier, il a formé une théorie applicable à la bijouterie.

87. — MULDER (G.-J.), professeur à l'université d'Utrecht. — Guide du brasseur ou l'**Art de faire la bière**, traité élémentaire théorique et pratique. La bière, sa composition chimique, sa fabrication, son emploi comme boisson, traduit de l'allemand et annoté par L.-F. Dubief, chimiste, auteur d'un ouvrage sur la bière, devenu rare aujourd'hui et remplacé par celui dont nous donnons ici le titre, d'un traité de vinification, etc. 1 vol. relié, VIII-444 pages.................... 6 fr.

On a beaucoup écrit sur ce sujet. On compte cinq auteurs français, six anglais, six prussiens et un ouvrage d'un auteur italien; en outre, les revues périodiques et de petits opuscules restés inconnus. M. Mulder a tâché d'analyser tous ces écrits pour en tirer la quintessence, en y apportant de son propre fond. C'est un travail consciencieusement écrit, fruit de laborieuses études dont le brasseur pourra faire son profit.

N

88. — **Noguès (A.-F.)**, professeur de sciences physiques et naturelles. — Guide pratique de **Minéralogie appliquée** (histoire naturelle inorganique) ou connaissance des combustibles minéraux, des pierres précieuses, des matériaux de construction, des argiles céramiques, des minerais manufacturiers et des laboratoires, des minerais de fer, de cuivre, de zinc, de plomb, d'étain, de mercure, d'argent, d'antimoine, d'or, de platine, etc. 2 vol. rel., ensemble 919 p. et 248 fig......... 12 fr.

Cet ouvrage a été écrit principalement pour les personnes qui désirent acquérir des notions justes, pratiques et usuelles sur les minerais métallifères et les minéraux employés dans les arts et l'industrie. Les étudiants qui suivent les cours des Facultés, les élèves des Écoles spéciales et industrielles, les ingénieurs, les élèves des Écoles des mines, les mineurs, les agriculteurs, les directeurs d'exploitations minières, les gardes-mines, les amateurs et les gens du monde, qui voudront acquérir des connaissances pratiques en minéralogie, le consulteront avec fruit.

Ce guide a été conçu dans un esprit essentiellement pratique et industriel, M. Noguès, en publiant cet ouvrage, a voulu offrir au public le cours de minéralogie qu'il professe avec tant de succès à l'École centrale des arts et manufactures de Lyon. — Nous ne donnons pas ici la table des matières contenues dans l'œuvre de M. Noguès, elle est trop considérable, mais nous indiquerons le sommaire des chapitres.

I. Définitions des termes et généralités. — II. Caractères géométriques des minéraux ou cristallogie. — Cristallographie comparée ou morphologie minérale. — Cristallogénie. — Caractères physiques, chimiques et géologiques des minéraux. — Classification des minéraux. — Description des espèces minérales. — Appendice au carbone. — Organolithes. — Classifications.

O

89. — Ortolan (A.), mécanicien chef de la marine de l'État et Mesta (J.), mécanicien principal. — Guide pratique pour l'étude du **Dessin linéaire** et de son application aux professions industrielles. 1 vol. rel., LXXVI-204 pages et un atlas de 41 planches doubles, grav. par Ehrard............ 6 fr.

Cet ouvrage recommandable est aujourd'hui adopté dans plusieurs écoles industrielles; on le trouve dans tous les ateliers. Un dictionnaire des termes techniques lui sert d'introduction, ce qui a permis aux auteurs de donner dans le cours de leur travail des indications sur les détails sans obliger l'élève à recourir au texte des premières leçons. C'est donc par la nomenclature des instruments indispensables à l'étude du dessin que les auteurs ont débuté, puis arrivant à l'application, ils donnent la définition des lignes géométriques: le point, ligne droite, brisée, courbe; arc de cercle, rayon; les angles. — Tracé des parallèles et des perpendiculaires. — Construction des angles, figures géométriques. — Des triangles et de leur construction. — Des quadrilatères les plus usités et de leur construction. — Tangentes et sécantes à la circonférence. — Angles inscrits et circonscrits à la circonférence. — Polygones réguliers, figures inscrites et circonscrites. — Définition et construction. — Mesures et divisions des lignes. — Mesure des angles. — Rapporteurs. — Des Solides. — Du plan horizontal et du plan vertical, des projections, des croquis, de la vis. — Exécution d'un dessin d'après un croquis coté et sur une échelle de convention. — Exécution d'un dessin d'ensemble avec projection de coupe. — Des engrenages ou roues dentées. — De quelques courbes et de leur tracé. — Rédaction et copie d'un dessin. — Dessins ombrés au tire-ligne, du lavis, etc., etc. . . .

Cette énumération sommaire des chapitres indique suffisamment la portée de l'ouvrage que nous préconisons. Il présente en outre cet avantage c'est qu'avec lui on peut se dispenser du professeur par la façon lucide dont toutes les explications sont présentées.

90. — Guide pratique **de l'Ouvrier Mécanicien** ou la Mécanique de l'atelier par MM. Bonnefoy, Cochez, Dinée, Gibert, Guipont, Juhel et Ortolan, mécaniciens en chef et mécaniciens principaux de la marine de l'État. 1 vol. rel., x-627

pages, nombreuses figures dans le texte et atlas de 52 planches. Texte et atlas rel.................................... 12 fr.

Extrait de la Préface. — L'ouvrier mécanicien est un recueil de faits réunis sous la forme de calculs arithmétiques accessibles à toutes les personnes qui savent faire les quatre premières règles. Nous ne saurions trop recommander aux ouvriers qui ne sont plus familiarisés avec les signes et les annotations des mathématiques élémentaires, de ne pas croire qu'il y a pour eux quelque difficulté à comprendre les formules écrites dans ce livre et à s'en servir. Les calculs qu'elles résument sous la forme la plus simple sont suivis d'un ou de plusieurs exemples d'application.

Les parties du texte imprimées en caractères plus forts, contiennent les indications simples et précises sur le plus grand nombre de cas d'application de la mécanique aux professions industrielles. Ces indications proviennent de l'expérience des ingénieurs et des constructeurs en renom et de celle des auteurs du livre.

Les parties du texte imprimées en petits caractères, traitent le côté plus théorique que pratique des questions. On peut se dispenser de les étudier, si on ne veut trouver dans l'Ouvrier mécanicien que le secours d'un formulaire pour l'application immédiate.

Principales divisions de l'ouvrage : Arithmétique. — Algèbre pratique. — Géométrie pratique. — Mécanique élémentaire, forces, transformation des mouvements, résistance des matériaux. — Machines motrices à air, pompes, machines hydrauliques. — Machines à vapeur : de la chaleur, de la vapeur, condensateur, chaudières, données et renseignements divers.

Vingt-cinq tables numériques complètent les données pratiques sur les questions d'application.

L'atlas comprend 52 planches ainsi divisées :

Géométrie pratique et lignes trigonométriques. .	8 pl.	126 fig.
Mécanique appliquée.	15 —	124 »
Hydraulique. Machines élévatoires et pompes.	8 —	52 »
— Machines motrices, roues, turbines.	6 —	47 »
Chaudières et machines à vapeur.	15 —	60 »

P

91. — **Perdonnet** (A.), ancien élève de l'École polytechnique, ancien ingénieur en chef de plusieurs chemins de fer, etc. — **Notions générales sur les chemins de fer**, statistique, histoire, exploitation, accidents, organisation des compagnies, administration, tarifs, service médical, institution de prévoyance, construction de la voie, voitures, machines fixes, locomotives, nouveaux systèmes, suivies des Biographies de Cugnot, Seguin et George Stephenson, d'un mémoire sur les avantages respectifs des différentes voies de communication, d'un mémoire sur les chemins de fer considérés comme moyens de défense d'un pays, et d'une Bibliographie raisonnée. 1 vol. rel., 452 p., avec de nombreuses figures dans le texte. 15 fr.

Après avoir publié son grand ouvrage technique sur les chemins de fer (*Le portefeuille de l'Ingénieur des chemins de fer*. 6 vol. in-8°, 2 atlas grand in-f° de 300 pl. Prix 350 fr.) qui s'adresse directement aux hommes spéciaux, M. A. Perdonnet a voulu, dans ses *Notions générales*, se rendre intelligible pour tout le monde. Outre les questions techniques et économiques, il a traité dans ces *Notions* des questions d'organisation des Compagnies et d'exploitation dont il n'avait pas à parler dans le portefeuille. Nous signalons l'importance des renseignements historiques et statistiques dont M. Perdonnet a enrichi notre publication.

Sommaire des chapitres. — Statistiques. — Histoire. — Des accidents. — Législation des chemins de fer. — Formation du capital des Compagnies. — Organisation et administration. — De la comptabilité. — Des tarifs. — Salaires des employés, durée du travail, institution de prévoyance, service médical. — Avantages respectifs des voies navigables et des chemins de fer au point de vue commercial. — Description technique. — Frais de construction. — Entretien et exploitation. — Travaux de terrassement, travaux d'art. — Établissement de la voie de fer et matériel fixe. — Matériel roulant, signaux, etc.

92. — **Pernot** (L.-P.), officier de la Légion d'honneur, architecte-vérificateur des travaux publics. — Guide pratique du **Constructeur.** Dictionnaire des mots techniques employés dans la construction, à l'usage des architectes, propriétaires, entrepreneurs de maçonnerie, charpentes, serrurerie, couvertures, etc., renfermant les termes d'architecture civile, l'ana-

lyse des lois de voierie, des bâtiments etc. Nouvelle édition, corrigée, augmentée et entièrement refondue, par C. TRONQUOY, ingénieur civil. 1 vol. rel. de 532 pages de texte compacte .... 6 fr.

Les premières éditions de ce *Dictionnaire de la construction* étaient complétement épuisées. Pour répondre aux nombreuses demandes qui lui parvenaient, le directeur de la *Bibliothèque des professions industrielles et agricoles* ne s'est pas borné à faire réimprimer le travail primitif ; il a voulu que dans la nouvelle édition aucun des progrès réalisés pendant les quinze dernières années ne fût omis, et M. C. Tronquoy, l'un de nos ingénieurs civils les plus distingués et en même temps l'un de nos technologistes les plus érudits, collaborateur des *Annales du Génie civil*, a bien voulu se charger du travail ingrat d'une révision complète de l'œuvre. Le *Dictionnaire* que nous annonçons est le résultat de ce travail consciencieux.

93. — PERRONNE (Eug.), ingénieur des ponts-et-chaussées. Guide pratique pour le tracé des **Courbes sur le terrain**. 1 vol. rel. 66 p. avec tableaux et figures dans le texte. . . . 1 fr.

Les ouvrages spéciaux destinés à faciliter les opérations des ingénieurs sur le terrain sont généralement volumineux ou incomplets. Volumineux, leur transport est un embarras. Incomplets, au lieu de faciliter les opérations, ils font perdre un temps précieux en recherches sans résultats.

M. E. Perronne a su éviter ce double écueil.

Il a réuni dans un format commode : La table des *tangentes d'un cercle* de 1,000 mètres de rayon, pour tous les angles, de deux en deux minutes, compris entre un et deux angles droits. — La table des *cercles* donnant les coordonnées d'un arc de 45 degrés pour 42 cercles d'un rayon compris entre 100 et 2,000 mètres. — La table des *flèches* d'un cercle de 1,000 mètres de rayon, pour tous les angles, de deux en deux minutes, compris entre un et deux angles droits. — La table des arcs de ce même cercle. — La table de conversion de la graduation centésimale en sexagésimale pour tous les angles, de centigrade en centigrade, compris entre un et deux angles droits. — Des instructions concernant le lever des plans à la boussole (rapport sur l'épure au moyen des coordonnées orthogonales, sans faire usage du rapporteur), avec application, 1° à un plan levé au graphomètre ; 2° à un plan levé à l'équerre d'arpenteur ; 3° à un plan levé à la chaîne seule.

Chaque table est précédée d'une explication et d'une figure géométrique. M. Perronne a voulu démontrer ses formules, parce qu'il sait que si sur le terrain on aime à opérer vite dans le cabinet on veut se rendre compte du *pourquoi* des résultats obtenus.

94. — Pouriau (A. F.), docteur ès-sciences, ancien élève de l'école centrale, professeur à l'école d'agriculture de Grignon, etc. — Éléments des **Sciences physiques** appliquées à l'agriculture, ouvrage divisé en deux parties. 2 vol. reliés. Ensemble 1060 pages et 220 fig. dans le texte........................ 14 fr.

1er Volume. — *Chimie inorganique*, suivie de l'étude des marnes, des eaux et d'une méthode générale pour reconnaître la nature d'un des composés *minéraux* intéressant l'agriculture ou la médecine vétérinaire. 1 vol. rel. 512 pages, 153 figures dans le texte et tableaux.

2e Volume. — *Chimie organique*, comprenant l'étude des éléments constitutifs des végétaux et des animaux, des notions de physiologie végétale et animale, l'alimentation du bétail, la production du fumier, etc. 1 vol. rel. 541 p., 66 figures dans le texte et tableaux.

M. Pouriau, aujourd'hui professeur et sous-directeur à l'École d'agriculture de Grignon, a été nommé secrétaire général de la Société d'agriculture de Lyon à l'élection. Voilà quelques-uns des titres du savant professeur; quant à ses ouvrages, ils sont promptement devenus classiques et ils sont en même temps consultés avec fruit par tous les agriculteurs, les propriétaires les gentilshommes-fermiers et par tous les gens d'étude et les gens du monde. Pour cette dernière classe de lecteurs, nous citerons le passage de la préface qui indique que cet ouvrage a été en partie rédigé à leur intention.

« Mais, d'autre part, je conseille aux gens du monde, que de semblables détails ne peuvent que médiocrement intéresser, de laisser de côté ces paragraphes, pour reporter leur attention sur les autres chapitres.

« Enfin, toujours guidé par le désir de satisfaire aux besoins de chaque classe de lecteurs, j'ai indiqué, *en note et séparément* la préparation des principaux corps étudiés, parce que cette branche du cours ne saurait être utile qu'à ceux en position de faire quelques manipulations.

« Si les amis de la science agricole me prouvent, par un accueil bienveillant fait à mon livre, que j'ai suivi la bonne voie, je leur en témoignerai ma reconnaissance, en leur offrant successivement les autres parties de mon enseignement. »

95. — Manuel du **Chimiste-Agriculteur.** 1 vol. rel. 460 pages, 148 figures dans le texte et de nombreux tableaux,

suivi d'un appendice.............................. 7 fr.

Ce volume forme en quelque sorte le complément de la *Chimie organique* et de la *Chimie inorganique*. Il fait connaître les diverses manipulations qui sont décrites avec un très-grand soin. Il contient, en outre, un grand nombre d'indications d'une utilité toute pratique.

L'intention de l'auteur en le publiant a été d'offrir aux personnes qui s'occupent de Chimie agricole un guide renfermant la description des méthodes les plus simples à suivre dans l'analyse des divers composés naturels ou artificiels qui sont du domaine de l'agriculture. Désireux de mettre son livre à la portée de tout le monde, l'auteur a toujours eu le soin dans l'exposé de ses méthodes, d'établir deux catégories d'essais. Les unes essentiellement pratiques et accessibles à tous et les autres plus exactes et qui exigent une plus grande habitude des manipulations chimiques.

96. — PROUTEAUX (A.), ingénieur civil, ancien élève de l'Ecole centrale des arts et manufactures, directeur de fabrique. — Guide pratique de la **Fabrication du Papier et du Carton.** 1 vol. rel. 273 pages, 7 pl.................... 5 fr.

Après avoir énuméré et classé méthodiquement les diverses matières premières, l'auteur nous initie aux détails de la fabrication et nous décrit les nombreuses transformations que subit le chiffon avant de sortir de la cuve ou de la machine sous forme de papier. Il nous apprend à connaître et à distinguer les différentes espèces de papier, leurs formats, leurs poids, leurs dimensions, et décrit les diverses machines qui constituent le matériel d'une papeterie. — Un éditeur américain s'est empressé de faire traduire en anglais l'ouvrage de M. Prouteaux, c'est le meilleur éloge que nous en puissions faire.

R

97. — Rambosson (M. J.), rédacteur de la *Science pittoresque* et d'autres revues scientifiques et industrielles. — **La science populaire**, revue du progrès des connaissances utiles et de leurs applications aux arts et à l'industrie. **Choix de lectures instructives**, mises à la portée des gens du monde. 4 parties reliés en 2 forts volumes.......................... 16 fr.

Cet ouvrage peut être donné en prix, c'est aussi un très-joli cadeau à faire au moment du nouvel an.

Sommaire des principaux chapitres. — *1re partie.* Philologie. — Astronomie. — Acoustique. — Electricité et magnétisme. — Météorologie. — Chimie. — Agriculture et histoire naturelle. — Hygiène et médecine. — *2e partie.* Mathématiques. — Astronomie. — Physique. — Chimie métallurgique. — Variétés. — *3e partie.* Bolides. — Etoiles filantes. — Aérolithes. — Les ouragans. — Le mirage. — Zoologie. — Physiologie, etc., avec une carte des ouragans et une carte du ciel. — *4e partie.* Minéralogie, de l'argent, de l'or, du bronze. — Botanique, la canne à sucre, le haschisch, le caoutchouc, le camphre. — Hygiène et médecine. Le choléra, typhus contagieux des bêtes à cornes. — Variétés, etc.

98. — Reynaud (Joseph), de Nîmes, négociant et manufacturier. — Guide pratique de la **Culture de l'olivier**, son fruit et son huile. 1 vol. rel., 300 pages............... 4 fr.

Le livre de M. Reynaud est le fruit de trente-cinq années de durs travaux, de longues veilles, de nombreux voyages, de recherches patientes, de minutieuses expériences : aussi les procédés de M. Reynaud n'ont-ils pas tardé à être pratiqués par tous les cultivateurs.

Extrait de la table des matières. — Origines, légendes et traditions de l'olivier. — Emploi, usages des produits de l'olivier. — Limites géographiques. — Description, place dans la nomenclature botanique ; variétés. — Meilleures pratiques de culture ; maladies ; insectes. — Olives comestibles de table. — Fabrication de l'huile. — Expériences diverses ; rendement ; sels anti-alcalineux. — — Statistique de la production des départements à oliviers.

99. — Roux (Louis), ingénieur des poudres. — **Armes et poudres de chasse.** 1 vol. rel., de 138 pages. 3 fr.

Ce livre renferme des indications précieuses pour tout chasseur qui veut se rendre compte des qualités de sa poudre et des ressources de l'arme qu'il a en main. Par sa position, M. Roux a pu puiser ses renseignements aux sources officielles, et n'oublions pas que la fabrication de la poudre étant un monopole du gouvernement, il fallait un homme qui occupât une semblable position pour connaître les détails de toutes les expériences comparatives dont il rend compte. De plus, l'auteur du livre est un fervent chasseur et ce sont les observations qu'il a pu faire lui-même qu'il communique au lecteur. Il lui fait remarquer tout d'abord que les *poudres françaises* sont de beaucoup supérieures aux *poudres anglaises*, et à qualités égales bien autrement meilleur marché que celles de nos voisins. Mais en France il suffit souvent qu'un produit soit exotique pour que sottement il soit prôné au détriment du produit national. Seul, le soldat français conservait sa confiance et sa fierté et se croyait le premier soldat du monde, et le soutenait de la langue et de l'épée. Mais voilà qu'après Sedan, notre pauvre Dumanet lui aussi a perdu un peu de sa confiance, il la retrouvera, je l'espère, à l'heure de la revanche. En attendant il est bon ton de dire que les commis, les employés et les ouvriers français ne sont bons à rien, et vous voyez tailleurs, cordonniers, banquiers, etc., reprendre à leur service les Allemands de plus belle jusqu'au jour où ceux-ci, déguisés en uhlans, viendront de nouveau éventrer leurs barriques, briser leur caisse, fusiller leurs femmes et leurs enfants, piller leurs maisons et souiller de leurs ordures les quelques rares habitations restées debout après le passage de ces blonds enfants de la vaporeuse Germanie. Nous voilà un peu loin de notre sujet, mais en parlant de *poudre*, nous nous sommes laissé entraîner à cette disgression, qu'on la pardonne à un vieux soldat d'infanterie de marine qui a perdu tant de braves compagnons.

100. — Rozan (Ch.), professeur de mathématiques. — Leçons de **Géométrie élémentaire.** 1 vol. et un atlas relié de 262 pages de texte et 31 planches doubles.......... 6 fr.

En résumant les principes essentiels de la géométrie élémentaire, ceux qui conduisent directement à la mesure des lignes, des surfaces et des corps, l'auteur s'est attaché surtout à faire sentir la liaison qui existe entre ces principes, la manière dont ils découlent les uns des autres par un enchaînement continuel de déductions et de conséquences.

Les théorèmes isolés, tels qu'ils sont présentés dans d'excellents traités, ont l'inconvénient de ne pas insister autant qu'il est nécessaire sur le passage d'un principe à un autre. On voit des élèves qui savaient bien tels ou tels théorèmes, ne pouvoir démontrer bon nombre de ceux qui précèdent.

L'auteur s'est donc attaché à couper le discours aussi peu que possible, et à dire d'une seule traite tout ce qui se rattache à un même ordre de questions. Il le dit très-brièvement, pour ne pas fatiguer l'attention ou faire perdre de vue le point de départ; cette rapidité des démonstrations n'a cependant rien ôté à leur clarté.

Table. — L'ouvrage de M. Rozan est divisé en douze leçons :

1re *leçon.* — Définition. — Le point. — La ligne. — Le plan. — Angles. — Parallèles.

2e *leçon.* — Polygones. — Perpendiculaires.

3e *leçon.* — Circonférence.

4e *leçon.* — Mesure des lignes et des angles. — Mesure des polygones et du cercle.

5e *leçon.* — *Problèmes.* — Angles. — Parallèles. — Perpendiculaires. — Polygones. — Circonférence. — Transformation des figures. — Questions à résoudre.

6e *leçon.* — Lignes proportionnelles. — Figures semblables. — Proportionnalités résultant de la similitude.

7e *leçon.* — *Problèmes.* — Lignes proportionnelles. — Quatrième proportionnelle. — Polygones réguliers inscrits. — Polygones semblables. — Application du carré de l'hypothénuse. — Problèmes à résoudre.

8e *leçon.* — Rapports et propriétés de certaines figures. — Rapports numériques. — Théorèmes à démontrer.

9e *leçon.* — *Les plans.* — Parallélisme. — Perpendicularité. — Angles.

10e *leçon.* — *Les corps.* — Prisme. — Pyramides. — Polyèdres réguliers. — Sphères.

11e *leçon.* — Mesure des corps. — Surfaces.

12e *leçon.* — Mesures des corps. — Volumes.

Dernière leçon — *Sections coniques.* — Ellipse. — Parabole. — Hyperbole.

S

101. — Dr Sacc, professeur à l'Académie de Neufchâtel (Suisse), membre correspondant de la Société nationale de l'agriculture, professeur à Genève, etc. — Éléments de **Chimie**. 2 parties reliées en un seul volume........................ 7 fr.

Première partie : Chimie minérale ou synthétique. — *Deuxième partie : Chimie organique* ou asynthétique.

Ce petit traité, comme le dit l'auteur, n'a qu'une ambition, celle de faire aimer cette admirable science, d'en exposer aussi brièvement que possible le champ immense de manière à la rendre abordable à tous. C'est la première tentation d'une *chimie naturelle* et pure. L'auteur, laissant de côté tous les systèmes, aborde donc une voie qui doit devenir féconde.

102. — Sella (Quintino), ministre des finances du royaume d'Italie. — Théorie et pratique de la **Règle à calcul**, traduit de l'italien par G. Montefiore Levi. 1 vol., 133 pages, 39 tableaux.. 4 fr.

Dans ce traité, M. Sella résout avec simplicité un des problèmes les plus importants pour l'usage de la règle à calcul, problème qui n'a été effleuré par aucun des auteurs qui avant lui ont traité ce sujet, c'est-à-dire de la détermination, par la règle même, de la position de la virgule dans le résultat de chaque opération, de plus en mettant sous une forme pratique clairement résumée l'ensemble des calculs exécutables par la règle. M. Sella a satisfait à un véritable devoir, et on doit lui être reconnaissant alors qu'il est occupé de si hautes fonctions, d'avoir employé ses loisirs à la publication d'un ouvrage aussi utile.

103. — de Serres (Marcel), professeur à la Faculté des sciences de Montpellier, conseiller honoraire à la cour de la même ville. — Traité des **Roches** simples et composées ou de la classification géognostique des Roches d'après leurs caractères minéralogiques et l'époque de leur apparition. 1 vol. rel., 288 p.. 5 fr.

Une analyse de la table des matières de ce traité sera la meilleure recommandation que nous puissions en faire : De la composition du globe. — De la classification minéralogique des roches composées. — Des roches plutoniques ou des roches cristallines. — Des roches plutoniques composées à deux éléments des granites (six sous-familles). — Roches plutoniques, composées à trois éléments dont l'un est l'amphibole. — *Idem*, dont l'un est le talc, la stéatique ou le chlorate. — *Idem*, dont l'un est le pyroxène. — De quelques roches simples. — Des divers degrés d'ancienneté des roches composées. — L'ouvrage est complété par divers tableaux et par les coupes idéales des terrains de gneiss de l'Écosse.

104. — SICARD. — Guide pratique de la **Culture du cotonnier**, 1 vol. rel., 143 p., avec figures dans le texte. 3 fr.

La culture du cotonnier ne peut convenir qu'à de certaines contrées. M. Sicard, qui l'a expérimenté avec succès et pendant de longues années dans les provinces du Midi et en Algérie, a publié cet ouvrage pour faire profiter le public de l'expérience qu'il avait acquise dans la culture de cet arbrisseau.

L'ouvrage est enrichi de dessins exécutés d'après la photographie et d'une exactitude rigoureuse.

105. — SOULIÉ (Émile), ancien élève de l'École des mines. — **Le Pétrole**, ses gisements, son exploitation, son traitement industriel, ses produits dérivés, ses applications à l'éclairage et au chauffage. 1 vol. rel., 232 pages, avec figures dans le texte.. 4 fr.

Le pétrole tend à prendre une place de plus en plus grande dans l'industrie. Chaque jour voit essayer de nouvelles applications de cette substance, naguère dédaignée. A l'étude chimique du pétrole naturel, l'auteur a joint l'étude industrielle qui a pour but d'indiquer les moyens d'appliquer les données de la science. Les fabricants trouveront dans ce livre des renseignements véritablement pratiques, non-seulement sur le traitement chimique en lui-même, mais aussi sur les appareils qui serviront à l'effectuer.

106. — STEERK (le major). — Guide pratique de la fabrication des **Poudres et salpêtres**, avec un appendice sur les *feux d'artifices*, par M. SPILT. 1 vol. rel., 360 pages, avec de nombreuses figures dans le texte.................... 6 fr.

Dès les premières lignes de ce livre, on s'aperçoit que l'auteur est un homme compétent dans la matière qu'il traite, et qu'à l'étude dans le laboratoire, le major Steerk a joint l'expérience en grand. Dans ses données, tout est rigoureusement exact, et on peut accepter l'auteur comme guide, sans craindre de se tromper.

L'appendice sur les feux d'artifice résume en quelques pages les notions nécessaires pour la confection de ces feux.

Sommaire des chapitres. — *Première partie.* Soufre, salpêtre, bois. — Charbon : carbonisation par distillation, par vapeur, analyses des charbons. — Poudres : poudres de guerre, poudres de mines, poudres du commerce extérieure et poudres de chasse. — Épreuves. — Combustion des poudres, dosage, analyses.

Deuxième partie : Feux d'artifice. — Historique, matières premières, produits chimiques, outils, cartonnages, cartouches, feux qui produisent leur effet sur le sol, feux qui le produisent dans l'air, sur l'eau, etc., feux de salons, feux de théâtre. Confection des principales pièces d'artifice.

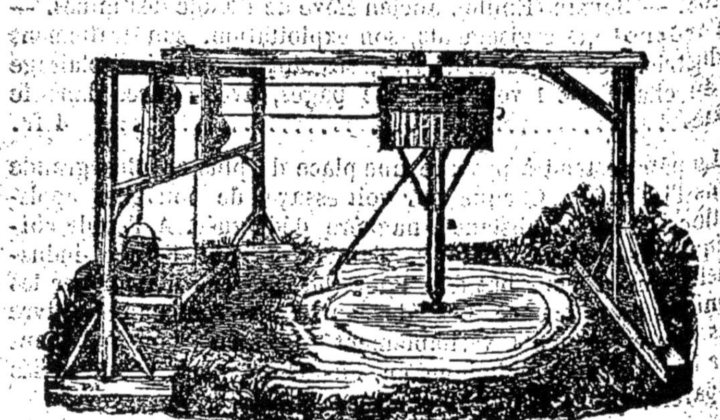

COURTOIS-GÉRARD. — *Culture maraîchère.*
Appareil d'une manivelle pour l'arrosage, fig. 1, page 71.

T

— DE TARADE (E.). — **Traité de l'Élevage et de l'Éducation du Chien,** moyen de cultiver l'intelligence de ce précieux animal, d'obtenir de lui toutes sortes de services utiles, de l'amener au point de pouvoir jouer aux dominos, etc., 1 vol., 360 pages.. 4 fr.

Table des matières. — De l'éducation des animaux en général, leur instinct, leur intelligence. Considérations générales sur les chiens, sur l'esprit d'observation des animaux domestiques. — Histoire naturelle du chien. Des différentes races de chiens. Braque et Philax. Du choix d'un chien. Éducation du chien. Des services qu'on peut obtenir d'un chien. Du chien de garde ou de basse-cour. Des chiens de chasse. Manière de dresser les chiens courants. Du limier. Chasse du cerf et du daim. Chasse du sanglier. Chasse du loup. Chasse du chevreuil. Chasse du renard et du blaireau. Du chien couchant. Manière de le dresser. Maladies des chiens.

Si tous les amis des chiens, et ils sont nombreux, les amis de cet animal si intelligent, si bon, si tous achetaient cet excellent ouvrage, ce serait le plus beau succès de la bibliothèque et il serait à souhaiter qu'il en fût ainsi, car on ne sait combien de services on pourrait faire rendre à un chien bien élevé, alors que sans instruction, l'intelligence souvent si développée chez cet animal se trouve inutilisée par manque d'éducation.

108. — TARTARA (J.), commissaire ordonnateur de la marine en Algérie. — Nouveau **Code des Bris et Naufrages,** ou sûreté et sauvetage maritime, publié avec l'autorisation du ministre de la marine et des colonies. 1 vol. gr. in-18 d'environ 400 pages, cartonné.......................... 7 fr.

109. — TERNANT (A.-L.). — Manuel pratique de **Télégraphie sous-marine,** constructions, pose, entretien et exploitation des câbles sous-marins, épreuves électriques qu'ils subissent, etc., à l'usage des électriciens-constructeurs, des employés du télégraphe et des actionnaires de compagnies télégraphiques sous-marines, etc. 1 vol. rel., 226 pages avec planches, tableaux et figures dans le texte.................... 4 fr.

Le livre de M. Ternant a trouvé un bon accueil près des

praticiens, la meilleure preuve qu'on en puisse donner, c'est qu'il a été traduit en italien pour le service des télégraphes du royaume d'Italie.

Extrait de la table des matières. — Première partie : Construction des câbles sous-marins : conducteur, isolement, garniture de l'âme, protection extérieure. — *Deuxième partie :* Épreuves électriques, épreuves durant la construction, épreuves en mer, mesure de la résistance dans les fils très-courts ou les câbles très-longs, fautes qui peuvent se présenter dans les câbles et méthodes de recherches. — *Troisième partie :* Pose et entretien, réparations, atterrissements, paratonnerres. — *Quatrième partie :* Exploitation, tables diverses, etc.

110. — Tissier (Charles et Alexandre), chimistes-manufacturiers. — Guide pratique de la **recherche**, de l'**extraction** et de la **fabrication** de l'**Aluminium** et des **Métaux alcalins.** Recherches techniques sur leurs propriétés, leurs procédés d'extraction et leurs usages. 1 vol. rel., 226 pag., 1 planche et figures dans le texte.................... 5 fr.

Les notions sur l'aluminium se trouvaient disséminées dans des recueils nombreux publiés en France et à l'étranger. Les auteurs de ce guide ont eu l'idée de faire de ces notions éparses un tout homogène dans lequel, après avoir retracé l'historique de la préparation des métaux alcalins, ils esquissent l'histoire de la préparation de l'aluminium. Des chapitres spéciaux sont consacrés à la fabrication industrielle et aux propriétés physiques et chimiques de ce nouveau métal, qui a conquis très-rapidement une grande place dans l'industrie.

111. — Touchet (J.-H.), chef de service à la compagnie Richer. — Richesse de l'agriculture. — Guide pratique de la **Vidange agricole,** à l'usage des agronomes, propriétaires et fermiers. Descriptions de moyens faciles, économiques, salubres et pratiques de recueillir, de désinfecter et d'employer utilement en agriculture l'engrais humain. 2e édition. 1 vol. rel. de 88 pages avec figures........................... 2 fr.

Ce guide, en ce qui concerne les vidanges et les différentes manières d'employer l'engrais humain, est le résumé des meilleures méthodes pratiquées actuellement. Les constructeurs, les entrepreneurs, les propriétaires, les fermiers y trouveront tous des indications utiles. M. Touchet enseigne aux agronomes de la grande et de la petite culture des moyens simples et peu coûteux de se procurer de riches fumiers, de précieux engrais, richesses trop souvent négligées et perdues pour l'agriculture.

Extrait de la table des matières. — Valeur agricole de l'engrais humain. — Inocuité des matières de vidange, leur emploi actuel, outillage simplifié, fumure d'un hectare. — Les fleurs et l'engrais humain, dégoût puéril, règlements sanitaires. — L'industrie des vidanges, système anglais et système français, désinfection des matières fécales. — Récolte de l'engrais dans les maisons isolées, les fermes, les écoles, les usines, etc., fosses rustiques. — Vidanges des fosses fixes, à la pompe, au seau, fosses dangereuses, précautions à prendre et outillage, transport des matières. — La vidange dans une grande ville, fosses fixes et fosses mobiles, leur installation, appareils diviseurs, réservoirs à liquides. — Vidange des fosses mobiles et diviseurs, désinfection et transport, époques des vidanges agricoles, les indicateurs et les ventilateurs.

TRIPIER-DEVAUX. — Fabrication des **Vernis.** Nouvelle édition, revue par *Violette.* (V. VIOLETTE.)

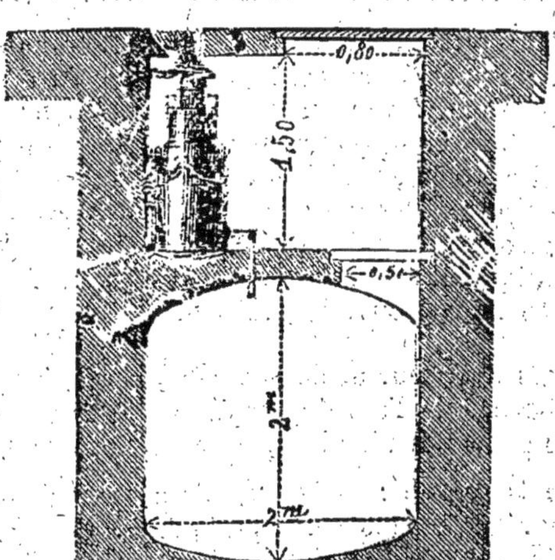

TOUCHET. — *Vidange agricole.*
Coupe du travers d'une fosse d'aisance avec appareil diviseur, fig. 18, page 75.

V

112. — Vanalphen, métreur vérificateur spécial de serrurerie. — Manuel calculateur du **Poids des métaux** employés dans les constructions, contenant : 1° les tableaux de la classification nouvelle des fers unis divers, des feuillards et de la tôle; 2° 36 tableaux de poids de 1100 échantillons divers de fers unis; 3° 5 tableaux de poids de 25 épaisseurs de tôle; 4° 14 tableaux de poids de toutes les fontes employées journellement dans les bâtiments, avec divers renseignements très-utiles à consulter; 5° 9 tableaux de poids de plomb, zinc et cuivre rouge, avec un appendice contenant : 1° le poids par mètre carré de feuille de divers métaux; 2° le poids d'un mètre linéaire de fer (fers plats et carrés, fers ronds et carrés); 3° le poids des zincs laminés minces. 1 vol. rel., x-86 pages, 2 pl. .... 5 fr.

113. — Violette (H.), ancien élève de l'École polytechnique, commissaire des poudres et salpêtres, membre de plusieurs sociétés savantes. — Guide pratique de la **Fabrication des vernis**, nouvelle édition, revue, corrigée et complétement refondue, de l'ouvrage de M. Tripier-Devaux. 1 vol. rel., 401 p., avec de nombreuses figures dans le texte .... 6 fr.

Nos prédécesseurs ont publié en 1843 un ouvrage de M. Tripier-Devaux : *Traité théorique et pratique sur l'art de faire les vernis*; cet ouvrage, devenu très-rare et dont il ne nous reste plus un exemplaire en magasin, se recommandait par une qualité précieuse, celle de l'expérience commerciale de l'auteur, qui a pratiqué en grand les conseils qu'il donne. M. Tripier était un fabricant exercé, intelligent, qui a enseigné dans son livre l'art qu'il pratique, il est digne de toute croyance. Aussi M. Violette, pour ce nouvel ouvrage, lui a-t-il fait de nombreux emprunts.

Le nouveau rédacteur a, de son côté, cherché également à reculer les bornes de l'art du vernisseur. Il fait connaître les causes et les effets des réactions, les conditions de succès, etc.

Extrait de la préface : — Les vernis ne sont autres que des solutions de résines dans certains liquides. Ces liquides, qui sont ordinairement l'*éther*, l'*alcool*, l'*essence de térébenthine* et les *huiles*, donnent aux vernis qui en résultent des propriétés caractéristiques, qui en déterminent l'usage. Cette désignation des liquides nous permet de diviser les vernis en quatre classes : Vernis à l'éther. — Vernis à l'alcool. — Vernis à l'essence. — Vernis gras.

Cette division sera celle des quatre chapitres composant notre ouvrage : nous examinerons chaque classe successivement ; cet examen comprendra : 1° les propriétés physiques et chimiques, ainsi que la préparation du liquide employé à dissoudre les résines de cette classe ; 2° les propriétés physiques et chimiques, ainsi que l'origine des résines employées dans cette catégorie ; 3° la fabrication proprement dite des vernis, par le mélange des résines et liquides précédemment étudiés.

Léon Lerolle. — *Botanique.*

Frêne pleureur, fig. 34, page 113.

W

114. — Wolff (E.), professeur à l'Académie agricole de Hohenheim. — Étude pratique sur les **Fumiers de ferme** et les engrais en général, précédée d'une introduction sur les éléments nutritifs généraux des plantes, ouvrage traduit de l'allemand par Ad. Damseaux, professeur à l'Institut agricole de l'État (Belgique). 1 vol. rel., 204 pages................ 3 fr.

L'étude des engrais, la question agricole capitale de notre époque, est entrée dans une voie entièrement nouvelle depuis un petit nombre d'années, et, cependant, notre littérature manque actuellement d'un livre s'occupant du traitement et de l'emploi des matières fertilisantes.

Nous connaissions l'ouvrage de M. Rohart, il est épuisé. D'autres ouvrages sont la présentation de systèmes préconçus. Le livre du professeur Wolff contribuera à la vulgarisation des vrais principes de l'économie et de l'appréciation de la valeur des fumiers de ferme et des engrais concentrés.

Ce travail est destiné à tous ceux qui s'intéressent au progrès agricole.

Sommaire des chapitres : — L'air atmosphérique. — L'eau. — Le sol. — Le fumier d'étable et son traitement rationnel. — Du système de culture basé sur la production et la consommation des fumiers. — Des engrais concentrés. — Leur importance pour l'entretien et l'augmentation de la fertilité. — Vues pratiques sur le traitement et l'emploi raisonné des principaux engrais concentrés, etc.

115. — Will (H.), professeur agrégé de l'université de Giessen. — Guide pratique d'**Analyse qualitative,** instruction pratique à l'usage des laboratoires de chimie, traduit par M. le docteur Bichon. 1 vol., 248 pages........................ 3 fr.

Les traités spéciaux sur la chimie analytique sont ou trop volumineux ou incomplets, en ce sens que, dans ces derniers, manquent les indications indispensables pour que l'élève puisse se conduire lui-même. M. le docteur Will a su éviter ces deux défauts : son guide enseigne d'une manière simple, substantielle et méthodique, tout ce qu'il faut savoir pour devenir capable de découvrir et de séparer les parties constituantes des corps composés.

Table des matières : — Première partie : manière dont les métaux et leurs oxydes se comportent avec les réactifs : métaux alcalins; métaux terreux alcalins; métaux dont les oxydes ne sont point précipités par l'acide sulfhydrique lorsqu'on ajoute à leur dissolution un acide minéral, mais qui, lorsque la dissolution est neutre, sont précipités par le sulfhydrate d'ammoniaque, soit à l'état d'oxydes, soit à l'état de sulfures; métaux dont les sulfures sont insolubles dans les dissolutions étendues des acides minéraux puissants, d'où il suit que leurs oxydes sont complétement précipités par l'acide sulfhydrique (SH) de leurs dissolutions acides. — Deuxième partie : manière dont les acides se comportent avec les réactifs. — Troisième partie : marche à suivre pour l'analyse qualitative. — Tableaux de réactions.

MARIOT-DIDIEUX. — Canard, race française.

LIBRAIRIE DU DICTIONNAIRE INDUSTRIEL

VUE EXTÉRIEURE

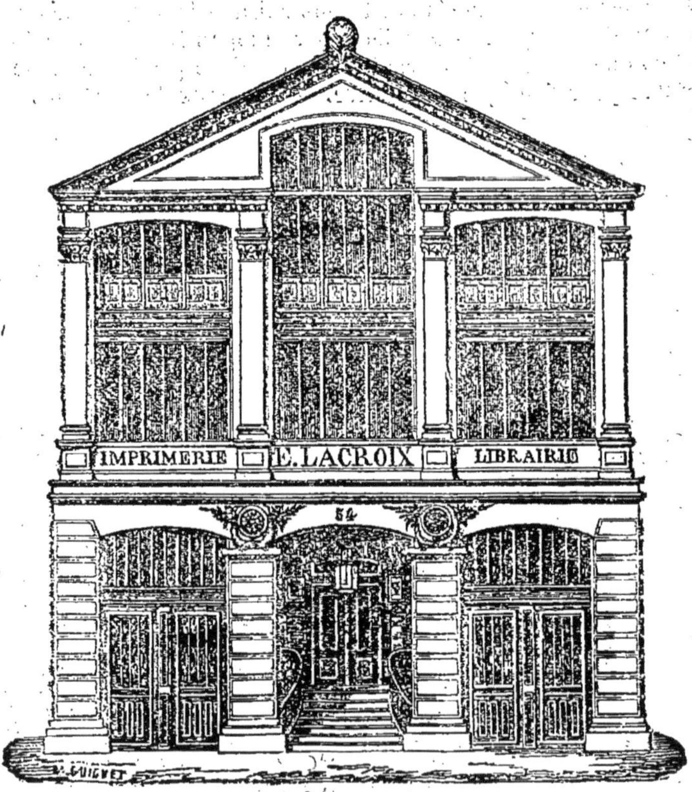

Paris, 54, rue des Saints-Pères.

SUPPLÉMENT AU CATALOGUE

Ouvrages récemment publiés.

GERMINET (Gustave). Traité pratique du **chauffage par le gaz**, considéré dans ses diverses applications à l'industrie et aux usages domestiques, suivi d'un commentaire sur l'installation des conduits et appareils, ainsi que des dispositions à prendre pour la ventilation permanente des habitations éclairées ou chauffées par le gaz. Nouvelle édition avec appendice. 1 vol. rel. de 84 pag. fig. 2 fr. 50

SOMMAIRE DES CHAPITRES. — Avant-propos et considérations générales. — Introduction. — Historique. — Origine de ce système. — Développement sur la combustion du gaz dans son application au chauffage. — Chauffage d'appartements. — Foyers rayonnants. — Chauffage au moyen de poêles. — Chauffage culinaire. — Chauffage industriel. — Appareils divers. — Epreuve réglementaire et ventilation permanente. — Compteurs canalisation et leurs accessoires.

HÉTET (Frédéric), professeur de chimie aux Écoles de la marine, pharmacien en chef, officier de la Légion d'honneur, membre de plusieurs sociétés savantes. Cours de **Chimie générale élémentaire**, d'après les principes modernes, avec les principales applications à la médecine aux arts industriels et à la pyrotechnie, comprenant l'analyse chimique qualitative et quantitative. Ouvrage publié avec l'approbation de M. le ministre de la marine et des colonies. 2 vol. grand in-18 ensemble de LI, — 1300 pages et 174 fig. Relié, 12 fr.

SOMMAIRE DES PRINCIPAUX CHAPITRES. — Nomenclature chimique. — Notation chimique. — Lois des combinaisons. — Théorie atomique. — Acides. — Sels. — Eléments monoatomiques. — Série du chlore. — Série du brôme. — Série de l'iode. — Fluor. — Série du cyanogène. — Métalloïdes diatomiques. — Série de l'oxygène. — Protoxyde d'hydrogène. — Eau. — Eaux potables. — Série du soufre. — Métalloïdes triatomiques. — Série du Bore. — Métalloïdes tri-pentatomiques. — Série de l'azote. — Combinaisons de l'azote avec l'hydrogène. — Composés oxygénés de l'azote. — Agents explosifs modernes. — Analyse de l'acide azotique. — Série du phosphore. — Combinaisons oxygénées du phosphore. — Série de l'arsenic. — Série de l'antimoine. — Bismuth. — Uranium. — Tableau résumé des azotoïdes. — Métalloïdes tétratomiques. — Série du silcium. — Série du carbone. — Gaz d'éclairage. — Combinaisons avec l'oxygène. — Sulfure de carbone. — Feux liquides de guerre. — Dosage du carbone. — Analyse des gaz et des mélanges gazeux. — Série de l'étain. — Généralités sur les métaux. — Métaux positifs. — Première classe. Monoatomiques. — Potassium. — Poudres. — Alcalimétrie. — Sodium. — Fabrication de la soude. — Lithium. — Analyse spectrale. — Rubidium. — Césium. — Thallium. — Argent. — Alliages d'argent. — Azotate d'argent. — Réaction des sels d'argent. — Dosage de l'argent. — Métaux de la deuxième classe ou biatomique. — Calcium. — Oxydes de calcium. — Usages de la chaux. — Sulfures de calcium. — Plâtre. — Cuisson du plâtre. — Phosphates calciques. — Carbonate de calcium. — Baryum. — Strontium. — Magnésium. — Oxyde de magnésium. — Zinc. — Oxyde de zinc. — Cadmium. — Cuivre. — Laitons. — Bronzes. — Oxyde de cuivre. — Acétate de cuivre. — Réactions des sels de cuivre. — Mercure. — Chlorure de mercure. — Iodure de mercure. — Sulfate de mercure. — Fulminate de mercure. — Plomb. — Oxyde de plomb. — Miniums. — Céruse. — Cobalt. — Nickel. — Chrôme. — Manganèse. — Oxydes de manganèse. — Bioxyde de manganèse. — Fer. — Préparation de l'acier. — Usages du fer et de l'acier. — Propriété du fer et de l'acier. — Combinaisons du fer. — Analyse des combinaisons du fer. — Analyses des fontes et aciers. Métaux triatomiques. — Or. — Dorure. — Métaux tétratomiques. — Molybdène. — Platine. — Amorces à fil de platine. — Osmium. — Iridium. — Palladium. — Aluminium. — Aluns. — Kaolins. — Argiles. — Mortiers. — Ciments. — Poteries. — Bétons. — Action de l'eau de mer. — Mastics. — Photographie.

Kæppelin (Dominique). Guide pratique de la fabrication des **Tissus imprimés,** impression des étoffes de soie. Ouvrage accompagné de planches et enrichi de nombreux échantillons. 2e édition augmentée d'un appendice. 1 vol. de 142 pag. 10 fr.

Lacroix (Eugène), ingénieur civil, membre de la Société industrielle de Mulhouse et de plusieurs sociétés savantes françaises et étrangères, ex-officier de l'infanterie de marine, chevalier de la Légion d'honneur. **Dictionnaire industriel** à l'usage de tout le monde ou les 100,000 secrets de l'industrie moderne *avec la traduction anglaise et allemande des mots techniques et usuels.* 2 forts vol. grand in-18 ensemble XL-1586 pages et 673 fig. Relié, 22 fr.

Sommaire des principaux chapitres. — Agriculture. — Animaux domestiques. — Arboriculture. — Architecture. — Arts et métiers. — Arts industriels. — Astronomie. — Botanique. — Chemins de fer. — Chimie industrielle et agricole. — Conservation des substances alimentaires. — Constructions civiles. — Economie domestique industrielle et rurale. — Engrais. — Géologie. — Histoire naturelle. — Hydraulique. — Hygiène. — Industries diverses. — Jardinage. — Machines à vapeur. — Machines agricoles. — Mines. — Minéralogie. — Métallurgie. — Navigation. — Physique. — Photographie. — Ponts et chaussées. — Sondages. — Zoologie.

LEPRINCE (Paul), ingénieur, ancien élève de l'École d'arts et métiers de Châlons-sur-Marne. **Principes d'algèbre.** 1 vol. rel. XI-285 pages avec figures. 5 fr.

Un ouvrage de ce genre n'a pas encore été publié. Il indique les moyens les plus prompts et les plus simples à employer pour parvenir à la solution des problèmes. Il ne comprend que la marche pratique à suivre en algèbre pour arriver aux formules appliquées dans l'industrie en général.

MAILAND (Eugène). Découverte des **Anciens vernis italiens** employés pour les instruments à cordes et à archets. 1 vol. de 169 pages. Relié, 5 fr.

EXTRAIT DE LA TABLE DES MATIÈRES. — Avant-propos. — Quel était l'art de la fabrication des vernis aux époques auxquelles les célèbres luthiers italiens travaillaient. — Conséquences à tirer des formules anciennes et qualités que doivent posséder les vernis pour les instruments. — De l'encollage. — Coloration des essences. — Dissolution des matières colorantes dans l'alcool. — Modification du ton rouge. — Essais sur les matières colorantes. — Vernis.

PELLEGRIN (V.), peintre. Théorie pratique de la **Perspective.** Etude à l'usage des artistes peintres, des élèves des écoles des beaux-arts, des écoles industrielles, etc. 1 vol. de 90 pages, 42 fig. et une planche in-folio en chromo à deux teintes contenant 16 fig. Relié. 4 fr.

SOMMAIRE DES PRINCIPAUX CHAPITRES. — Avis de l'éditeur. — Préliminaires. — De la grandeur des figures dans un tableau. — Des figures plus grandes que nature ou de la grandeur naturelle. — Des figures placées sur un terrain plus ou moins élevé. — De la distance. — Du point de vue. — Du point de fuite principal. — Du tracé perspectif des lignes de fond. — Vues de fond. — Vues accidentelles. — Énoncé des règles. — Appendice. — Notions et définitions de la géométrie. — Des angles. — Des polygones. — Des triangles. — Quadrilatères. — Du cercle. — Inscrire un carré dans un cercle. — Des solides. — Problèmes, etc., etc.

SERIGNE (de Narbonne), membre de plusieurs sociétés savantes. **La vigne et ses maladies,** contenant les causes et effets morbides depuis l'origine de sa culture jusqu'à nos jours, avec les moyens à employer pour les prévenir et les combattre. Précédé d'une description historique et botanique de cette plante précieuse ainsi que d'une causerie sur l'oïdium et le phylloxera. 1 vol. in-18 rel. 3 fr.

SOMMAIRE DES PRINCIPAUX CHAPITRES. — Description historique. — Description botanique. — L'oïdium et le phylloxera. — Description historique de l'oïdium. — Maladies de l'oïdium. — Concours pour la guérison de l'oïdium. — Opinions émises sur l'oïdium. — L'oïdium est-il la cause de la maladie. — Remède adopté contre la maladie. — Effets du soufrage. — Causes réelles de la maladie. — Températures favorables ou nuisibles. — Influence des saisons et des météores. — Blessures ou plaies, blanquet ou pourridie, coulure, carniure, chancres vitifères, clavelée, chlorose ou hydroémie, décrépitude, flottage, grapillure, nielle, geule, stérilité. — Maladie des feuilles. — Pyrales. — Destruction de la pyrale à l'état de papillon, à l'état de larve ou chenille. — Moyens préventifs et moyens curatifs. — Destruction de la pyrale à l'état d'œuf, etc.

VINCENT (A.) Guide pratique du commandant de **Navires à vapeur.** Résumé des principales connaissances théoriques et pratiques nécessaires pour bien diriger ces sortes de navires et en tirer tout le parti possible. Ouvrage enrichi de deux chapitres empruntés avec l'autorisation de l'auteur à l'excellent ouvrage intitulé **Manuel du gréement** et de la manœuvre, par E. BRÉART, capitaine de vaisseau. 1 vol. de 285 pag. et 2 planches. 4 fr.

Ouvrages sous presse.

Métallurgie pratique, par D. et D. et L., 2e édition avec planche.

Guide pratique du **Cubage et estimation des bois,** par M. FROCHOT, *inspecteur des forêts,* avec figures.

Guide pratique des **Essais industriels,** par M. Jules GAUDRY, *ingénieur civil,* avec nombreuses figures.

Guide pratique **du relieur et du doreur,** etc., avec figures, par M***, chef d'atelier.

---

grandes écoles professionnelles, le succès ne lui est possible qu'à la condition d'ajouter aux suggestions de son intelligence ou à son instruction théorique, la connaissance des faits acquis par l'expérience de tous, les méthodes abrégées en usage dans les grandes usines. Les publications, les livres spéciaux, les dessins accompagnés de légendes sont indispensables pour abréger le temps de ce nouvel apprentissage, mais à la condition qu'ils soient à la portée des connaissances déjà acquises par les personnes qui y cherchent le complément de leur instruction professionnelle.

Les *Guides pratiques* conviennent au plus grand nombre (apprentis, ouvriers, contre-maîtres). Ils sont très-souvent utiles aux personnes familiarisées avec la démonstration des principes et les données mathématiques qui conduisent aux meilleures applications.

C'est à ces deux titres que le Guide pratique de l'*Ouvrier mécanicien* vient prendre sa place dans la *Bibliothèque des professions industrielles* fondée par nous depuis six années et comptant plus de cent volumes favorablement accueillis par le public.

S'il était d'usage de placer une épigraphe en tête d'un livre de cette nature, comme il l'est lorsqu'il s'agit de littérature et de philosophie, nous aurions choisi cette vérité caractéristique du progrès :

Le *mieux* qui succède *au bien*, doit lui être préféré.

Nous attendons avec confiance le droit de dire que l'œuvre modeste et consciencieuse à laquelle nous avons pris part dans une certaine mesure, justifie la promesse de cette épigraphe.

L'Éditeur.

Extrait de la Préface. L'ouvrier mécanicien est un recueil de faits réunis sous la forme de calculs arithmétiques accessibles à toutes les personnes qui savent faire les quatre premières règles. Nous ne saurions trop recommander aux ouvriers qui ne sont plus familiarisés avec les signes et les annotations des mathématiques élémentaires, de ne pas croire qu'il y a pour eux quelque difficulté à comprendre les formules écrites dans ce livre et à s'en servir. Les calculs qu'elles résument sous la forme la plus simple, sont suivis d'un ou de plusieurs exemples d'application.

Les parties du texte imprimées en petits caractères, traitent le côté plus théorique que pratique des questions ou contiennent l'exposé des principes et les dispositions. On peut se dispenser de les étudier, si on ne veut trouver dans l'Ouvrier mécanicien que le secours d'un formulaire pour l'application immédiate.

Les parties du texte imprimées en caractères plus fort, contiennent les indications simples et précises sur le plus grand nombre de cas d'application de la mécanique aux professions industrielles. Ces indications proviennent de l'expérience des ingénieurs et des constructeurs en renom et de celle des auteurs du livr

PREMIÈRE PARTIE

ARITHMÉTIQUE.

Fractions ordinaires.
Système décimal et fractions décimales.
Rapports et productions géométriques.

Carrés, cubes, racines carrées
Racines cubiques.
Règles de trois.
Règles de Société.
Règles d'intérêt et d'escompte.
Règles de mélanges et d'alliages.

ALGÈBRE PRATIQUE.

Équations algébriques.

GÉOMÉTRIE PRATIQUE.

Tracé des parallèles et des perpendiculaires.
Construction des angles.
Figures géométriques.
Triangles et leur construction.
Quadrilatères les plus usuels, leur construction.
Tangentes et sécantes à la circonférence, angles inscrits et circonscrits, circonférences, tangentes, etc.
Polygones réguliers, figures inscrites et circonscrites au cercle.
Mesure et divisions des lignes et des angles.
Solides.
Mesure des surfaces et des volumes.
Lignes trigonométriques.

DEUXIÈME PARTIE

MÉCANIQUE ÉLÉMENTAIRE, FORCES, TRANSFORMATION DES MOUVEMENTS, RÉSISTANCE DES MATÉRIAUX.

Chute, poids et densité des corps.
Forces.
Composition des forces.
Centre et gravité des solides.
Travail des forces et sa mesure.
Équilibre des machines simples.
Frottements.
Origine des forces produisant le mouvement dans les machines.
Des machines en général.

Transmissions et transformations des mouvements.
Transmission de circulaire continu en circulaire continu.
Tansformation du mouvement circulaire continu en rectiligne alternatif.
Transformation du mouvement rectiligne alternatif en circulaire alternatif ou continu.

Exemples de transmission et de transformation de mouvements.

Résistance des matériaux.

Effort de traction.

Effort de compression.

Force de flexion.

Résistance au cisaillement.

Résistance à la torsion.

Epaisseur des murs.

Pans de bois, planchers et combles.

TROISIÈME PARTIE

MACHINES MOTRICES A AIR, POMPES, MACHINES HYDRAULIQUES.

Moulins à vent.

Machines soufflantes.

Scieries.

Hydraulique.

Appareils et machines à élever l'eau

Pompes élévatoires.

Machines motrices hydrauliques.

Roues à aubes planes recevant l'eau en dessous.

Roues en dessous à palettes courbes dites à la Poncelet.

Roues de côté à aubes planes.

Roues à augets.

Roues pendantes.

Turbines.

Roues à niveau constant, système Sagebien.

Roues à admissions intérieures, système Millot.

Résultats pratiques des divers systèmes de roues hydrauliques.

Presses hydrauliques et pressoirs.

QUATRIÈME PARTIE

Machines à vapeur.

De la chaleur.

De la vapeur.

Condensation de la vapeur.

Chaudières à vapeur.

Dimensions des parties des chaudières.

Combustion et chauffage.

Consommation d'eau et de combustible, dimensions calculées pour une chaudière de 50 chevaux

Données sur l'établissement des détails des chaudières.

Machines proprement dites à vapeur.

Calculs de la puissance et dimensions des pièces principales des machines à vapeur.

Appréciation des divers systèmes de machines.

Vingt-cinq tables numériques complètent les données pratiques sur les questions d'application.

L'atlas comprend 52 planches ainsi divisées :

Géométrie pratique et lignes trigonométriques . .	8 pl.	126 fig.
Mécanique appliquée	15 —	124
Hydraulique. Machines élévatoires et pompes. . .	8 —	52
— Machines motrices, roues, turbines.	6 —	47
Chaudières et machines à vapeur.	15 —	60

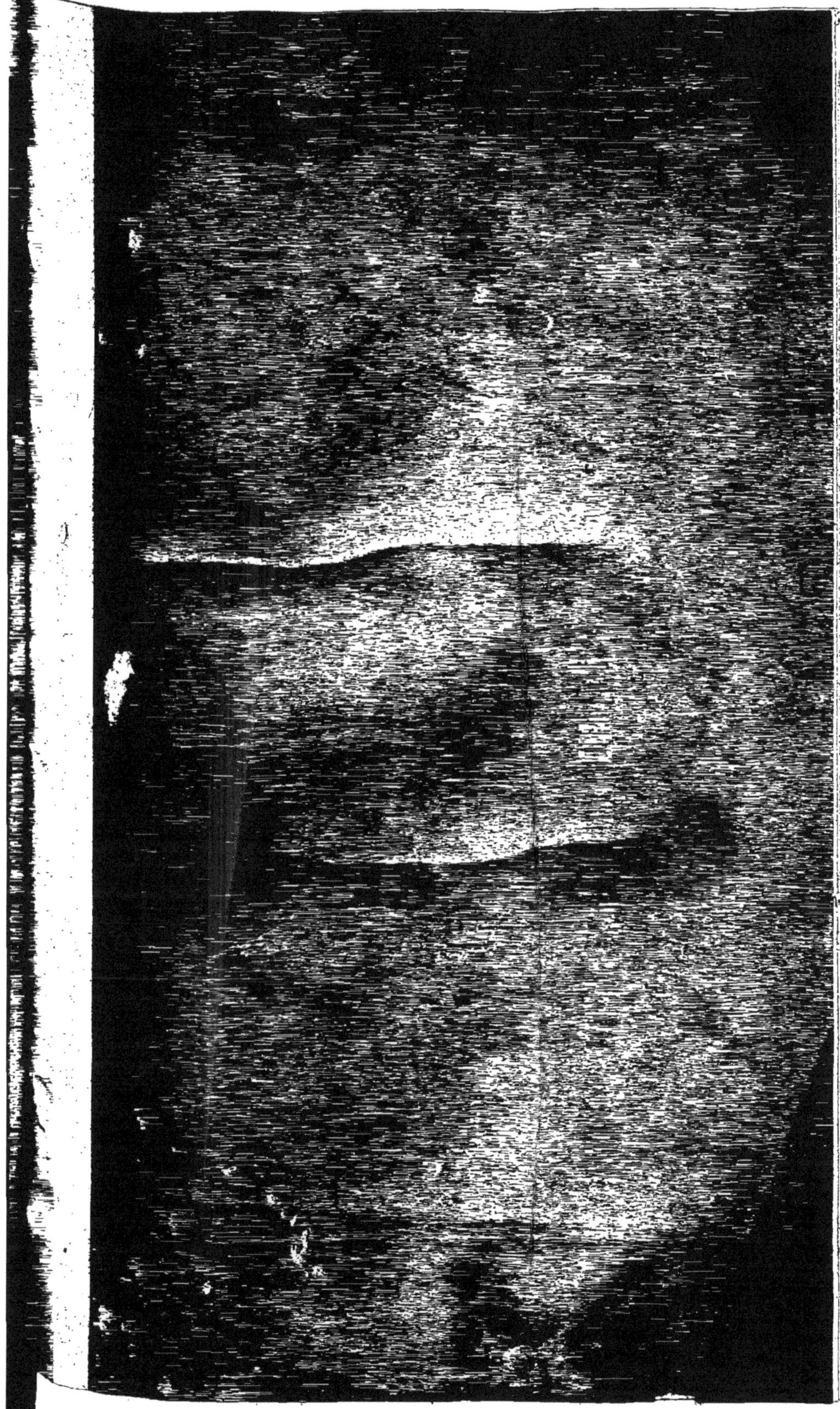

www.ingramcontent.com/pod-product-compliance
Ingram Content Group UK Ltd.
Pitfield, Milton Keynes, MK11 3LW, UK
UKHW020301230726
13925UKWH00001B/165